여행은 꿈꾸는 순간, 시작된다

여행 준비
체크리스트

D-60	여행 정보 수집 & 여권 만들기	☐ 가이드북, 블로그, 유튜브 등에서 여행 정보 수집하기 ☐ 여권 발급 or 유효기간 확인하기
D-50	항공권 예약하기	☐ 항공사 or 여행 플랫폼 가격 비교하기 ★ 저렴한 항공권을 찾아보고 싶다면 미리 항공사나 여행 플랫폼 앱 다운받아 가격 알림 신청해두기
D-40	숙소 예약하기	☐ 교통 편의성과 여행 테마를 고려해 숙박 지역 먼저 선택하기 ☐ 숙소 가격 비교 후 예약하기
D-30	여행 일정 및 예산 짜기	☐ 여행 기간과 테마에 맞춰 일정 계획하기 ☐ 일정을 고려해 상세 예산 짜보기
D-20	현지 투어, 교통편 예약 & 여행자 보험 및 필요 서류 준비하기	☐ 내 일정에 필요한 패스와 입장권, 투어 프로그램 확인 후 예약하기 ☐ 여행자 보험, 국제운전면허증, 국제학생증 등 신청하기
D-10	예산 고려하여 환전하기	☐ 환율 우대, 쿠폰 등 주거래 은행 및 각종 앱에서 받을 수 있는 혜택 알아보기 ☐ 해외에서 사용할 수 있는 여행용 체크(신용)카드 준비하기
D-7	데이터 서비스 선택하기	☐ 여행 스타일에 맞춰 로밍, 포켓 와이파이, 유심, 이심 결정하기 ★ 여러 명이 함께 사용한다면 포켓 와이파이, 장기 여행이라면 유심이나 이심, 가장 간편한 방법을 찾는다면 로밍
D-1	짐 꾸리기 & 최종 점검	☐ 짐을 싼 후 빠진 것은 없는지 여행 준비물 체크리스트 보고 확인하기 ☐ 기내 반입할 수 없는 물품을 다시 확인해 위탁수하물용 캐리어에 넣기 ☐ 항공권 온라인 체크인하기
D-DAY	출국하기	☐ 여권, 비자, 항공권, 숙소 바우처, 여행자 보험 증서 등 필수 준비물 확인하기 ☐ 공항 터미널 확인 후 출발 시각 3시간 전에 도착하기 ☐ 공항에서 포켓 와이파이 등 필요 물품 수령하기

여행 준비물
체크리스트

필수 준비물

- ☐ 여권(유효기간 6개월 이상)
- ☐ 여권 사본, 사진
- ☐ 항공권(E-Ticket)
- ☐ 바우처(호텔, 현지 투어 등)
- ☐ 현금
- ☐ 해외여행용 체크(신용)카드
- ☐ 각종 증명서(여행자 보험, 국제운전면허증 등)

기내 용품

- ☐ 볼펜(입국신고서 작성용)
- ☐ 수면 안대
- ☐ 목베개
- ☐ 귀마개
- ☐ 가이드북, 영화, 드라마 등 볼거리
- ☐ 수분 크림, 립밤
- ☐ 얇은 외투

전자 기기

- ☐ 노트북 등 전자 기기
- ☐ 휴대폰 등 각종 충전기
- ☐ 보조 배터리
- ☐ 멀티탭
- ☐ 카메라, 셀카봉
- ☐ 포켓 와이파이, 유심칩
- ☐ 멀티어댑터

의류 & 신발

- ☐ 현지 날씨 상황에 맞는 옷
- ☐ 속옷
- ☐ 잠옷
- ☐ 수영복, 비치웨어
- ☐ 양말
- ☐ 여벌 신발
- ☐ 슬리퍼

세면도구 & 화장품

- ☐ 치약 & 칫솔
- ☐ 면도기
- ☐ 샴푸 & 린스
- ☐ 바디워시
- ☐ 선크림
- ☐ 화장품
- ☐ 클렌징 제품

기타 용품

- ☐ 지퍼백, 비닐 봉투
- ☐ 보조 가방
- ☐ 선글라스
- ☐ 간식
- ☐ 벌레 퇴치제
- ☐ 비상약, 상비약
- ☐ 우산
- ☐ 휴지, 물티슈

출국 전 최종 점검 사항

① 여권 확인
② 항공권의 출국 공항 터미널 확인
③ 위탁수하물 캐리어 크기 및 무게 측정
　(항공사별로 다르므로 홈페이지에서 미리 확인)
④ 기내 반입 불가 품목 확인
⑤ 유심, 포켓 와이파이 등 수령 장소 확인

리얼
규슈 소도시

여행 정보 기준

이 책은 2025년 1월까지 취재한 정보를 바탕으로 만들었습니다.
정확한 정보를 싣고자 노력했지만, 여행 가이드북의 특성상
책에서 소개한 정보는 현지 사정에 따라 수시로 변경될 수 있습니다.
변경된 정보는 개정판에 반영해 더욱 실용적인 가이드북을 만들겠습니다.

한빛라이프 여행팀 ask_life@hanbit.co.kr

리얼 규슈 소도시

초판 발행 2025년 2월 18일

지은이 이상조 / **펴낸이** 김태헌
총괄 임규근 / **팀장** 고현진 / **책임편집** 김윤화 / **디자인** 천승훈, 이소연 / **교정교열** 지소연 / **지도·일러스트** 핸드라이트
영업 문윤식, 신희용, 조유미 / **마케팅** 신우섭, 손희정, 박수미, 송수현 / **제작** 박성우, 김정우 / **전자책** 김선아

펴낸곳 한빛라이프 / **주소** 서울시 서대문구 연희로 2길 62 한빛빌딩
전화 02-336-7129 / **팩스** 02-325-6300
등록 2013년 11월 14일 제25100-2017-000059호
ISBN 979-11-93080-50-4 14980, 979-11-85933-52-8 14980(세트)

한빛라이프는 한빛미디어(주)의 실용 브랜드로 우리의 일상을 환히 비추는 책을 펴냅니다.

이 책에 대한 의견이나 오탈자 및 잘못된 내용은 출판사 홈페이지나 아래 이메일로 알려주십시오.
파본은 구매처에서 교환하실 수 있습니다. 책값은 뒤표지에 표시되어 있습니다.

한빛미디어 홈페이지 www.hanbit.co.kr / 이메일 ask_life@hanbit.co.kr
블로그 blog.naver.com/real_guide_ / 인스타그램 @real_guide_

지금 하지 않으면 할 수 없는 일이 있습니다.
책으로 펴내고 싶은 아이디어나 원고를 메일(writer@hanbit.co.kr)로 보내주세요.
한빛라이프는 여러분의 소중한 경험과 지식을 기다리고 있습니다.

규슈 소도시를 가장 멋지게 여행하는 방법

리얼
규슈 소도시

이상조 지음

HB한빛라이프

매일 출근과 퇴근을 반복하고 가끔 친구들과 술자리를 갖던 20대의 나는 그저 서울에서 살아가는 평범한 사람이었다. 유명한 맛집을 찾아다니고 공연을 관람하며 매일같이 바뀌는 트렌드에 맞춰가는 삶이 나에게 가장 잘 어울린다고 생각했다. 30대에 접어들 무렵 번아웃 탓에 살기 위한 선택으로 도시에서 시골로 이사를 결심했는데, 그 결정이 나의 모든 것을 바꾸는 계기가 되었다.

역시나 처음에는 시골 생활이 몹시 힘들었다. 새롭게 직장을 구하는 것과 새로운 친구를 만나는 것은 물론 대중교통, 편의 시설 등 인프라가 제대로 구축되지 않은 환경에 새로이 적응하기란 쉽지 않았다. 하지만 어느 순간부터 산들산들 바람의 속삭임과 새들의 지저귐이 기분 좋게 느껴지고 가까운 산과 바다에서 사색하는 나날이 조용하고 내향적이었던 나를 치유하는 소중한 시간이 되었다. 도시남이었던 나는 그렇게 확실한 시골남으로 거듭났다.

조용히 시골 생활을 즐기며 경제적, 시간적으로 여유가 생기니 어릴 적부터 버킷리스트였던 해외여행을 떠나보기로 했다. 남들보다 많이 늦은 30대의 첫 비행기 탑승과 첫 일본 여행은 그래서 더 기억에 남고 소중한 순간들이었다. 도쿄, 오사카 등 도시 여정도 좋았지만, 이상하게 더 애정이 가는 곳은 잘 알려지지 않은 일본의 소도시들이었다. 대중교통이 적은 것은 물론 아예 운행하지 않는 곳도 많아 종일 기다리거나 무작정 걸어야 하는 일정이 다반사였지만, 이 또한 오랜 시골 생활로 다져진 마인드로 충분히 이겨낼 수 있었다.

어쩌다 보니 일본 여행을 시작으로 여행 블로거와 매거진 작가로 활동하게 되었다. 이 일을 하면서 동종 업계 사람들에게 인기도 없는 소도시를 왜 그렇게 많이 다니느냐며 충고 아닌 충고도 많이 들었다. 수요가 높은 도시에 집중해야 돈을 벌 수 있는 여행 업계의 입장에서 틀린 말은 아니었다. 하지만 이미 뻔한 정보들로 포화된 대도시의 양지바른 길을 걷는 것보다는 약간의 정보라도 도움이 되도록 소도시라는 그늘진 길을 꾸준히 개척하고자 마음먹었다. 그 덕에 출간이라는 최종 목표에 닿았고 내 선택이 틀리지 않았음을 이 책으로 보여줄 수 있음에 감사하다.

저의 첫 가이드북을 제안해주시고 언제나 용기를 북돋아주셨음은 물론 독자들을 위해 원고와 사진을 더욱 가독성 좋게 편집해준 김윤화 편집자님, 한 글자 한 글자 꼼꼼히 체크해서 교정 교열과 검수를 도맡아준 지소연 교정자님, 책의 형태로 만들어준 천승훈·이소연 디자이너님 그리고 책이 더욱 빛날 수 있게 멋진 그림을 더해준 박은정 일러스트레이터님과 한빛미디어의 모든 직원분들에게 다시 한 번 감사드린다. 한 권의 책이 나오기까지 얼마나 많은 노력과 시간 그리고 큰 에너지와 집중이 필요한지 작업을 하며 실감했다. 모든 분께 존경의 인사를 드리고 싶다.

이상조   안정적인 직장이었던 은행 청경을 과감히 그만두고 시골로 내려와 생활하며 일본과 아시아를 중심으로 점차 더 넓은 세계여행을 꿈꾸는 10년 차 여행 블로거. 월간 신용사회 라이프매거진에 글을 썼고, 현재 크리에이터로 활동 중이다. 블로그와 인스타그램을 통해 각종 여행 정보를 전달하고 있다.

이메일 pluke84@naver.com   **블로그** blog.naver.com/pluke84
인스타그램 @johz_korea

이제는 소도시의 매력을 경험할 차례

일러두기

- 이 책은 2025년 1월까지 취재한 정보를 바탕으로 만들었습니다. 정확한 정보를 싣고자 노력했지만, 여행 가이드북의 특성상 책에서 소개한 정보는 현지 사정에 따라 수시로 변경될 수 있습니다. 여행을 떠나기 직전에 한 번 더 확인하시기 바라며 변경된 정보는 개정판에 반영해 더욱 실용적인 가이드북을 만들겠습니다.

- 일본어의 한글 표기는 현지 발음에 가깝게 표기했습니다. 다만, 지명이나 인명, 점포명 등은 우리에게 익숙한 관용적 표현을 따랐습니다. 우리나라에 입점된 브랜드의 경우에는 한국에 소개된 브랜드명을 기준으로 표기했습니다.

- 대중교통 및 도보 이동 시의 소요 시간은 대략적으로 적었으며 현지 사정에 따라 달라질 수 있으니 참고용으로 확인해주시기 바랍니다.

- 지역 간 이동 시간의 경우 별도의 표기가 없다면 구마모토는 구마모토역, 오이타는 오이타역, 가고시마는 가고시마추오역, 미야자키는 미야자키역, 나가사키는 나가사키역을 기준으로 합니다.

- 운영 시간, 요금의 경우 별도의 표기가 없다면 공휴일은 보통 주말을 낀 요일의 운영 시간, 요금과 동일합니다.

- JR 요금의 경우 신칸센은 지정석(평일), 특급·쾌속 열차는 자유석 기준입니다. JR규슈 레일패스로 추가금 없이 이용할 수 있는 좌석을 기준으로 합니다. 고속버스 요금은 통상적인 정가 기준으로 표기했으니 참고하시기 바랍니다.

- 전화번호의 경우 국가 번호와 '0'을 제외한 지역 번호를 넣어 +81-12-345-6789의 형태로 표기했습니다. 국제 전화 사용 시 국제 전화 서비스 번호를 누르고 표기된 + 이후의 번호를 그대로 누르면 됩니다.

주요 기호

🔍 구글 맵스 검색명	🚶 가는 방법	📍 주소	🕐 운영 시간	❌ 휴무일
¥ 요금	📞 전화번호	🏠 홈페이지	🏃 명소	🛍 상점
🍴 맛집	✈ 공항	JR JR역	🚋 노면전차	BUS 버스터미널/정류장
🚠 케이블카	⚓ 항구	🚟 슬로프카		

구글 맵스 QR코드

각 지도에 담긴 QR코드를 스캔하면 소개된 장소들의 위치가 표시된 구글 맵스를 스마트폰에서 볼 수 있습니다. '지도 앱으로 보기'를 선택하고 구글 맵스 앱으로 연결하면 거리 탐색, 경로 찾기 등을 더욱 편하게 이용할 수 있습니다. 앱을 닫은 후 지도를 다시 보려면 구글 맵스 하단의 '저장됨'-'지도'로 이동해 원하는 지도명을 선택합니다.

★QR코드를 인식해보세요.

리얼 시리즈 100% 활용법

PART 1
여행지 개념 정보 파악하기

규슈의 각 소도시 중에서 꼭 가봐야 할 장소부터 여행 시 알아두면 도움이 되는 국가 및 지역 특성에 대한 정보를 소개합니다. 여행지에 대한 개념 정보를 비롯해 규슈를 아우르는 교통수단과 이동 시간, 패스에 대한 정보도 수록하고 있어 여행을 미리 그려볼 수 있습니다.

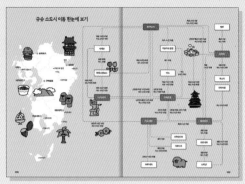

PART 2
테마별 여행 정보 살펴보기

규슈 소도시를 가장 멋지게 여행할 수 있는 각종 정보를 담았습니다. 가장 유명한 볼거리부터 지역별 정보와 테마 여행, 쇼핑에 이르는 읽을거리로 가득해 여행지의 매력을 다채롭게 보여줍니다. 특히 규슈의 주요 테마인 소도시, 온천, 열차 여행을 세부적으로 다루고 있어 다채롭고 깊이 있는 여행이 가능합니다.

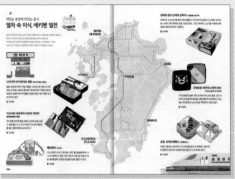

PART 3
지역별 정보 확인하기

구마모토, 오이타, 가고시마, 미야자키, 나가사키 각 도시의 관광 명소부터 상점, 맛집, 카페 등 꼭 가봐야 하는 인기 명소부터 작가가 발굴해낸 숨은 장소까지 속속들이 소개합니다. 놓치면 아쉬운 주변 여행지까지 빠짐없이 담았습니다. 도시별로 최적의 2박 3일 추천 코스까지 수록해 알찬 여행을 즐길 수 있습니다.

PART 4
실전 여행 준비하기

여행 시 꼭 준비해야 하는 정보만 모았습니다. 예약 사항부터 숙소 정보, JR규슈 레일패스를 활용한 추천 코스와 패스 예약 및 이용 방법, 렌터카, 여행 필수 애플리케이션, 출입국 절차, 신고서까지 꼼꼼하게 담았습니다. 여행 준비에 필요한 내용을 순서대로 구성해 더욱 완벽한 여행을 계획할 수 있습니다.

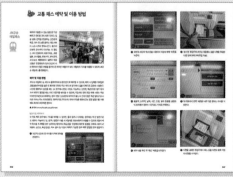

Contents

PART 3

진짜 규슈 소도시를
만나는 시간

리얼 가이드

●

PART 4

실전에 강한
여행 준비

PART 1

미리 보는
규슈 소도시
여행

규슈 소도시 여행의 장면들

Scene 2
시내 곳곳에 위치한
쿠마몬을 찾아 사진 찍기
spot 구마모토 P.118

Scene 3
〈스즈메의 문단속〉을 따라
일본 애니메이션 배경지 찾아가기
spot 오이타 P.051

Scene 4
온천의 도시인 벳푸 칸나와에서
지옥 온천 순례하기

spot 오이타 P.168

Scene 5
다양한 장소에서 그림 같은 사쿠라지마 감상하기

spot 가고시마 P.203~207

Scene 6
일본 대표 다이묘 정원으로 불리는 센간엔 산책하기
spot 가고시마 P.207

Scene 7
동양의 이스터섬, 선멧세 니치난에서 인생 사진 남기기
spot 미야자키 P.257

Scene 8

야자수가 늘어선 해안 도로 호리키리 고개에서 드라이브하기

`spot` 미야자키 P.256

Scene 9

레트로 감성이 넘치는
노면전차를 타고 시내 둘러보기

`spot` 나가사키 P.270

Scene 10

차이나타운에서 내 입맛에 맞는
나가사키 짬뽕집 찾아보기

`spot` 나가사키 P.302

한눈에 보는 규슈 소도시

인천

1시간 55분

1시간 30분

1시간 20분

1시간 30분

1시간 40분

1시간 35분

후쿠오카

오이타

나가사키

구마모토

미야자키

가고시마

구마모토 熊本

오사카성, 나고야성과 함께 일본의 3대 성인 구마모토성이 있는 도시. 또한 규슈의 중심에 위치해 접근성이 좋고 주변 지역으로 편리하게 이동할 수 있다. 국립공원으로 유명한 아소, 온천으로 유명한 구로카와 온천이 속해 있다.

오이타 大分

일본에서 온천현이라 불릴 정도로 온천으로 유명한 도시. 오이타현 로고 또한 온천을 상징할 정도로 온천에 진심이다. 일본 제일의 용출량을 자랑하는 벳푸가 이 지역에 속한다. 지옥 온천 순례와 약용 입욕제가 유명하다.

가고시마 鹿児島

일본 본토 규슈 최남단에 위치한 도시. 사쿠라지마 화산과 바다, 온천이 모두 있는 압도적인 자연 경관이 특징이다. 따뜻한 모래 속에 파묻혀 땀을 뺄 수 있는 온천 마을 이부스키, 태고의 섬이자 트레킹 성지라 불리는 야쿠시마가 위치한다.

후쿠오카 • 🛫 후쿠오카 공항

지하철 5분

🛫 오이타 공항

버스 1시간

오이타 ◉

🛫 나가사키 공항

버스 45분

나가사키 ◉

버스 1시간

🛫 구마모토 공항

구마모토 ◉

미야자키 ◉

🛫 미야자키 공항

JR 15분

버스 40분

🛫 가고시마 공항

가고시마 ◉

미야자키 宮崎

어디서든 야자수를 만날 수 있어 휴양지 느낌이 가득한 도시. 연중 따뜻한 기온과 높은 강수량 덕에 일본 내에서도 이국적인 여행지로 손꼽힌다. 해안을 따라 아오시마와 니치난이 위치하고 내륙에는 협곡으로 유명한 타카치호가 있다.

나가사키 長崎

서양 문물을 일찍이 받아들여 이국적인 풍경을 가진 도시. 차이나타운, 글로버 가든 등 과거와 현재가 조화롭게 어우러진 명소가 많다. 규슈 대표 테마파크인 하우스텐보스와 항구 도시 사세보도 이곳에 위치한다.

규슈 소도시 이동 한눈에 보기

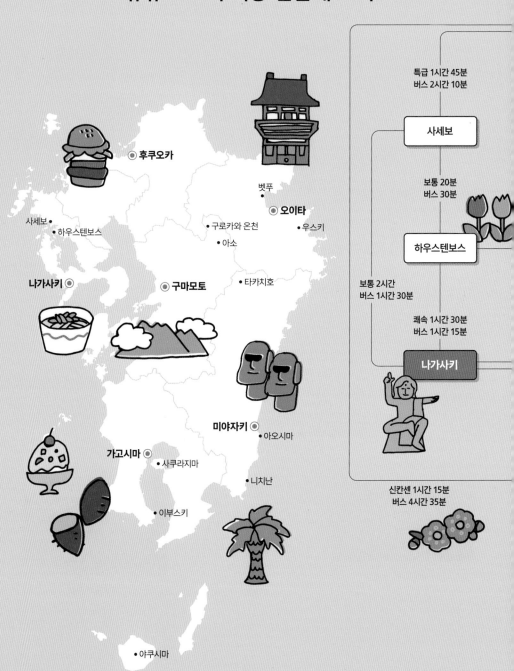

◉ 후쿠오카

벳푸

◉ 오이타

사세보 •
• 하우스텐보스

• 구로카와 온천

• 우스키

• 아소

나가사키 ◉

◉ 구마모토

• 타카치호

미야자키 ◉
• 아오시마

가고시마 ◉
• 사쿠라지마

• 니치난

• 이부스키

• 야쿠시마

특급 1시간 45분
버스 2시간 10분

사세보

보통 20분
버스 30분

하우스텐보스

보통 2시간
버스 1시간 30분

쾌속 1시간 30분
버스 1시간 15분

나가사키

신칸센 1시간 15분
버스 4시간 35분

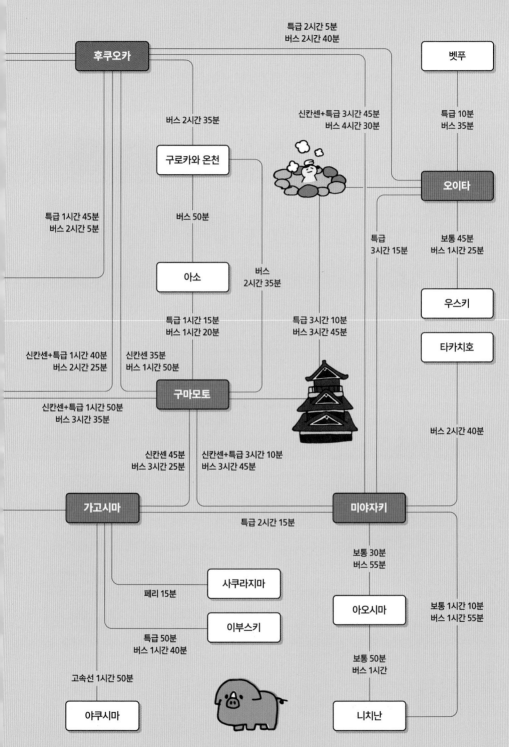

후쿠오카

특급 2시간 5분
버스 2시간 40분

벳푸

버스 2시간 35분

구로카와 온천

신칸센+특급 3시간 45분
버스 4시간 30분

특급 10분
버스 35분

오이타

특급 1시간 45분
버스 2시간 5분

버스 50분

아소

버스
2시간 35분

보통 45분
버스 1시간 25분

우스키

타카치호

특급 1시간 15분
버스 1시간 20분

특급 3시간 10분
버스 3시간 45분

특급
3시간 15분

신칸센+특급 1시간 40분
버스 2시간 25분

신칸센 35분
버스 1시간 50분

구마모토

신칸센+특급 1시간 50분
버스 3시간 35분

버스 2시간 40분

신칸센 45분
버스 3시간 25분

신칸센+특급 3시간 10분
버스 3시간 45분

가고시마

미야자키

특급 2시간 15분

보통 30분
버스 55분

페리 15분

사쿠라지마

아오시마

보통 1시간 10분
버스 1시간 55분

특급 50분
버스 1시간 40분

이부스키

보통 50분
버스 1시간

고속선 1시간 50분

야쿠시마

니치난

규슈의 교통수단 이용법

신칸센 新幹線

한국의 KTX와 같은 개념의 교통수단으로 육로로 가장 빠르게 도시 간 이동이 가능하다. 규슈 신칸센은 후쿠오카 하카타역을 시작으로 구마모토역을 거쳐 가고시마추오역까지 운행하며 니시큐슈 신칸센은 타케오온센역에서 나가사키역까지 운행한다. 노선별로 열차 이름이 다양해 외국인은 헷갈릴 수 있으나 정차 역에 차이가 날 뿐 전반적인 이동 경로는 같다. 좌석은 특실을 뜻하는 그린석 그리고 지정석, 자유석으로 구분된다. JR규슈 레일패스를 구입했다면 규슈 지역 내에서는 지정석을 이용할 수 있으며, 그린석은 추가 요금이 붙는다.

🏠 **JR규슈** www.jrkyushu.co.jp

열차 列車

JR, 지역 철도 회사에서 운행하는 '○○鉄道' 등이 해당된다. 신칸센이 도심지를 가로지른다면 열차는 소도시와 시골 마을까지 도달하는 로컬선이 많다. 규슈 지역에서는 주로 JR규슈의 철도를 이용하게 된다. 열차 종류로는 우리나라의 지하철처럼 자리 지정 없이 교통카드로 이용할 수 있는 일반 열차가 있고, 특급 열차는 신칸센처럼 별도의 승차권 구매가 필요하다. 특히 지역 관광과 결합해 운행하는 특급 관광 열차는 희소성이 있고 인기가 높아 예약이 필수다. 간혹 소도시에 있는 역은 플랫폼이 하나뿐인 경우도 있어 양방향으로 열차가 오가니 목적지를 잘 확인하고 타야 한다. 승차권은 역의 발매기를 통해 구입하면 되는데, 발매기는 대부분 영어, 한국어가 지원되며 헷갈릴 경우 역무원에게 부탁해 승차권을 구입하자.

노면전차 路面電車

구마모토, 가고시마, 나가사키에서는 작고 귀여운 모습이 옛 향수를 불러일으키는 노면전차를 볼 수 있다. 노면전차는 공통적으로 뒷문으로 탑승하고 앞문으로 하차하는 방식이다. 요금은 거리와 상관없이 균일한데, 현금은 내릴 때 지불한다. 현금 이용 시 거스름돈을 주지 않으니 미리 잔돈을 준비하거나 차량 안에 비치된 동전 교환기를 이용해 1,000엔 지폐나 동전으로 교환한 후 지불해야 한다. 교통카드를 이용하는 경우에는 우리나라에서처럼 승하차 시 단말기에 교통카드를 태그하면 된다.

고속버스 高速バス

도시와 도시를 이동하는 버스로 주요 도시에는 고속버스 전용 버스터미널이 있다. 고속버스를 이용해 규슈의 여러 지역을 방문할 예정이라면 산큐패스를 구입해 교

통비를 절약할 수 있다. 예약은 규슈 고속버스 위탁 예약 사이트 '앗토버스데@バスで'를 통해 가능하다. 단, 고속버스는 도로 및 교통 상황에 따라 예상 시간보다 지체될 수 있으므로 JR 열차나 신칸센을 이용할 수 있는 지역은 열차 이용을 추천한다.

🏠 **앗토버스데** www.atbus-de.com

시내버스 市內バス

일본의 시내버스는 뒷문으로 타고 앞문으로 내리는 것이 보편적이다. 교통카드를 이용하는 경우 승하차 시 단말기에 카드를 태그하면 된다. 현금으로 결제한다면 버스에 탑승할 때 승차 장소를 증명하는 정리권(세리켄整理券)을 뽑고, 하차하면서 하차 정류장 번호에 맞는 요금을 납부하면 된다. 보통 버스 뒷문 탑승 시 왼쪽 혹은 오른쪽 무릎 높이에 기기가 설치되어 있으며 화살표가 있는 부분에 정리권이 나와 있다. 정리권에는 숫자가 적혀 있으며 버스 앞쪽 숫자판에 금액이 적혀 있다. 내릴 목적지에서 자신이 뽑은 숫자 아래에 표기된 버스 요금을 지불하면 된다. 만약 동전이 부족하다면 버스 안에 동전 교환기가 있으므로 미리 바꿔서 준비하자.

택시 タクシー

짧은 거리를 4인 이하로 이동할 때 추천하는 교통수단이다. 길에서 손을 들어 빈 차를 잡아타면 되고 택시 뒷문은 자동으로 열리고 닫힌다. 택시는 일반적으로 소형(4~5인승)과 보통차(5~6인승)로 구분되며 크기에 따라 요금이 비싸진다. 택시는 요금 자체가 많이 비싸기 때문에 장거리 이동은 추천하지 않는다. 일본의 택시 호출 앱으로는 카카오T, 우버Uber, 디디DiDi, 고Go 등이 있는데, 호출비가 지역에 따라 최대 500엔이 추가된다. 가급적이면 호출 앱을 사용하기보다는 길에서 직접 택시를 잡아서 타자.

기본요금
- ¥ **구마모토** 700엔(1.3km), 347m당 100엔씩 추가
- ¥ **오이타** 550엔(1km), 160m당 50엔씩 추가
- ¥ **가고시마** 700엔(1.3km), 160m당 50엔씩 추가
- ¥ **미야자키** 610엔(974m), 263m당 80엔씩 추가
- ¥ **나가사키** 670엔(1km), 259m당 90엔씩 추가

교통카드 ICカード

일본도 대중교통을 편리하게 이용할 수 있는 충전식 교통카드가 존재한다. 흔히 IC카드로 불리며 단말기 터치형으로 열차와 시내버스는 물론 편의점, 음식점 등에서 다양하게 활용할 수 있다. 일본의 대표적인 전국 호환 교통카드인 스이카Suica, 이코카ICOCA 등은 규슈를 포함한 일본 전역에서 사용할 수 있으며, 지역마다 발급받을 수 있는 교통카드의 종류가 다르다. 규슈에서 발급받을 수 있는 교통카드로는 JR규슈의 스고카SUGOCA, 니시테츠의 니모카nimoca 등이 있다. 주요 역이나 버스터미널의 발매기, 안내 창구 등에서 교통카드를 구입할 수 있으며 역사 내부 혹은 편의점에서 원하는 만큼 금액을 충전해서 사용하면 된다. 보통 유효기간이 없어 평생 사용할 수 있지만, 10년 이상 미사용 시 이용이 만료될 수 있으니 주의하자. 예외적으로 가고시마는 전국 호환 교통카드를 사용할 수 없는 지역이다. 가고시마에서 교통카드로 대중교통을 이용할 경우 라피카Rapica라는 지역 교통카드로만 요금을 지불할 수 있다. 구마모토는 2025년 3월(노면전차는 2026년 3월)까지만 전국 호환 교통카드를 사용할 수 있으니 참고하자.

최근에는 컨택리스(비접촉) 카드로도 해외 대중교통을 쉽게 이용할 수 있는데, 구마모토와 가고시마에서도 사용 가능하다. 비자, JCB, 아메리칸 익스프레스, 다이너스 클럽, 디스커버, 유니온페이 브랜드의 컨택리스 카드를 사용한다면 교통카드를 발급받을 필요가 없다. 가고시마에서는 승하차 시 컨택리스 카드 전용 단말기에 태그하면 되고, 구마모토에서는 하차 시에만 태그한다.

- 🏠 **스고카** www.jrkyushu.co.jp/sugoca
- 🏠 **니모카** www.nimoca.jp
- 🏠 **라피카** www.kotsu-city-kagoshima.jp/kr/
  k-ticket-summary/k-rapica

1일 승차권은 앱으로 구매 및 이용 가능!

각 도시의 대중교통을 하루 동안 무제한으로 이용할 수 있는 1일 승차권은 'Japan Transit Planner'라는 앱을 통해서도 구매 및 이용이 가능하다. 앱을 통해 승차권을 구입한 후 대중교통 탑승 시 운전기사에게 패스가 표시된 휴대폰 화면을 보여주면 된다.

규슈를 아우르는 패스 소개

JR규슈 레일패스 JR Kyushu Rail Pass

JR규슈가 운행하는 보통 열차와 쾌속 열차 및 인기가 높은 특급·관광 열차와 신칸센을 자유롭게 이용할 수 있는 프리패스형 티켓이다. 일본 외의 외국 여권을 소지한 관광객만 구입 가능하며 지역에 따라 전큐슈(규슈 전역)·북큐슈(규슈 북부)·남큐슈(규슈 남부)로 구분해 구입할 수 있다. 구입은 JR규슈 홈페이지를 통한 예약 서비스나 각 여행사, 현지 JR규슈 매표소에서 가능하다.

🏠 www.jrkyushu.co.jp/korean/railpass/railpass.html

사용 방법 예매를 한 경우 신칸센을 운행하는 주요 도시의 JR규슈 레일패스 창구에 여권을 제시한 후 날짜가 지정된 실물 티켓으로 교환한다. 보통은 이 티켓만으로 신칸센을 포함한 모든 열차에 탑승할 수 있으며 개찰기에 티켓을 넣어 플랫폼으로 이동할 수 있다. 티켓은 개찰기에 투입 후 꼭 회수해야 한다는 점도 기억해두자. 패스는 연속 일자로 사용해야 하며(예를 들면 1월 1일부터 3일까지) 중간에 날짜를 건너뛰고 사용하는 것은 불가능하다. 신칸센 및 특급 열차처럼 지정석 이용이 필요한 경우 역내 JR규슈 매표소 혹은 발매기를 통해 좌석 예약을 하면 된다.

지도 범례

- ⊚ 공항
- ◎ 레일패스 교환/구매 가능 역
- ▬▬▬ 북큐슈 지역
- ▬▬▬ 남큐슈 지역
- ─── 신칸센
- ─── JR 열차

종류	사용 일수	요금	사용 범위
전큐슈	3일	20,000엔	규슈 신칸센(하카타~가고시마추오) 니시큐슈 신칸센(타케오온센~나가사키) 특급·일반 열차, 시모노세키 포함
	5일	22,500엔	
	7일	25,000엔	
북큐슈	3일	12,000엔	규슈 신칸센(하카타~구마모토) 니시큐슈 신칸센(타케오온센~나가사키) 특급·일반 열차, 시모노세키 포함
	5일	15,000엔	
남큐슈	3일	10,000엔	규슈 신칸센(구마모토~가고시마추오) 특급·일반 열차

★ 하카타↔코쿠라 신칸센, JR 외의 열차, 버스에서는 사용 불가

패스로 탑승 가능한 특급·관광 열차 종류

열차 종류	운행 구간	전큐슈	북큐슈	남큐슈
규슈 신칸센	하카타~가고시마추오	○	○	○
니시큐슈 신칸센	타케오온센~나가사키	○	○	×
특급 하우스텐보스	하카타~하우스텐보스	○	○	×
규슈횡단특급	구마모토~벳푸	○	○	○
아소보이!	구마모토~벳푸	○	○	○
니치린	오이타~미야자키	○	×	○
이부스키노 타마테바코	가고시마추오~이부스키	○	×	○
우미사치 야마사치	미야자키~난고	○	×	○

★ ○ 이용 가능, × 이용 불가

산큐패스 SUNQ Pass

규슈의 고속버스, 시내버스의 거의 모든 노선과 일부 선박을 자유롭게 이용할 수 있는 프리패스 티켓이다. 철로가 닿지 않는 깊숙한 곳까지 버스로 이동할 수 있어 편리하며 지역에 따라 전큐슈·북큐슈·남큐슈로 구분해 이용할 수 있다. 구입은 홈페이지나 지정 여행사, 현지 공항, 버스터미널 등에서 가능하다. 단, 북큐슈 2일권은 현지에서 살 수 없어 무조건 온라인으로 미리 구매해야 한다.

🏠 www.sunqpass.jp/kr

사용 방법 예매를 한 경우 해당 지역의 공항 혹은 지정된 버스터미널 창구에서 실물 티켓으로 교환한다. 책자로 된 형태이며 버스 하차 시 기사에게 보여주면 된다. 패스는 연속 일자로 사용해야 하며 중간에 날짜를 건너뛰고 사용하는 것은 불가능하다. 단, 북큐슈 2일권은 연속이 아니더라도 사용할 수 있다. 단거리 고속버스와 시내버스는 예약이 필요 없지만 장거리 고속버스 노선은 좌석이 한정되어 있으므로 원하는 날짜에 탑승하기 위해서 되도록 좌석을 예약하는 것이 좋다. 예약은 앗토버스데 사이트를 통해 가능하다.

🏠 앗토버스데 www.atbus-de.com

- - - - - 규슈횡단버스
───── 버스 노선
▱▱▱ 북큐슈 지역   ○ 주요 버스 정류장
▱▱▱ 남큐슈 지역   ◉ 항구

종류	사용 일수	요금	사용 범위
전큐슈	3일	11,000엔	규슈 전 지역
	4일	14,000엔	
북큐슈	2일	6,000엔	구마모토(시내, 공항, 아소, 구로카와 온천), 오이타현, 나가사키현, 사가현, 후쿠오카현, 시모노세키·나가토
	3일	9,000엔	
남큐슈	3일	8,000엔	구마모토(시내, 공항), 미야자키현, 가고시마현

★ 해당 지역 고속버스 및 시내버스 무제한 이용 가능, 단 고속버스는 사전 예약 필요

JR 패스를 활용한 추천 코스 일람

*상세 코스 P.334

COURSE ①

규슈 남부 핵심 지역
2박 3일 코스

#관광 목적 #기차 여행 #짧고 굵게

이용 패스 남큐슈 3일권 **이용 공항** 가고시마 공항, 미야자키 공항

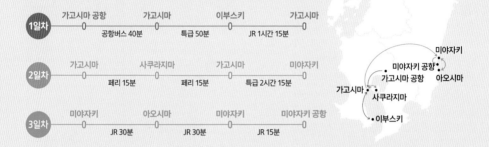

1일차
가고시마 공항 ─ 가고시마 ─ 이부스키 ─ 가고시마
공항버스 40분 · 특급 50분 · JR 1시간 15분

2일차
가고시마 ─ 사쿠라지마 ─ 가고시마 ─ 미야자키
페리 15분 · 페리 15분 · 특급 2시간 15분

3일차
미야자키 ─ 아오시마 ─ 미야자키 ─ 미야자키 공항
JR 30분 · JR 30분 · JR 15분

COURSE ②

신칸센을 활용한
2박 3일 코스

#신칸센 #알찬 동선 #소도시 여행

이용 패스 북큐슈 3일권 **이용 공항** 후쿠오카 공항

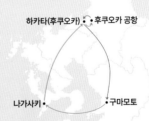

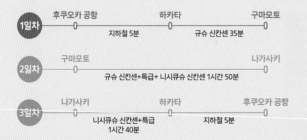

1일차
후쿠오카 공항 ─ 하카타 ─ 구마모토
지하철 5분 · 규슈 신칸센 35분

2일차
구마모토 ─ 나가사키
규슈 신칸센+특급+ 니시큐슈 신칸센 1시간 50분

3일차
나가사키 ─ 하카타 ─ 후쿠오카 공항
니시큐슈 신칸센+특급 1시간 40분 · 지하철 5분

COURSE ③

온천 & 테마파크 만끽
4박 5일 코스

#온천 여행 #규슈횡단열차 #북큐슈 일주

이용 패스 북큐슈 5일권 **이용 공항** 후쿠오카 공항

1일차
후쿠오카 공항	하카타	벳푸
지하철 5분	특급 1시간 55분	

2일차
벳푸	오이타	구마모토
특급 10분	특급 3시간 10분	

3일차
구마모토	사세보
규슈 신칸센+특급 2시간 5분	

4일차
사세보	하우스텐보스
JR 20분	

5일차
하우스텐보스	하카타	후쿠오카 공항
특급 1시간 45분	지하철 5분	

COURSE ④

인생 사진을 남기는
4박 5일 코스

#규슈 마니아 #SNS 명소 #이동 중 휴식

이용 패스 전큐슈 5일권 **이용 공항** 후쿠오카 공항

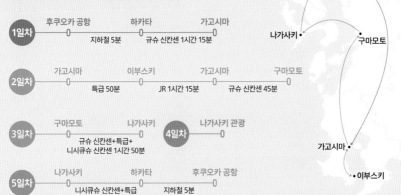

1일차
후쿠오카 공항	하카타	가고시마
지하철 5분	규슈 신칸센 1시간 15분	

2일차
가고시마	이부스키	가고시마	구마모토
특급 50분	JR 1시간 15분	규슈 신칸센 45분	

3일차
구마모토	나가사키
규슈 신칸센+특급+니시큐슈 신칸센 1시간 50분	

4일차
나가사키 관광

5일차
나가사키	하카타	후쿠오카 공항
니시큐슈 신칸센+특급 1시간 40분	지하철 5분	

규슈 소도시 여행 기본 정보

국명

일본
日本

비자

관광 90일
이내 무비자 입국

전압

110V

※11자 모양 어댑터 필수

통화

엔 ¥ 円

환율

100엔
= 약 921원

시차

없음

한국 09:00 → 구마모토 09:00

소비세

10%

• 소비세 포함 가격 표시 稅入
• 소비세 불포함 가격 표시 稅抜 / +稅 / 稅別

언어

일본어

글자는 히라가나ひらがな, 카타카나カタカナ, 한자漢字 사용

전화

· 일본 국가 번호 +81
• 구마모토현 지역번호 096
• 오이타현 지역번호 097
• 가고시마현 지역번호 099
• 미야자키현 지역번호 098
• 나가사키현 지역번호 095

화폐

 1엔

 5엔
10엔
 50엔
 100엔
500엔

1,000엔

5,000엔

10000엔
10,000엔

와이파이

일본의 호텔, 편의점, 체인점, 전철역 등에서는
보통 무료 와이파이를 제공한다. 단, 한국보다 속도는
느린 편이다. 또한 통신사 소프트뱅크에서 제공하는
FREE Wi-Fi PASSPORT는 전국 40만여 곳의 핫스팟에서
아이디와 비밀번호를 등록하면 2주 동안 무료로 사용할 수 있다.

대중교통

규슈의 각 도시를 JR과 고속버스가 연결한다. 도시별로는 노면전차, 버스, 택시, 페리 등 대중교통 선택지가 다양하며 관광객을 위해 교통비를 절약할 수 있는 교통패스도 마련되어 있으니 효율적으로 활용하자.

기본요금

JR
140엔~

노면전차
140엔~

버스
170엔~

택시
550엔~

물가 비교

· 스타벅스 아메리카노(톨 사이즈)

일본 475엔(4,374원)
vs
한국 4,500원

· 맥도날드 빅맥

일본 480엔(4,420원)
vs
한국 6,300원

· 편의점 생수

일본 108엔(994원)
vs
한국 1,100원

긴급 연락처

여행 중 여권 분실, 사고 및 긴급 상황이 발생 시 재외공관에 도움을 요청할 수 있다. 한국어 지원도 가능하다.

영사콜센터(24시간)
+82-2-3210-0404

Japan Visitor Hotline(24시간)
+82-50-3816-2787

주후쿠오카 대한민국 총영사관

🚶 버스 300·301·303번 료지칸마에領事館前 정류장에서 도보 3분
📍 福岡市中央区地行浜1-1-3　🕘 09:00~17:00
❌ 주말, 공휴일, 대한민국 국경일(3/1, 8/15, 10/3, 10/9)
📞 +81-92-771-0461~2
🏠 overseas.mofa.go.kr/jp-fukuoka-ko/index.do

외국어 지원 병원

여행 중 갑자기 몸에 이상이 생겼을 때 외국인 여행자를 위한 통역 서비스가 가능한 병원을 알아두도록 하자.

구마모토 국립병원기구 구마모토 의료센터
国立病院機構熊本医療センター

🌐 한국어, 영어 등　🚶 노면전차 B선 울산마치 정류장에서 도보 10분
📍 熊本市中央区二の丸1-5　📞 +81-96-353-6501

오이타 오이타 현립병원 大分県立病院

🌐 한국어, 영어 등　🚶 버스 G21·K35·H30번 켄리츠뵤인이리구치県立病院入口 정류장에서 도보 5분　📍 大分市豊饒2-8-1
📞 +81-97-546-7111, 7112

가고시마 가고시마 시립병원 鹿児島市立病院

🌐 영어　🚶 노면전차 2호선 시리츠뵤인마에 정류장에서 도보 3분
📍 鹿児島市上荒田町37-1　📞 +81-99-230-7000

미야자키 미야자키현립 미야자키병원 宮崎県立宮崎病院

🌐 한국어, 영어 등　🚶 버스 9·30·46번 켄뵤인마에県病院前 정류장에서 도보 2분　📍 宮崎市北高松町5-30　📞 +81-98-524-4181

나가사키 나가사키 대학병원 長崎大学病院

🌐 한국어, 영어 등　🚶 노면전차 1·3호선 다이가쿠뵤인 정류장에서 도보 10분　📍 長崎市坂本1-7-1　📞 +81-95-819-7200

규슈 여행 캘린더

★ 일본 기상청 평년치 데이터 기준

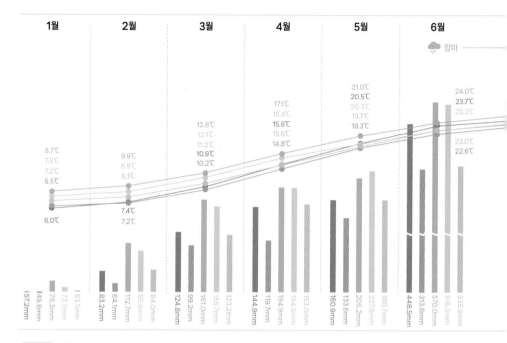

| 1월 | 2월 | 3월 | 4월 | 5월 | 6월 |

기온 데이터:

1월: 8.7℃ 7.8℃ 7.2℃ 6.5℃ 6.0℃

2월: 9.9℃ 8.9℃ 8.1℃ 7.4℃ 7.2℃

3월: 12.8℃ 12.1℃ 11.2℃ 10.9℃ 10.2℃

4월: 17.1℃ 16.4℃ 15.8℃ 15.6℃ 14.8℃

5월: 21.0℃ 20.5℃ 20.3℃ 19.7℃ 19.3℃

6월: 24.0℃ 23.7℃ 23.2℃ 23.0℃ 22.6℃

강수량 데이터:

1월: 57.2mm 49.8mm 78.3mm 72.7mm 63.1mm

2월: 83.2mm 64.1mm 112.7mm 95.8mm 84.0mm

3월: 124.8mm 99.2mm 161.0mm 155.7mm 123.2mm

4월: 144.9mm 119.7mm 194.9mm 194.5mm 153.0mm

5월: 160.9mm 133.6mm 205.2mm 227.6mm 160.7mm

6월: 448.5mm 313.6mm 570.0mm 516.3mm 335.5mm

☁️ 장마

봄
3~5월

가장 무난하게 여행을 즐기기 좋은 시기다. 3월 말부터 4월 초에는 벚꽃이 필 때라 풍경이 가장 아름답다. 4월 중순부터 기온이 20℃ 전후로 따뜻해서 옷차림이 더욱 가벼워진다.

여름
6~8월

평균적으로 6월 중순부터 한 달여 동안은 일본의 장마 기간이지만, 기후의 변화로 최근에는 수시로 달라지고 있다. 장마 이후에는 기온과 습도가 최고치에 다다라 8월 말까지 야외 활동이 힘들 수 있다. 태평양에서 발생하는 태풍이 가장 많이 지나가는 시기도 이때라 장마와 별개로 많은 비가 쏟아진다.

공휴일 公休日

★2025년 기준

- **1/1** 신정
- **2/11** 건국기념일
- **3/20** 춘분의 날
- **5/3** 헌법기념일
- **5/5** 어린이 날
- **8/11** 산의 날
- **9/23** 추분의 날
- **11/3** 문화의 날

- **1/13** 성년의 날(1월 둘째 월요일)
- **2/23** 일왕탄생일
- **4/29** 쇼와의 날
- **5/4** 녹색의 날
- **7/21** 바다의 날(7월 셋째 월요일)
- **9/15** 경로의 날(9월 셋째 월요일)
- **10/13** 스포츠의 날(10월 둘째 월요일)
- **11/23** 근로 감사의 날

일본의 연휴

★대략적인 기준

- **연말연시** 12/29~1/3
- **골든 위크** 4/29~5/6
- **오봉** 8/13~16

지역 대표 축제 まつり

구마모토 8월 첫째 금~일요일

히노쿠니 마츠리 火の国まつり

시모토리를 중심으로 열리는 축제. 구마모토 민요의 리듬에 맞춰 60개의 단체와 5,000여 명의 사람들이 춤추며 구마모토 시내 중심가를 행진한다.

연말연시 연휴는 피하자

우리나라는 음력설을 쇠지만 일본은 양력설 기준으로 앞뒤 날짜를 더해 긴 연휴를 갖는다. 보통 12월 29일부터 1월 3일까지 쉬며 이때 관공서 및 대형 상점, 음식점, 개인 매장 등 많은 가게가 휴무이므로 이 기간에는 여행을 자제하는 것이 좋다.

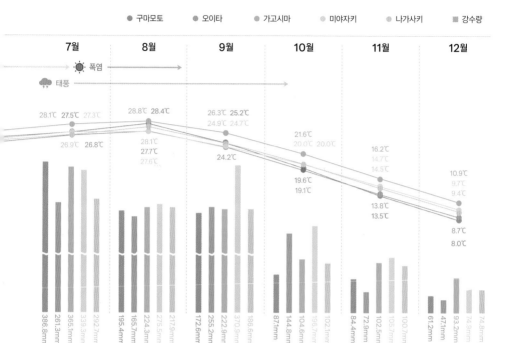

● 구마모토　　● 오이타　　● 가고시마　　● 미야자키　　● 나가사키　　■ 강수량

| 7월 | 8월 | 9월 | 10월 | 11월 | 12월 |

☀ 폭염
⛈ 태풍

28.1℃ 27.5℃ 27.3℃　28.8℃ 28.4℃　26.3℃ 25.2℃　　　　　　　　　　　　　　10.9℃
　　　　　　　　　　　　　24.9℃ 24.7℃　21.6℃　　　　　　9.7℃
26.9℃ 26.8℃　28.1℃　　　　　　　20.0℃ 20.0℃　16.2℃　　9.4℃
　　　　　27.7℃　　　　24.2℃　19.6℃　　　14.7℃
　　　　　27.6℃　　　　　　19.1℃　　14.5℃
　　　　　　　　　　　　　　　　　　　　13.8℃
　　　　　　　　　　　　　　　　　　　　13.5℃　8.7℃
　　　　　　　　　　　　　　　　　　　　　　　8.0℃

386.8mm 261.3mm 365.1mm 339.6mm 292.7mm　195.4mm 165.7mm 224.3mm 275.5mm 217.9mm　172.6mm 255.2mm 222.9mm 370.9mm 186.6mm　87.1mm 144.8mm 104.6mm 196.7mm 102.1mm　84.4mm 72.9mm 102.5mm 105.7mm 100.7mm　61.2mm 47.1mm 93.2mm 74.9mm 74.8mm

가을
9~11월

9월에서 10월 초 사이에는 태풍이 빈번하게 발생하고 이로 인해 강수량이 일시적으로 상승한다. 기온은 선선해져서 태풍 시기만 피하면 봄과 함께 가장 여행하기 좋은 날씨가 된다. 10월 중순 이후에는 해지는 시간이 급격하게 빨라지는 것도 특징이다.

겨울
12~2월

비가 오지 않는 청량한 겨울 하늘과 구름을 만날 수 있다. 지리적 특성상 영하로 떨어질 일이 거의 없어 눈도 거의 오지 않으며 옷차림만 신경 쓴다면 날씨로만 보았을 때 여행하기 좋은 시기라 할 수 있다.

오이타 4월 1~6일
벳푸핫토 온천 축제 別府八湯温泉まつり

오이타현 벳푸에서 풍부한 온천의 은혜에 감사하기 위해 여는 축제. 4월 1일은 온천 감사의 날로 시내의 100개 온천이 무료 개방된다. 신을 모시는 가마인 미코시神輿의 행렬이 장관을 이루며 오기야마산(오히라야마)을 태우는 오기야마히마츠리扇山火まつり가 하이라이트다.

미야자키 10월 마지막 토·일요일
미야자키 신궁 대제 宮崎神宮大祭

수많은 미코시와 무용수들의 행렬이 미야자키 신궁에서 시작해 성대하게 이어지며 미야자키 시내를 돌아보는 축제. 타치바나도리 중심가에서는 다양한 무대와 이벤트를 만나볼 수 있다.

가고시마 11월 2·3일
오하라 축제 おはらまつり

텐몬칸도리를 중심으로 열리는 축제. 가고시마 민요의 리듬에 맞춰 약 2만 명의 사람이 유카타나 축제 의상을 입고 춤추며 가고시마 시내 중심가를 행진한다. 이 시기에는 형형색색의 전등으로 아름답게 장식한 노면전차 하나덴샤花電車도 만날 수 있다.

나가사키 음력 1월 1일~15일
나가사키 등불 축제 長崎ランタンフェスティバル

차이나타운 근처 미나토 공원을 중심으로 메가네바시까지 화려한 등불이 도심을 수놓는 축제. 형형색색의 아름다운 중국식 지등과 크고 작은 조형물 15,000여 개가 시내를 밝히며 아름다운 모습을 자아낸다.

규슈 소도시 여행 에티켓

자동차는 좌측통행, 보행자는 우측통행

규슈에는 대중교통으로 가기 힘든 보물 같은 여행지가 많고, 시내를 제외하면 교통량이 많지 않아 렌터카로 여행하기 좋은 지역이다. 다만, 일본에서 운전을 해본 사람이라면 알겠지만 일본의 차량은 운전석이 우측에 있다. 따라서 도로에서 운전을 할 때도 우리나라와는 반대로 좌측통행을 한다. 지하철, 도로 등의 바닥 혹은 벽에 따로 진행 방향이 표시되어 있지 않다면 보행자는 기본적으로 우측통행이 원칙이다. 에스컬레이터를 탈 때 왼쪽에 서고 우측을 비워두는 것도 그런 이유에서다.

어디서든 이용 가능한 화장실

일본은 어느 도시를 가든 화장실을 편하게 사용할 수 있다. 공원이나 산책로 등에 있는 공중화장실은 물론 백화점, 쇼핑몰, 전철역 등 어디서나 무료로 이용할 수 있다. 특히 한적한 골목에 위치한 편의점에도 대부분 화장실이 마련되어 있어 급한 경우 편하게 쓸 수 있으며 청결 상태도 좋다.

카드보다는 현금을

도쿄를 비롯한 대도시의 경우 현금 외에 신용카드나 네이버페이, 카카오페이, 애플페이 등 결제 수단이 다양해져 여행하기 더욱 편리해졌다. 하지만 규슈의 소도시 같은 경우 쇼핑몰이나 백화점, 프랜차이즈 매장이 아닌 개인 매장에서는 아직까지 현금만 고수하는 곳이 많다. 특히 시골로 들어갈수록 더욱 현금이 필요하므로 카드보다는 현금을 넉넉히 챙겨 가는 것이 좋다.

흡연은
지정된 구역에서

본래 일본은 다른 나라에 비해 흡연에 관대한 편이다. 하지만 2020년 4월부터 실내에서 흡연을 금지하는 정책을 실시하기 시작했다. 예전에는 음식점, 카페, 술집 등 실내 흡연이 대부분 가능했으나 현재는 별도의 흡연 공간을 마련하지 않으면 일정 인원 이상 모이는 장소에서는 실내 흡연을 할 수 없다. 노상 흡연도 원칙적으로 불가하며 흡연 부스나 지정된 곳에서만 가능하다. 만약 버스 정류장, 역 앞 등 사람들이 많이 모이는 장소나 금연 구역에서 흡연을 하다 적발되면 지역마다 다르지만 최대 5만 엔 이하의 과태료가 부과되니 주의하자.

실내 흡연에
당황하지 말 것

원칙적으로는 실내 흡연이 금지되었지만, 소도시의 경우 오래된 식당이나 선술집, 옛 다방 분위기의 킷사텐 등에서는 여전히 실내 흡연이 가능한 곳도 많다. 소도시, 특히 도시에서 먼 시골 마을일수록, 운영한 지 오래된 가게일수록 흡연에 관대했던 옛 모습을 유지하는 곳이 많다.

생각보다
많은 무인역

규슈의 작은 소도시를 다니다 보면 역무원이 상주하지 않고, 개찰구도 없이 개방되어 있는 무인역이 생각보다 많다. 무인역에 교통카드 단말기가 설치되어 있다면 승하차 시에 카드를 태그하면 되므로 이용하는 데 큰 문제는 없다. 단, 승차 시 교통카드로 탑승했는데 하차할 때 교통카드 단말기가 없거나 반대의 경우에는 상황에 따라 여러 방법으로 해결할 수 있다. 열차 안에 교통카드 단말기가 있다면 승차乘車 또는 하차降車 단말기에 맞게 교통카드를 태그하면 되고, 열차 안에도 교통카드 단말기가 없다면 열차 내의 승무원이나 기관사, 그조차 없다면 주요 역으로 이동한 후 역무원에게 상황을 설명하고 운임을 지불하면 교통카드를 정상 처리해준다. JR규슈의 무인역에 있는 QR코드를 스캔해 휴대폰으로 승차역증명서乘車駅証明書를 발급받을 수 있고, 열차에 있는 정리권을 뽑는 방법도 있다. 그리고 이러한 무인역을 자주 오가는 일반 열차의 경우 승하차 시 문 옆의 버튼을 눌러야 문이 열리는 경우도 있으니 잘 살펴보자.

관광에 도움이 되는 주요 역사 사건

임진왜란으로 유명한 일본의 장수

가토 기요마사 加藤淸正

일본 3대 성으로 알려진 구마모토성은 가토 기요마사(1562~1611)에 의해 만들어졌다. 군웅이 할거하여 서로 다투던 전국 시대에 평민으로 태어난 그는 어린 시절부터 도요토미 히데요시豊臣秀吉의 눈에 띄어 여러 전투에 참가하며 신임을 얻어 다이묘로 성장했다. 임진왜란 당시 선봉을 맡아 조선을 침략했으며 정유재란 때 의병장 곽재우와 벌인 전투에서 패해 현재 울산광역시 학성에서 왜성을 쌓고 버티다 탈출했다. 이때 물과 식량의 중요성을 깨달아 일본으로 돌아와 구마모토성을 지을 때 식용이 가능한 토란대를 이용해 다다미를 짰으며 성벽에는 조롱박을 심고 우물도 120개나 팠다. 이런 특이한 건축법은 이후 독자적 양식으로 평가받았다.

`spot` **구마모토** 구마모토성 P.104

외국과의 교류가 제한되던 시절

쇄국정책 鎖國政策

에도 시대江戶時代에 실시된 정책으로 외국과의 교류를 제한하고 외부로부터의 영향을 차단하는 목적이었다. 이 기간 동안 대부분의 외국인들은 일본에 입국할 수 없었으며 일본인 또한 외국으로 나갈 수 없었다. 하지만 이런 정책 속에서도 나가사키는 세계와의 통로 역할을 담당하며 조선, 네덜란드, 중국 등과 제한적으로 교류하였다. 쇄국정책 이전에 이베리아반도의 선교사들을 통해 기독교(그리스도교)도 들어왔는데 다이묘 사이에서도 기독교를 신봉하는 사람이 늘어나면서 일본 26성인의 순교 등 기독교인에 대한 박해가 시작되었다. 이후 시마바라의 난, 미국의 강압적인 요구로 인해 1858년 체결한 '미일수호통상조약'으로 쇄국정책은 끝을 맺었다.

`spot` **나가사키** 데지마 P.293

일본의 근대화 개혁

메이지 유신 明治維新

서양에 의한 개항은 에도 막부 몰락의 기점 중 하나였다. 일본은 미국과 맺은 불평등 조약인 '미일 수호통상조약'으로 관세권을 박탈당하고 외국인에게 치외법권을 주게 되었다. 미국과 조약을 맺자 다른 서양 국가들이 몰려왔고 막부는 이들과도 불평등 조약을 맺을 수밖에 없었다. 이로 인해 화폐 가치 저하와 심각한 인플레이션 등의 문제가 발생했고 감당이 되지 않자 1867년 막부를 폐지하고 권력을 일왕에게 넘기는 대정봉환大政奉還을 선언하며 막부의 시대는 막을 내렸다. 이후 역설적이게도 일본은 다시 전쟁의 중심에 서게 되며 쇄국정책이 더 이상 통하지 않는 상황이 되었고 1868년 메이지 정부가 수립되며 근대화의 포문을 연 메이지 유신이 시작되었다. 이후 1869년 다이묘들이 일왕에게 자신들의 영지와 영지민을 반환하는 판적봉환版籍奉還을 거치면서 사츠마번薩摩藩은 가고시마번으로 바뀌었다.

`spot` **가고시마** 가고시마성 터 P.204, 센간엔 P.207

일제의 몰락

제2차 세계대전 第二次世界大戰

메이지 유신으로 근대화를 이룬 일본은 조선과 근대적 국교를 맺기 위해 교섭에 나섰다. 일본은 자신들이 대정봉환으로 서양과 불평등 조약을 맺은 것처럼 강압을 통해 1876년 강화도 조약을 맺었고 이는 식민 지배의 시발점이 되었다. 이후 일본은 러일 전쟁, 청일 전쟁에서 승리를 거두며 전성기를 누렸다. 무서울 게 없었던 일본은 1941년 12월 진주만을 기습해 태평양 전쟁을 일으키며 제2차 세계대전에도 뛰어들었으나, 1945년 8월 히로시마와 나가사키에 떨어진 원자 폭탄에 의해 항복을 선언하여 종전을 맞이했다.

`spot` **나가사키** 역사를 기억하기 위한 장소 P.282

상황에 맞는 일본어 단어장

 여행 중 가장 많이 쓰고 듣는 말

안녕하세요	아침 인사	저녁 인사	미안합니다 / 저기요
こんにちは	おはようございます	こんばんは	すみません
◀ 콘니치와	◀ 오하요고자이마스	◀ 콘방와	◀ 스미마셍

감사합니다	실례합니다	괜찮습니다	천만에요
ありがとうございます	失礼します	大丈夫です	どういたしまして
◀ 아리가토고자이마스	◀ 시츠레이시마스	◀ 다이죠부데스	◀ 도이타시마시테

얼마입니까?	무엇입니까?	알겠습니다	이거 주세요
いくらですか	何ですか	わかりました	これください
◀ 이쿠라데스까	◀ 난데스까	◀ 와카리마시타	◀ 코레 쿠다사이

부탁합니다	저는 한국인입니다	화장실은 어디입니까	사진을 찍어주세요
お願いします	私は韓国人です	トイレはどこですか	写真を撮ってください
◀ 오네가이시마스	◀ 와타시와 캉코쿠진데스	◀ 토이레와 도코데스까	◀ 샤신오 톳테쿠다사이

가장 많이 쓰이는 단어, 스미마셍

"스미마셍"은 어떠한 문장 앞에든 유용하게 붙여 쓸 수 있는 말이다. 기본적으로 '미안합니다, 죄송합니다'로 해석되지만 길을 물을 때 혹은 음식점이나 상점에서 점원을 부를 때, 복잡한 도로나 대중교통에서 사람을 헤치고 나가야 할 때 등 다양한 상황에서 쓰인다.

 대중교통에서

지하철	전철	버스	택시	철도
地下鉄	電車	バス	タクシー	鉄道
◀ 치카테츠	◀ 덴샤	◀ 바스	◀ 타쿠시	◀ 테츠도

역	공항	승강장	환승	입구	출구
駅	空港	のりば	乗り換え	入口	出口
◀ 에키	◀ 쿠우코오	◀ 노리바	◀ 노리카에	◀ 이리구치	◀ 데구치

안내소	엘리베이터	표	요금	물품 보관함
案内所	エレベーター	チケット, きっぷ	料金	コインロッカー
◀ 안나이죠	◀ 에레베타	◀ 치켓토, 킷푸	◀ 료킹	◀ 코인록카

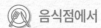 음식점에서

(한국어) 메뉴판	물	물티슈	휴지	1인분
(韓国語の)メニュー	お水	おしぼり, ウェットティッシュ	ティッシュ	一人前
🔊 (캉코쿠고노) 메뉴	🔊 오미즈	🔊 오시보리, 웻토팃슈	🔊 팃슈	🔊 이치닌마에

2인분	(술집에서) 자릿세	리필	추가	테이크아웃(포장)
二人前	お通し	おかわり	追加	テイクアウト(お持ち帰り)
🔊 니닌마에	🔊 오토오시	🔊 오카와리	🔊 츠이카	🔊 테이크아우토(오모치카에리)

1명(2명)입니다	잘 먹겠습니다	잘 먹었습니다	계산해주세요
一人(二人)です	いただきます	ご馳走様でした	お会計お願いします
🔊 히토리(후타리)데스	🔊 이타다키마스	🔊 고치소사마데시타	🔊 오카이케 오네가이시마스

 쇼핑할 때

신용카드	영수증	면세	싸다
クレジットカード	領収書, レシート	免税, タックスフリー	安い
🔊 크레짓토카도	🔊 료슈쇼, 레시토	🔊 멘제이, 탓쿠스후리	🔊 야스이

비싸다	이것보다 작은(큰) 사이즈 주세요	~은 어디에 있습니까?
高い	これより小さい(大きい)サイズをください	~はどこにありますか
🔊 타카이	🔊 코레요리 치이사이(오오키이) 사이즈오 쿠다사이	🔊 ~와 도코니 아리마스까

한번 입어봐도 될까요?	현금(신용카드)으로 계산할게요	다른 색깔이 있습니까?
着てみてもいいですか	現金(クレジットカード)で払います	色違いはありますか
🔊 키테미테모 이이데스까	🔊 겡킨(크레짓토카도)데 하라이마스	🔊 이로치가이와 아리마스까

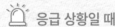 응급 상황일 때

감기	설사	위장염	두통	식중독
風邪	下痢	胃腸炎	頭痛	食中毒
🔊 카제	🔊 게리	🔊 이쵸엔	🔊 즈츠	🔊 쇼쿠츄도쿠

알레르기	진통제	해열제	타박상
アレルギー	痛み止め	解熱剤	打撲傷
🔊 아레루기	🔊 이타미도메	🔊 게네츠자이	🔊 다보쿠쇼

도와주세요	여기가 아픕니다	여권을 잃어버렸습니다
助けてください	ここが痛いです	パスポートをなくしました
🔊 타스케테 쿠다사이	🔊 코코가 이타이데스	🔊 파스포토오 나쿠시마시타

PART 2

가장 멋진
규슈 소도시
테마 여행

365일 내내
여행하기 좋은
규슈의
사계절 이벤트

일본 열도를 구성하는 4개의 섬 중 가장 아래에
위치한 규슈九州는 우리나라처럼 사계절이
뚜렷하지만 연중 따뜻한 기후를 보인다.
꽃이 피며 계절을 알리고 풍경이 변화하는 과정을
만끽할 수 있다는 것 또한 여행의 설렘이 아닐까.
시시각각 변화하는 규슈의 계절을 가장 잘
느낄 수 있는 꽃과 각종 이벤트에 주목해보자.

2월
매화

spot **구마모토** 구마모토성 P.104
오이타 후나이성 터 P.152
가고시마 센간엔 P.207

2월~3월 초
유채꽃

spot **구마모토** 구마모토시 동식물원 P.111
이부스키 이케다호 P.222

3월 말~4월 중순
벚꽃

spot **구마모토** 스이젠지 공원 P.109 **벳푸** 벳푸 공원 P.161
가고시마 가고시마성 터 P.204 **미야자키** 호리키리 고개 P.256

3~5월
튤립

spot **미야자키** 플로란테 미야자키 P.242
나가사키 하우스텐보스 P.318

5월 초
철쭉

spot **구마모토**
아소 쿠주 국립공원 P.131
나가사키 이나사야마 전망대 P.281

5월 중순~6월 초
장미

spot **미야자키**
플로란테 미야자키 P.242
나가사키
하우스텐보스 P.318

6월
수국

> spot **미야자키** 미야자키 신궁 P.240
> **나가사키** 글로버 가든 P.296

7월 말~8월 말
불꽃놀이

> spot **가고시마** 워터프런트 파크 P.205
> **나가사키** 나가사키 수변의 숲 공원 P.294

9~10월
코스모스

> spot **사세보** 사이카이 국립공원 쿠주쿠시마 P.309

11월 말~12월 초
단풍

> spot **구마모토** 구로카와 온천 P.136
> **미야자키** 타카치호 협곡 P.261

11월 말~12월 말
일루미네이션

> spot **구마모토** 시모토리 아케이드 P.114
> **가고시마** 텐몬칸도리 P.192 **미야자키** 플로란테 미야자키 P.242
> **나가사키** 하우스텐보스 P.318

12월~2월
동백

> spot **구마모토** 구마모토성 P.104
> **오이타** 후나이성 터 P.152

무채색의 겨울을 지나 다채로운 색이 풍경을 채우는 봄은 온화한 날씨가 이어져 여행자에게 가장 인기가 높은 계절이다.

봄을 나타내는 볼거리로는 벚꽃을 빼놓을 수 없다. 1월 초 오키나와에서 개화해 5월 말 홋카이도에서 낙화할 때까지 사람들은 설렘으로 가득하다. 벚꽃 외에도 매화, 유채꽃, 튤립 등 눈을 즐겁게 해주는 꽃들의 향연을 따라 여행을 즐기는 것도 좋은 방법이다.

일본인의 꽃놀이, 하나미 はなみ

꽃을 감상하며 봄이 오는 것을 축하하는 관습으로 귀족들이 즐기던 행사에서 유래한 것으로 알려졌다. 처음에는 매화를 감상하는 풍습이었으나 헤이안 시대平安時代에 들어서며 벚꽃으로 바뀌었다고 한다. 사실 하나미는 거창한 문화가 아니다. 단 한 송이의 매화나 벚꽃에도 의미를 두며 즐길 수 있다. 만개 시즌에는 늦은 밤까지 벚꽃이나 매화를 감상할 수 있도록 조명을 밝혀두기도 한다.

규슈의 벚꽃은 언제 보러 가야 할까?

일본에서도 남쪽에 위치한 규슈, 그중에서도 가고시마현은 오키나와를 제외하고 벚꽃이 가장 빨리 개화하는 지역이다. 통상적으로 3월 중순에서 4월 초가 가장 아름다울 때지만, 지구 온난화의 영향으로 개화가 빨라지거나 늦어지는 추세. 게다가 이 기간은 항공료와 숙박료가 성수기에 육박한다. 벚꽃은 만개한 후 금방 저서 볼 수 있는 기간이 짧은 만큼 상황을 잘 살펴 여행 일정을 넉넉하게 잡는 것이 좋다.

일본의 여름은 장마로 시작된다. 보통 6월 중순부터 한 달여간 비가 내리며 장마가 끝나면 매우 습하고 더운 날씨가 8월까지 지속된다. 이때 최고 기온이 40℃에 육박해 야외 활동을 하기 힘들 정도로 온몸에 땀이 비 오듯 쏟아진다. 이런 무더위를 이겨내기 위해 일본 곳곳에서는 크고 작은 마츠리(축제)와 불꽃놀이가 펼쳐진다. 한여름에는 시원한 기온을 찾아 고도가 높은 산이나 해변, 여름의 열기를 식혀줄 현지의 다양한 명소를 찾아가는 것도 괜찮은 방법이다.

일본의 여름 축제, 마츠리 まつり

여름 축제라 일컬어지는 나츠마츠리夏祭り. 사실 사계절 내내 일본 곳곳에서 크고 작은 축제가 열리지만 나츠마츠리는 그중에서도 가장 성대하게 열리는 일본의 대표 축제다. 보통 일본을 대표하는 축제라고 하면 교토의 기온 마츠리, 오사카의 텐진 마츠리, 도쿄의 칸다 마츠리 등이 있으며 규슈로 좁히면 하카타의 기온 야마카사, 히타의 기온 마츠리를 꼽는다. 그 외 지역에서도 이러한 축제를 볼 수 있는데 대표적으로 8월 구마모토에서 열리는 히노쿠니 마츠리, 미야자키현 휴가시에서 열리는 휴가 홋토코 나츠마츠리日向ひょっとこ夏祭り가 있다.

규슈 대표 불꽃놀이

가고시마 킨코만 서머 나이트 대불꽃 축제
かごしま錦江湾サマーナイト大花火大会

가고시마를 대표하는 사쿠라지마와 잔잔한 킨코만(가고시마만)을 배경으로 15,000여 발의 불꽃을 쏘아 올리는 대규모 불꽃 축제. 이 시기에는 워터프런트 파크 주변이 사람으로 가득하며 약 1시간 20분 동안 한여름 밤의 꿈같은 설렘을 맛볼 수 있다.

🏠 hanabi.kankou-kagoshima.jp

나가사키 미나토 마츠리 불꽃 축제 ながさきみなとまつり花火大会

나가사키 수변의 숲 공원 주변의 나가사키항 앞바다에서 이틀간 1만여 발에 달하는 불꽃을 발사해 밤하늘을 화려하게 수놓는다. 항구에서 바라보는 불꽃도 멋지지만 세계 신 3대 야경에 선정된 이나사야마 전망대에 올라 나가사키 도심을 바라보며 불꽃을 즐겨도 좋다.

🏠 www.minatomatsuri.com

태평양에서 넘어오는 태풍으로 인해 비가 자주 내려 더위가 한풀 꺾인다. 이후 산과 거리 곳곳이 알록달록한 단풍으로 물들지만 아쉽게도 금방 지나간다. 11월 말부터 12월 초까지는 어디서나 가장 아름다운 단풍을 만날 수 있으며, 비가 내리지 않는다면 봄을 비롯해 가장 여행하기 좋은 시기이기도 하다.

가을의 끝자락부터 크리스마스와 연말이 가까워지는 시기에는 번화가를 중심으로 도심 곳곳에 각양각색의 일루미네이션이 펼쳐진다. 백화점, 역 앞 등에 설치된 크리스마스트리 주변으로 캐럴이 흘러나오고 알록달록한 불빛이 반짝여 밤이 일찍 찾아오는 것이 오히려 반갑게 느껴진다. 일본 남쪽에 위치해 눈이 내리지 않아 아쉽지만 대신 기온이 영하로 떨어질 일이 거의 없어 여행하기에는 좋은 조건을 갖추고 있다.

남는 건 사진뿐!
SNS 사진 명소

디지털 문화가 발달하면서 여행의 순간을
실시간으로 공유하는 사람들이
많아졌다. 보통 여행의 추억을 기록하기
위함이지만 멋진 풍경을 다른 사람에게 보여주고
싶은 마음 또한 누구나 가지고 있을 것이다.
흔하지 않고 평생 기억에 남을 단 한 장의 사진을
위해 방문할 만한 SNS 사진 명소를 소개한다.

레트로 감성이 가득
구마모토시 동식물원

입구에 있는 일본의 유명 애니메이션 〈원피스〉의 쵸파 동상이 가장 먼저 눈길을 사로잡
는다. 안으로 들어서면 화려한 꽃 장식을 한 쿠마몬 조형물이 반겨주며 넓은 부지에 다
양한 동물 친구들이 살고 있다. 게다가 유원지도 있어 눈에 보이는 모든 장소가 레트로
한 감성을 풍긴다. **구마모토 P.111**

대자연이 만든 경이로움

아소 나카다케 화구

동서 18km, 남북 25km의 드넓은 아소 칼데라에 형성된 5개의 화산군 중 가장 유명한 곳이다. 수시로 연기가 피어오르는 거대한 화구를 눈으로만 담기에는 너무 아쉽다. 화구 앞에서 사진을 찍으면 인간이 얼마나 작은 존재인지 다시 한 번 느끼게 된다. 화구 입구까지 트레킹하기도 좋고, 셔틀버스도 있어 오르막길을 걱정할 필요가 없다. 아소 P.132

원숭이와 함께 찰칵

타카사키야마 자연동물원

오이타와 벳푸 사이에 있는 칸자키의 산 타카사키야마에는 야생 일본원숭이를 보호하는 보호소 겸 동물원이 있다. 곳곳에서 자유롭게 오가는 수많은 원숭이를 바로 눈앞에서 만날 수 있다는 점이 특별하다. 대부분 온순한 원숭이라 자극하지만 않는다면 사진도 함께 찍을 수 있다. 오이타 P.159

막 찍어도 예쁜 사진 스폿

이오월드 가고시마 수족관

보통의 수족관과 크게 다르지 않지만 특별한 SNS 사진 스폿이 두 곳 있다. 입장한 후 거대 수조를 만나러 올라가는 에스컬레이터 그리고 사쿠라지마가 한 프레임에 들어오는 휴게실이다. 해 질 녘에 방문해야 사쿠라지마 뒤로 지는 노을을 함께 인증할 수 있으니 늦은 오후에 가는 것을 추천한다. 가고시마 P.205

고개만 내밀어도 괜찮아
모래찜질 온천

이부스키에서는 특별한 온천을 즐길 수 있다. 바로 모래의 지열을 이용한 모래찜질 온천인데, 사람들이 검은 모래에 파묻혀 고개만 내민 모습이 재미있고 신기하다. 특별한 경험에는 사진이 필요한 법. 비록 자세는 취할 수 없지만 이부스키의 추억이 담긴 강렬한 사진을 남길 수 있다. 이부스키 P.221

사계절 푸릇함을 담다
플로란테 미야자키

넓은 잔디 광장에는 세계 각국의 다양한 식물이 가득하다. 산책로를 따라 걷다 보면 계속 풍경이 바뀌고 예쁘게 꾸며둔 유럽식 정원과 주택은 전원의 삶을 꿈꾸는 이에게는 로망으로, 방문객에게는 이국적인 풍경으로 다가온다. 미야자키 P.242

동양의 이스터섬

선멧세 니치난

누가 뭐라 해도 미야자키현의 최고 포토존은 선멧세 니치난이다. 바다가 펼쳐지는 넓은 동산 끝에 이스터섬의 모아이 석상이 서 있고 언덕 사이마다 다양한 조형물이 있어 어디에서 찍든 인생 사진을 건질 수 있다. 니치난 P.257

하트 스톤과 함께

메가네바시

차이나타운 근처의 나카시마강에서 가장 유명한 아치교인 메가네바시는 물살이 잔잔할 때 물에 비친 다리의 모습이 마치 안경(메가네)처럼 보인다. 다리 아래에 강을 따라 산책로가 있으니 물에 비친 모습을 이용해 사진을 남기거나 메가네바시 주변에 숨겨진 하트 스톤을 찾아서 인증 사진을 찍는 것도 하나의 추억이 될 것이다. 나가사키 P.292

만화를 따라 성지 순례

애니메이션 배경을 찾아서

애니메이션은 일본을 대표하는 문화 중 하나로 전 세계에서 꾸준히 사랑받고 있다.
특히 최근 한국에서도 마니아층이 생길 만큼 어느 때보다 일본 애니메이션에 대한 관심이 높다.
애니메이션에 관심이 있다면 이야기 속 풍경을 찾아 성지 순례에 나서보자.

모노노케 히메
もののけ姫

일본에서 1997년, 한국에서 2003년에 개봉한 미야자키 하야오宮崎駿 감독의 애니메이션 〈모노노케 히메〉는 한국에서 '원령공주'라는 이름으로 알려졌다. 애니메이션의 배경은 대자연이 살아 숨 쉬는 야쿠시마의 숲으로, 감독이 실제로 몇 번이나 찾아가 답사를 한 후 지브리 스튜디오 특유의 매력과 분위기를 살려 웅장한 모습으로 재현했다고 한다.

가고시마 **시라타니운스이쿄**

애니메이션에서는 이 협곡의 풍경을 배경으로 대자연의 숲과 산을 짓밟고 터전을 넓히려 하는 인간의 욕심 때문에 재앙신으로 변한 멧돼지들이 처절한 사투를 벌인다. 한때는 숲을 배경으로 사슴신의 숲에 사는 작은 정령 '코다마' 캐릭터 피규어와 함께 〈모노노케 히메〉의 장면을 재현하는 것이 유행이었다. **P.226**

스즈메의 문단속
すずめの戸締まり

일본에서 2022년 11월, 한국에서 2023년 3월에 개봉한 신카이 마코토新海誠 감독의 애니메이션 〈스즈메의 문단속〉은 국내에서만 550만 이상의 관객을 모으며 선풍적인 인기를 끌었다. 등장인물들이 재난을 부르는 문을 찾아 닫기 위해 일본 전역을 다닌다는 이야기인데, 이후 성지 순례를 위해 애니메이션의 배경을 직접 찾아가는 사람들이 많아졌다.

오이타
오이타 현립 우스키 고등학교
주인공 스즈메가 다닌 고등학교로 등굣길의 건널목과 학교 건물이 애니메이션 속의 모습과 거의 흡사하다. 애니메이션 속 장면처럼 열차가 지나갈 때 학교 건물과 함께 사진을 찍는 것이 인기다. P.176

오이타 **우스키항**
다이진에 의해 의자로 변한 소타가 스즈메와 함께 다이진을 쫓아 페리를 탔던 항구다. 애니메이션 속에서 페리를 타고 시코쿠로 넘어가게 되는데 실제로 만화 속 모습과 같은 오렌지색 페리가 시코쿠 에히메현을 오간다. P.176

미야자키 **아부라츠항**
애니메이션 초반에 스즈메가 자전거를 타고 언덕을 내려올 때 펼쳐지는 마을과 바다의 풍경이 미야자키현의 바닷가 마을인 아부라츠항과 닮았다. 실제로 애니메이션 속 스즈메의 고향은 미야자키로 항구의 모습이 대부분 비슷하다. P.259

미야자키 **미치노에키 난고**
눈앞에 펼쳐지는 시원한 바다와 야자수가 반겨주는 난고의 휴게소다. 애니메이션에 등장한 배경은 아니지만 휴게소 안에 재난의 문과 의자로 변한 소타의 조형물이 있어 사진을 찍으려 많은 관광객이 찾아온다. P.258

지역별 주요 랜드마크

사람들이 많이 모이는 곳에는 다 이유가 있다.
다양한 시설을 모아놓아 하루 종일 머물러도 지루하지 않은 복합 문화 공간이나
그 지역을 대표하는 랜드마크가 있기 때문이다.
각 도시를 대표하는 장소를 기억해두면 여행이 한결 편해진다.

교통과 쇼핑의 중심

각 도시의 JR역과 번화가

도시의 이름이 들어간 역은 신칸센이나 각
종 열차를 타고 각 도시의 중심지로 이동할
때 이용하게 되는 교통의 중심지다. 시내 주
요 대중교통의 요충지이기도 해서 보통 JR
역을 중심으로 번화가와 상권이 형성되어
있다. 하지만 이 법칙이 맞지 않는 경우가 있
는데, 바로 구마모토와 가고시마, 미야자키
다. 구마모토역은 교통의 허브 역할만 하고,
번화가인 시모토리는 역에서 조금 떨어진
곳에 위치한다. 가고시마는 가고시마역보
다는 가고시마추오역이 교통의 중심이며 역
근처의 텐몬칸도리를 중심으로 번화가가 형
성되어 있다. 미야자키역 또한 교통의 중심
일 뿐, 번화가는 약 2km 떨어진 타치바나도
리에 있다. 구마모토를 제외하고 버스터미
널이나 고속버스 정류장 또한 JR역 부근에
위치한 경우가 많다.

📍 **구마모토** | 교통과 쇼핑을 한곳에서

사쿠라마치 구마모토

구마모토의 번화가 시모토리와 인접한 사쿠라마치의 랜드마크다. 버스터미
널을 비롯해 각종 패션 및 잡화점, 음식점 등이 입점해 있다. 옥상의 사쿠라마
치 정원에서는 구마모토성이 보이고 여러 식물로 꾸며져 있어 산책을 즐기기
도 좋다. 사쿠라마치 구마모토 앞은 노면전차 A·B선이 교차하는 지점으로 교
통도 편리하다. P.115

📍오이타 | 하늘에서 즐기는 산책
아뮤플라자 오이타

오이타역과 연결된 아뮤플라자 오이타는 쇼핑의 아쉬움을 달랠 수 있는 장소다. 1층부터 4층까지 패션, 잡화, 영화관, 서점, 식당가 등 다양한 시설이 마련되어 있다. 하이라이트는 8층에 위치한 시티 옥상 광장으로 오이타 시내를 360도로 내려다볼 수 있으며 놀이터, 공원, 미니열차, 신사 등이 있어 시민들이 여유롭게 즐길 수 있는 공간으로도 사랑받는다. P.154

주요 도시의 관문, 아뮤플라자 アミュプラザ

규슈를 여행하다 보면 자주 보게 되는 복합 쇼핑몰로 규슈 내 주요 도시의 JR역 건물과 연결되어 있거나 그 앞에 자리한다. 덕분에 여행 전후로 쇼핑을 하거나 특산품, 기념품 등을 구입하기 좋다. JR규슈가 운영하는데, 보통 역 앞 재개발 사업으로 지은 대형 복합 상업 시설의 명칭으로 사용된다. 현재 규슈에는 아뮤플라자가 7개(구마모토·오이타·가고시마·미야자키·나가사키·하카타·코쿠라)가 있다.

📍벳푸 | 시내와 바다를 한눈에
벳푸 타워

벳푸역 동쪽 키타하마의 중심에 위치한 전망대로, 비콘 플라자 옆에 글로벌 타워가 들어섰지만 명실상부 벳푸의 랜드마크로 손꼽힌다. 도쿄 타워를 설계한 나이토 타추內藤多仲가 설계했으며 벳푸 시내와 벳푸만의 전경을 내려다볼 수 있다. 벳푸 타워 주변에는 크고 작은 음식점과 돈키호테, 유메타운과 같은 쇼핑센터가 위치한다. P.161

센테라스 텐몬칸

2022년 오픈한 복합 문화 공간으로 가고시마의 중심인 텐몬칸도리에 위치한다. 패션, 잡화, 식당가 등 기본적인 상업 시설은 물론이고 1층에는 관광안내소, 4~5층에는 4만여 권의 책을 보유한 텐몬칸 도서관이 있어 자유롭게 앉아 독서하며 휴식을 취할 수 있다. 15층의 무료 전망대에서는 사쿠라지마가 한눈에 보인다. **P.192**

📍 **미야자키** | 다른 매력의 두 건물

아뮤플라자 미야자키

미야자키역 앞에 위치한 아뮤플라자 미야자키는 건널목 하나를 사이에 두고 두 건물로 이루어져 있다. 패션·잡화·영화관 등 엔터테인먼트에 집중한 우미관, 서점·슈퍼마켓 등 라이프에 집중한 야마관은 각각 분위기가 달라 두 곳을 비교해보는 재미가 있다. **P.243**

📍 **나가사키** | 관람차 타고 전망 감상

미라이 나가사키 코코워크

나가사키역과 우라카미 지역 사이의 모리마치에 위치한 이곳은 음식점과 상점, 영화관 등을 갖춘 복합 문화 공간이다. 눈여겨볼 점은 5층에 위치한 관람차로 지상 70m 높이에서 나가사키 시내와 이나사야마 풍경을 즐길 수 있다. 1층에서는 버스터미널도 운영해 나가사키 교통의 연결점으로 불린다. **P.284**

그곳에 가면 꼭 먹어야 할

지역별 향토 음식

지역을 대표하는 향토 음식은 예로부터 그 고장에 사는 사람들이 지역의 농산물을 이용하여
대대로 만들어온 서민들의 음식을 뜻한다. 보통 기후, 특산물, 문화, 전통 등에 따라 지역별로
독특한 향토 음식이 발전해왔으며, 향토 음식을 먹는 것은 지역을 한결 깊이 이해할 수 있는 방법 중 하나다.

구마모토

구마모토 라멘 熊本ラーメン

돼지 뼈를 푹 고아 만든 담백한 돈
코츠 육수가 기본이다. 중간 굵기
의 면 위로 굽거나 튀긴 마늘을
얹거나 마늘 등을 튀겨 향을
입힌 기름 '마유マ―油'를 넣어
풍부한 맛을 낸다.

✕ 코쿠테이 P.121,
구마모토 라멘 케이카 P.121

아카우시동 あか牛丼

구마모토와 아소의 대자연에서 자란 붉은 소 '아카우시あか牛'
를 얇게 썰어 밥 위에 빈틈없이 얹고 그 위에 온천 달걀을 올린
덮밥이다. 붉은 살코기와 지방의 밸런스가 좋다.

✕ 아카우시 다이닝 요카요카 P.115, 두스 누카 P.135

타이피엔 太平燕

채소와 해산물, 당면을 넣어 최소한의 간으로 담
백하게 즐기는 면 요리다. 닭 뼈를 이용해 육수
가 깔끔하고 튀긴 달걀이 토핑으로 올라간다.

✕ 코란테이 P.122, 구마모토현 물산관 P.116

카라시렌콘 辛子蓮根

연근의 구멍에 카라시미소(된장에 겨자를 섞은 것)를 넣고 달걀노른자를 푼 튀김옷을 입혀 기름에 튀겨낸 요리다. 바삭한 식감 속 톡 쏘는 겨자의 풍미가 술안주로 어울린다.

🍴 요코바치 P.126,
구마모토 야타이무라 P.127

바사시 馬刺し

말고기를 얇게 썰어 날것으로 즐기는 요리다. 채 썬 양파와 다진 생강, 마늘 등으로 만든 양념을 곁들여 먹는다. 지방층이 적어 저칼로리 고단백 요리로 불린다.

🍴 우마사쿠라 P.126, 요코바치 P.126

오이타

토리텐 とり天

밑간을 하지 않고 튀김옷을 입혀 튀겨낸 닭고기 요리다. 닭고기에 밑간을 하고 전분을 묻혀 튀기는 카라아게와는 다른 요리다.

🍴 토요츠네 P.165, 다이나곤 P.157

세키사바 関サバ

오이타현 사가노세키 앞바다에서 낚시로 잡은 고등어를 세키사바라 부른다. 이곳에 서식하는 고등어는 일본에서도 최상급으로 꼽히며 회나 덮밥 등 다양한 형태로 즐길 수 있다.

🍴 코츠코츠안 P.156, 토요츠네 P.165

단고지루 だんご汁

일본식 된장국에 손으로 늘려 떼어 넣은 면과 채소가 푸짐하게 들어 있는 요리다. 우리나라의 수제비와 비슷해 호불호 없이 누구나 맛있게 즐길 수 있다.

🍴 시나노야 P.166, 다이나곤 P.157

가고시마

쿠로부타 黒豚

가고시마 흑돼지는 일본에서도 1등 돼지고기로 가장 유명한 품종이다. 엄격한 품종 관리로 육질이 부드러우며 샤부샤부, 돈가스 등 다양한 조리법으로 맛볼 수 있다.

✕ 와카나 P.194,
가고시마 흑돼지 돈가스 대결 P.195

사츠마아게 薩摩揚げ

가고시마에서 유래한 어묵 튀김이다. 생선 살을 으깨어 밀가루를 섞은 다음 기름에 튀겨서 탱글탱글한 식감이 특징이며 곁들이는 재료에 따라 맛이 다양해진다.

✕ 잔보모치야 P.208, 아게타테야 P.199

치킨난반 チキン南蛮

튀긴 닭고기를 간장, 식초, 미림으로 만든 양념에 적신 후 타르타르소스와 함께 먹는 미야자키의 대표 향토 음식이다. 양이 많아 든든하게 먹을 수 있다.

✕ 매스커레이드 P.244, 오구라 P.244

미야자키

지도리 스미비야키 地鶏炭火焼き

미야자키에서 자란 토종닭의 다리 부분을 숯불에 새까맣게 태우듯 그을린 요리다. 고기가 질겨 오래 씹어야 하는데, 씹을수록 고소함이 느껴진다.

✕ 마루만 야키토리 P.248

나가사키

나가사키 짬뽕 長崎ちゃんぽん

돼지고기, 해산물, 채소를 돼지기름에 볶은 뒤 닭 뼈 혹은 돼지 뼈로 우린 육수로 맛을 낸 면 요리다. 보통 짬뽕과 다르게 국물이 하얗고 맵지 않은 것이 특징이다.

✕ 시카이로 P.307, 차이나타운의 나가사키 짬뽕 열전 P.302

카스텔라 カステラ

포르투갈에서 전해진 과자를 바탕으로 일본에서 독자적으로 개발한 디저트다. 부드럽고 달콤하며 빵 아래에 굵은 설탕이 깔려 있어 남녀노소 누구나 즐길 수 있는 간식으로 자리 잡았다.

✕ 후쿠사야 P.304, 나가사키 3대 카스텔라 P.286

토루코라이스 トルコライス

접시 하나에 다양한 메뉴를 담은 일본의 경양식 요리다. 보통 돈가스, 나폴리탄 스파게티, 필래프가 함께 나오는 것이 일반적이다.

✕ 츠루찬 P.301, 톳톳토 P.322

레몬 스테이크 レモンステーキ

얇게 썬 스테이크 위에 간장 베이스의 레몬 소스와 생레몬을 올려 새콤달콤하게 즐길 수 있는 사세보의 대표 향토 음식 중 하나다.

✕ 스테이크 사카바 노부 P.313, 로드 레우 P.322

사세보 버거 佐世保バーガー

제2차 세계대전 이후 정착한 미 해군의 입맛을 만족시키기 위해 레시피를 받아 만든 데서 유래했다. 햄버거는 모두 수제로 만든다.

✕ 공식 사세보 버거 인증 추천 맛집 P.314

여행의 마지막을 기억하는
지역별 특산품

구마모토

Uma Bar 말고기 통조림
Uma Bar 馬肉缶詰

구마모토 말고기를 먹기 쉽게 통조림 형태로 만들었다.
맛은 토마토, 야키니쿠, 감바스, 총 3가지가 있다.

¥ 540엔

이케다식품 타이피엔
イケダ食品 太平燕

당면을 사용해 부담 없이 먹을 수 있는 타이피엔을 컵라
면처럼 간편하게 즐길 수 있도록 만들었다.

¥ 410엔(5개입)

야마우치 간장
やまうちしょうゆ

에도 시대부터 이어져온 노포 양조장인 야마우치 회사에
서 만든 간장이다. 규슈, 생선회, 달걀밥 버전이 있으며 병
에는 귀여운 쿠마몬이 그려져 있다.

¥ 351엔(300ml)

구마모토 밀크&버터 피낭시에
くまもと ミルク&バターフィナンシェ

구마모토를 대표하는 캐릭터인 쿠마몬을 본떠 만든 간식.
아소의 우유와 쌀가루를 이용해 만들었다.

¥ 756엔(4개입)

즐거운 여행을 마치고 집으로 돌아가는 길,
여행의 아쉬움을 달래줄 지역 한정 상품이나 특산품을 구입해보자.
각 지방에서 난 재료들로 만든 특별한 상품이나
아이디어가 돋보이는 색다른 아이템이 가득해 여행을 기념하기 좋다.

나가사키

나가사키 밀크셰이크 랑드샤
長崎ミルクセーキ ラングドシャ

토루코라이스 전문점 츠루찬을 통해 유명해진 밀크셰이
크를 과자로 만든 제품으로 비스킷 사이에 밀크셰이크 맛
크림이 들어 있다.

¥ 896엔(10개입)

소슈린 마화루
蘇州林 麻花兒

중국식과 일본식이 혼합된 꽈배기 형태의 과자로 별다른
간 없이 규슈산 밀가루로 반죽해 튀겨 담백하고 감칠맛이
있다.

¥ 540엔(7개입)

미로쿠야 짬뽕·사라우동
みろくや ちゃんぽん·皿うどん

나가사키 짬뽕과 볶음면인 사라우동을 간편하게 즐길 수
있는 식품이다. 인스턴트 형태로 라면을 끓일 때처럼 조리
하면 된다.

¥ 367엔

사카에 나가사키 생 후리카케
さかゑ 長崎生ふりかけ

나가사키현에서 난 품질 좋은 말린 멸치로 후리카케를 만
들었다. 밥 위에 뿌려 그대로 먹거나 뜨거운 차를 부어 오
차즈케로도 즐길 수 있다.

¥ 690엔

오이타

오이타현산 말린 표고버섯
大分県産 香信

오이타현에서 자란 최상급 표고버섯을 말린 제품으로 조림, 볶음, 육수 등 다양한 형태로 조리해서 먹을 수 있다.

¥ 1,296엔

카보스 리큐어
かぼすリキュール

오이타에서 자라는 감귤류인 카보스의 천연 과즙을 이용해 만든 술로 신맛과 쓴맛이 적당히 섞여 있다. 보통 탄산수나 물 등에 희석해서 마신다.

¥ 1,804엔(640ml)

무라카미상회 벳푸 온천 약용 유노하나
村上商会 別府温泉 薬用湯の花

유노하나 유황 재배지에서 추출한 물질로 만든 분말 형태의 입욕제다. 집에서도 편하게 벳푸의 온천을 즐길 수 있다.

¥ 605엔

가고시마

시무자 고구마 소주
思無邪

일반 항아리보다 높은 온도에서 구워낸 항아리에 재운 가고시마현 고구마 소주로 센간엔 안에서만 판매한다.

¥ 1,980엔(720ml)

카노스케 더블 디스틸러리
KANOSUKE Double Distillery

카노스케와 히오키 증류소의 개성을 담아 만든 일본의 고급 싱글 몰트 위스키로 신선한 과일 향과 부드러운 맛을 가지고 있다.

¥ 14,300엔(700ml)

세이카식품 미니 트리오
セイカ食品 ミニトリオ

가고시마에 공장을 둔 세이카식품의 국민 사탕으로 감귤, 고구마 캐러멜, 말차 3가지 인기 맛으로 구성된다. 단단하거나 끈적이지 않으며 얇은 껍질째 섭취한다.

¥ 421엔

미야자키 망고 랑드샤
宮崎マンゴーラングドシャ

미야자키 기념품 판매 1위에 빛나는 과자. 비스킷 사이에 미야자키산 망고가 함유된 크림이 들어 있다. 벨기에 브뤼셀의 품질 평가 기관인 몽드 셀렉션Monde Selection에서 2011년 금상을 수상했다.

¥ 939엔(10개입)

헤이와식품공업 숯불 닭구이
平和食品工業 鶏の炭火焼

숙련된 장인이 수작업으로 구운 숯불 닭구이로 씹을수록 고소한 맛이 입 안 가득 퍼진다. 일본주나 맥주 등의 술안주로 제격이다.

¥ 534엔

미야자키 레몬 케이크
宮崎れもんケーキ

미야자키에서 자란 레몬을 듬뿍 넣은 케이크다. 촉촉한 식감이 레몬의 상쾌한 향과 새콤달콤한 맛과 함께 입 안을 가득 채운다.

¥ 1,620엔(5개입)

키리시마주조 키리시마
霧島酒造 霧島

가고시마현 키리시마에서 만든 고구마 소주로 매년 일본 판매량 1위를 차지하는 제품이다. 가장 대중적이고 가격이 저렴하다.

¥ 980엔(900ml)

시즌 니쿠마키 오니기리
シーズン肉巻きおにぎり

돼지고기를 특제 양념에 재워 밥에 말아서 구운 육즙 가득한 주먹밥이다. 간편하게 전자레인지에 데워 먹으면 된다.

¥ 700엔(2개입)

뜨거운 온천에서 힐링
규슈의 온천 마을

예로부터 화산 활동이 활발한 일본은 전국에 수천 개의
크고 작은 온천이 있다. 날씨가 추운 계절이나
선선한 밤에는 따뜻한 온천에 몸을 담그고 피로를
푸는 것만큼 좋은 일이 없다. 일상을 벗어나 온전히 휴식을
취할 수 있는 규슈의 온천 마을을 살펴보자.

유후인 온천 • • 벳푸 온천

구로카와 온천 • • 유노히라 온천

• 운젠 온천

• 이부스키 온천

📍 오이타

벳푸 온천

온천현이라 일컬어지는 오이타를
대표하는 벳푸 온천은 일본에서
도 손꼽히는 온천 마을이다. 그중
에서도 독특한 풍경을 즐길 수 있
는 벳푸의 대표 온천지 8곳은 벳
푸핫토別府八湯라 불린다. 오랜 역
사를 자랑하는 만큼 다양한 종류
의 온천수가 흘러나오며 각양각
색의 목욕 시설을 거리 어디서나
찾아볼 수 있다. **P.160**

📍 구마모토

구로카와 온천

구마모토의 수많은 천연 온천 중에서 가장 유명한 곳은 역시 구로카와 온천이다. 안개 낀 깊은 산, 계곡이 흐르는 골짜기에 자리 잡은 온천의 멋진 풍경 덕에 온천을 하지 않고 산책만 즐기기에도 매력적인 마을이다. 전통 있는 료칸이 강 주변에 보전되어 있어 마치 한 폭의 그림 같은 광경을 선사한다. **P.136**

♥ 오이타
유후인 온천

유후다케라는 이름의 산 아래 작은 분지에 위치한 유후인 온천은 한국인이 가장
좋아하는 온천 마을이다. 후쿠오카와 함께 묶어서 여행하기 좋아 많은 여행자가
방문한다. 벳푸에 비해 상대적으로 시골 분위기지만 역에서 킨린코 호수로 가는
메인 도로는 언제나 사람들로 북적인다. 당일치기 여행자를 위한 노천탕도 있다.

♥ 오이타
유노히라 온천

벳푸, 유후인보다 상대적으로 덜 알려졌
지만 소박한 시골의 정취와 오랜 전통을
경험할 수 있는 온천 마을이다. 관광객이
많지 않아 한적하고 고즈넉한 분위기 속
에서 여유롭게 휴식을 취할 수 있다.

📍 가고시마

이부스키 온천

일본에서 가장 독특한 온천 문화를 체험할 수 있는 곳이다. 바닷가 주변 지하 온천에서 올라오는 뜨거운 열기가 모래를 데워 해변에서 모래찜질을 즐길 수 있다. 드넓은 바다와 카이몬다케의 환상적인 풍경, 파도 소리로 가득한 공간에서 기분 좋은 나른함을 느껴보자. P.218

📍 나가사키

운젠 온천

일본 최초의 국립공원으로 지정된 운젠 온천은 풍부한 자연과 천연 온천이 조화롭게 어우러져 있다. 마을 대부분이 유황 냄새로 가득하고 대지 곳곳에서 하얀 수증기가 피어오른다. 마을에는 무료로 즐길 수 있는 족욕탕이 있어 가볍게 피로를 풀기에 제격이다.

아는 만큼 즐길 수 있는
료칸과 온천 이용법

일본의 전통을 느낄 수 있는 료칸旅館에서 이색적인 문화를 접하고 뜨거운 온천에
몸을 담가 피로를 씻어내는 경험은 여행의 특별한 추억이 될 것이다.
하지만 생소한 문화이기에 헷갈릴 수 있는 료칸과 온천 이용법을 소개한다.

① 료칸 입실하기

료칸은 대부분 전통 방식을 고수한다. 입장할 때 신발을 벗고 들어서며 안에
서는 준비되어 있는 게타(나막신) 또는 슬리퍼를 신고 다닌다. 입실 시 직원이
료칸 이용 일정 및 주의 사항을 안내해주며 이때 카이세키 요리 및 조식 시간
지정, 온천 입욕 시간 등을 체크한다.

· 대부분의 료칸은 송영 서비스를 제공한다. 예약 시 보통 료칸에서 먼저 이메일로 연
  락을 주지만, 료칸 연락처(이메일·전화번호)로 문의해야 하는 경우도 있다.
· 구로카와 온천, 벳푸 등 일부 료칸에서는 숙박 없이 온천만 이용할 수 있는 곳이 있으
  니 온천이 목적이라면 숙소는 다른 곳으로 잡고 온천만 즐기는 것도 고려하자.

② 유카타 입기

료칸 내부에서는 보통 유카타浴衣를 입는다. 대부
분 객실 안에 유카타가 준비되어 있으며 료칸 안을
돌아다니거나 마을, 온천으로 이동할 때 착용하면
된다. 착용할 때는 유카타를 걸친 후 오른쪽 옷깃을
먼저 여미고 그다음 왼쪽 옷깃이 위로 오도록 여민
다음 오비帯(허리띠)를 그
위에 묶어 고정시킨다. 늦봄
에서 초가을까지는 유카타
만 입고 다녀도 무방하지만
날씨가 추워지면 겉옷 개념
의 하오리羽織 또는 한텐半天
을 겹쳐 입으면 된다.

③ 카이세키 요리 맛보기

료칸이 다른 숙소들보다 비싼 이유 중 하나가 바로 료칸
의 꽃이라 불리는 카이세키 요리会席料理 때문이다. 카이
세키 요리는 일본의 전통 풀코스 요리로 저녁 식사로 제
공되며 료칸 예약 시 대부분 저녁 식사가 포함된다. 지역
의 특산물과 계절에 맞는 제철 식재료를 다양한 방법으
로 조리해 제공하며 료칸에 따라 1~2시간 동안 식사가 진
행된다. 카이세키 요리의 특성상 코스에 맞춰 여러 재료
를 준비해야 하므로 저녁 식사가 포함된 플랜이 아니라면
사전에 예약 문의를 해야 한다.

④ 료칸의 온천 이용 방법

료칸은 기본적으로 남녀로 구분해 이용하는 대욕장과 노천탕을 갖추고 있다. 대욕장은 우리나라 목욕탕처럼 실내에 크고 작은 탕과 샤워 시설이 있고, 노천탕은 야외에서 즐길 수 있는 온천이다. 료칸 투숙객이라면 무료로 몇 번이든 이용할 수 있다. 간혹 구조와 전망이 다른 2개 이상의 노천탕을 보유한 료칸은 날짜·시간별로 남녀가 이용하는 탕을 바꾸는 경우도 있으니 참고하자. 이외에 일부 료칸에서는 전세탕을 보유하기도 한다. 가족, 친구, 연인 등 개별적으로 즐길 수 있는 프라이빗 개념으로 보통 숙박비와 별개로 추가 요금을 내고 이용할 수 있다. 시간대별로 예약을 받기 때문에 체크인 시 직원에게 예약하는 것이 원칙이다. 료칸 내 온천을 이용할 때는 객실에 마련된 수건을 챙겨 가는 것이 일반적이다. 온천에는 샴푸·린스·보디워시 등 기본 목욕용품과 스킨·로션·드라이기·면봉·빗 등이 비치되어 있고 지역의 온천수를 이용한 화장품이 마련되어 있을 때도 있다.

⑤ 일본 온천의 수질과 효능

일본 온천을 온도로 구분하면 냉천(25℃ 이하)·미온천(25~34℃)·온천(34~42℃)·고온천(42℃)으로 나뉜다. 보통은 온천에 해당하는 온도가 보편적이며 대부분의 료칸은 이 온도를 유지한다. 증상에 따라 어떤 온천을 선택하는 것이 좋을지 궁금하다면 옆의 표를 참고해 온천의 효능을 알아보자.

효능	통풍	고혈압	변비	빈혈	만성 피부병	화상	베인 상처	생리 불순
단순천		○			○	○	○	○
탄산수소염천	○				○		○	
염화물천			○	○	○	○	○	○
황산염천	○	○			○	○	○	
유황천	○	○	○		○		○	
단순탄산천		○	○		○		○	
산성천			○	○	○			

- **공통 사항** 스트레스 해소·피로 회복·치질·관절통·타박상 등
- **참고 사항** 고혈압은 미지근한 온도에서 장시간, 변비는 입욕 중 배를 마사지, 빈혈은 미지근한 온도에 입욕, 화상은 미지근한 온도에서 장시간 이용

⑥ 온천 이용의 매너와 규칙

만약 일본 온천이 처음이라면 기본적인 매너를 알아두는 것이 좋다. 최근에는 온천 곳곳에 한국어 안내도 붙어 있으니 입욕 전 참고하자.

- 탕에 들어가기 전 반드시 몸을 깨끗하게 씻는다.
- 보통 탕에서 나온 후에는 따로 물로 씻거나 다시 샤워를 하지 않는다. 온천의 좋은 성분이 몸에 남아 있도록 수건으로 가볍게 몸의 물기를 닦아낸 뒤 탈의실로 이동하는 것이 매너다.
- 머리가 긴 사람은 탕 안에 머리카락이 들어가지 않도록 머리를 정리한다.
- 수건을 탕 안에 넣지 않는다.
- 음주 후 탕에 들어가지 않는다.
- 휴대전화나 카메라로 촬영하지 않는다.
- 문신이 있으면 이용할 수 없다(단, 작은 문신일 경우 반창고나 의료용 테이프 등으로 가린다).

예산과 취향을 고려한

테마별 료칸 선택법

시설로 구분하기

전통 료칸

옛 모습을 그대로 보존해 일본다움을 가장 진하게 느낄 수 있는 공간이다. 대부분 산속이나 계곡에 마을 형태로 있어 자연 경관이 뛰어나다. 오래전에 지어졌지만 관리와 보존이 잘되어 있고 최근에는 다다미와 서양식 방을 융합한 유형이 늘고 있다. 가격대가 천차만별이지만 전반적으로 높은 편이다.

📍 **구마모토** 구로카와 온천, 가고시마 이부스키, **나가사키** 운젠

리조트형 료칸

비교적 최근에 지어진 시설로 호텔과 료칸의 장점을 두루 갖추고 있다. 시설이 깔끔하고 각 지역의 시내 부근에 위치해 접근성이 좋고 편리하다. 단, 현대적인 분위기와 편의성에 중점을 두어 언제나 사람이 많기 때문에 일본 특유의 료칸 감성은 떨어지는 편이다. 가격대는 일반 숙소보다 높지만 전통 료칸보다는 낮은 편이다.

📍 **오이타** 벳푸

프라이빗 온천 료칸

객실 내에 프라이빗 온천을 보유한 료칸으로 전통 료칸과 리조트형 료칸에서 볼 수 있는 고급형 객실이라 생각하면 된다. 객실 안에서 식사와 온천, 휴식을 모두 해결할 수 있어 편리하며 오로지 힐링에 초점을 두고 쉴 수 있다. 단, 그만큼 가격대가 매우 높은 편이다.

📍 **오이타** 유후인, **오이타** 유노히라

가성비 료칸(온천 호텔)

접근성이 좋은 지역은 온천이 딸린 호텔형 료칸이 대부분이며 보통 시골 마을 외곽의 작은 료칸으로 운영된다. 객실은 작고 호텔 같은 느낌이지만, 편하게 온천을 즐길 수 있다. 보통 10만 원대 이하로 저렴하게 이용할 수 있고 식사를 하려면 추가 요금을 지불해야 한다.

📍 지역별로 다양

일본의 수많은 료칸 가운데 자신에게 딱 맞는 곳을 찾기란 생각보다 쉽지 않다.
료칸마다 장단점이 있기 때문인데, 그럴 때는 자신이 원하는
기준을 정한 후 선택지를 하나씩 줄여나가며 최적의 료칸을 찾는 것이 좋다.

자연으로 구분하기

료칸의 시설보다는 아름다운 자연 풍광이 우선이라면 대자연을 풍부하게 즐길 수 있는 다양한 선택지가 있다. 산과 바다, 강과 호수, 계곡 등 취향에 따라 지역을 선택해보자.

바다 전망
📍 오이타 벳푸, 가고시마 이부스키

강·호수 전망 📍 오이타 유후인

산 전망
📍 가고시마 이부스키, 나가사키 운젠

계곡 전망
📍 구마모토 구로카와 온천, 오이타 유노히라

분위기와 위치를 고려한
지역별 추천 료칸

각 지역을 대표하는 온천 마을과 료칸은 모두 각자의 개성과 전통을 간직하고 있다.
뛰어난 자연 경관이나 특별한 시설로 눈과 마음을 사로잡는 지역별 대표 추천 료칸을 소개한다.

📍 **구마모토** | 취향에 맞는 다양한 선택

료칸 와카바 旅館わかば

버스 정류장과 가장 가까운 료칸으로 구로카와 온천 마을 초입에 위치한다. 본관과 별관으로 운영되며 객실은 일본식, 서양식, 일본식과 서양식이 섞인 스타일 등 취향에 따라 다양하게 선택할 수 있다. 온천 마을을 가장 잘 둘러볼 수 있는 위치에 있을 뿐만 아니라 현지의 제철 재료를 사용한 카이세키 요리도 맛볼 수 있다. 노천탕과 전세탕을 모두 보유하며 주변 료칸에 비해 가격도 저렴하다.

🚶 구로카와온센黒川温泉 정류장에서 도보 1분 📍 阿蘇郡南小国町大字満願寺6431
¥ 1박(1인) 평균 13,000엔~ 📞 +81-96-744-0500
🏠 www.ryokanwakaba.com

🏠 료칸 예약 사이트

- **호시노리조트**
  www.hoshinoresorts.com/kr
- **호텔온센닷컴** hotelonsen.com
- **자란넷** www.jalan.net/kr
- **라쿠텐트래블**
  travel.rakuten.com/kor/ko-kr

오이타 | 대초원을 간직한 호화로움

카이 아소 界阿蘇

아소 쿠주 국립공원 안에 위치한 고급 료칸이다. 칼데라 지형이 빚
어낸 대자연이 눈앞에 펼쳐지며 약 8,000평의 부지에 단 12개의
객실만을 운영한다. 모든 객실에 프라이빗 노천탕이 있으며 구마
모토의 명물인 말고기, 아소에서 자란 소고기 등 현지의 제철 재료
를 이용한 고급 카이세키 요리도 맛볼 수 있다. 칼데라의 생성 과정
을 배우는 체험, 승마 체험, 아소산에서 자란 삼나무 조각 세공 체
험 등 다양한 액티비티도 운영한다.

🚶 규슈횡단버스 스지유온센이리구치筋湯温泉入口 정류장에서 도보 3분
📍 玖珠郡九重町湯坪瀬の本628-6
💴 1박(1인) 평균 49,000엔~
📞 호시노리조트 +81-50-3134-8092
🏠 hoshinoresorts.com/ko/hotels/kaiaso

카이 벳푸 界 別府

벳푸 타워가 있는 시내 중심에 위치한 리조트형 료칸이다. 외관은 호텔이지만 객실로 들어서면 료칸 특유의 감성을 느낄 수 있다. 리조트 앞에 펼쳐진 벳푸만의 풍경이 압도적이며 넓은 노천탕이 마련되어 있고 프라이빗 노천탕을 보유한 객실도 있다. 현지의 제철 식재료를 사용한 고급 카이세키 요리를 맛볼 수 있으며 미스트 만들기, 일본 문화 체험, 난타 공연, 아침 요가 등 매일 다양한 이벤트가 열린다.

🚶 벳푸역에서 도보 8분　📍 別府市北浜2-14-29
💴 1박(1인) 평균 15,000엔~　📞 호시노리조트 +81-50-3134-8092
🏠 hoshinoresorts.com/ja/hotels/kaibeppu

후쿠다야 福田屋

일본 최초의 국립공원인 운젠을 대표하는 료칸이다. 본관과 별관(빌라)으로 운영되며 객실 종류만 10가지가 넘을 정도로 규모가 크다. 2개의 노천탕과 2개의 실내탕, 2개의 전세탕을 보유하고 있으며 모든 객실에서 운젠 국립공원의 압도적인 풍경을 감상할 수 있다. 제철 식재료를 사용해 만든 카이세키 요리 코스도 수준급이다.

🚶 운젠雲仙 정류장에서 도보 9분 📍 雲仙市小浜町雲仙380-2
💴 1박(1인) 평균 17,000엔~ 📞 +81-95-773-2151 🏠 www.fukudaya.co.jp

온천 후 즐기는
맛있는 식사
카이세키 요리
파헤치기

온천을 즐기러 료칸에 방문했는데 카이세키 요리를 먹지 않고 온다는 것은 팥 빠진 찐빵을 먹는 것과 다름이 없다. 지역의 제철 식재료를 사용해 정성스럽게 만든 료칸의 꽃, 카이세키 요리에 대해 알아보자.

● 사키즈케先付け | 전채
술을 한 모금 마신 후 맨 처음 먹는 요리로 전채 같은 개념이다. 보통 채소무침이나 생선 등 해산물을 잘게 썰어 식초에 재운 나마스膾를 제공한다.

카이세키 요리란?

카이세키 요리는 발음은 같지만 '懷石料理'와 '会席料理' 두 가지로 쓰며 각각 의미하는 바가 다르다. 둘 다 과거 무가에서 손님을 대접하기 위해 만든 혼젠本膳 요리에서 유래했지만, '카이세키 요리懷石料理'의 경우 차를 마시기 전에 먹는 손님을 '환대'하는 마음을 표현한 요리다. 꾸밈없고 소박한 상태에서 가치를 찾고 시간의 흐름 속에서 아름다움을 느끼는 일본의 미의식 '와비·사비侘び·寂び'를 표현하기 위해 ① 제철 식재료를 사용하고, ② 재료 본연의 맛을 살리고, ③ 손님을 정성껏 대접하는 세 가지 테마로 요리를 준비한다. 반면 '카이세키 요리会席料理'는 특별한 날 술을 더욱 맛있게 먹기 위한 요리로 이해할 수 있다. 까다로운 규칙은 없으나 술을 위한 요리이기에 식사가 마지막에 나오고, 외형적으로 아주 화려하다는 점을 특징으로 꼽을 수 있다.

지금에 와서는 '카이세키 요리'라고 하면 일반적으로 술과 함께하는 '카이세키 요리会席料理'를 뜻한다. 다만, 제철 식재료로 재료 본연의 맛을 살려 손님에게 대접한다는 의미는 변함없이 이어지고 있다고 볼 수 있다.

카이세키 요리의 구성

카이세키 요리는 기본적으로 제철 식재료로 만든 일본식 코스 요리다. 료칸에 따라 구성과 순서가 다를 수 있으니 참고용으로 이해하자.

● 핫슨八寸 | 애피타이저
주객이 술을 주고받을 때 안주로 삼는 핫슨은 해산물과 채소, 산과 바다의 별미 등을 맛보는 애피타이저다. 보통 20cm 정도의 쟁반에 음식이 조금씩 나오며 술안주로 즐기기 좋다. 단풍, 나뭇가지 등으로 화려하게 장식해 보는 재미도 있다.

• 오츠쿠리 お造り | 회

지역을 대표하는 생선 혹은 제철 생선을 회로 맛본다. 다시마 사이에 생선을 끼워 감칠맛과 풍미를 더한 코부지메こぶじめ, 칼집을 넣어 먹기 쉽게 하는 카쿠시보초隠し包丁 등 겉으로 드러나지 않는 부분까지 솜씨를 발휘해 정성스레 요리한다. 보통 접시에 담긴 위치에서 아래쪽을 기준으로 멀어질수록 간이 점점 강해진다.

• 아게모노 揚げ物 | 튀김

채소나 생선을 튀긴 요리를 뜻한다. 보통 튀김옷을 입히지 않은 것은 스아게素揚げ, 튀김옷을 입힌 것을 텐푸라天ぷら라고 부른다.

• 후타모노 蓋物 | 뚜껑이 있는 요리

뚜껑이 있는 작은 그릇에 나오는 요리로 일반적으로 수프를 제공한다.

• 다이노모노 台物 | 일품요리

다이노모노는 료칸에 따라 달라지는 일품요리로 보통 구이인 야키모노焼き物, 조림인 니모노煮物, 국물 요리인 나베모노鍋物로 제공된다. 구이 요리가 제공되는 경우 직접 구울 수 있게 화로를 제공하며 국물 요리는 주로 샤부샤부로 즐긴다.

• 쇼쿠지 食事 | 식사

밥과 된장국, 3~5종류의 채소절임인 츠케모노漬物를 함께 내놓는다. 츠케모노는 식사를 마무리한다는 일종의 신호로 요리는 여기서 끝을 맺는다.

• 아마미 甘味 | 디저트

식후에 먹는 디저트로 화과자와 말차가 보편적이지만, 때에 따라 셔벗이나 과일이 나오기도 한다. 입가심을 하기 위한 후식으로 대부분 맛과 향이 산뜻한 것이 특징이다.

온천 마을을 대표하는
온천 특산품

뜨거운 온천욕을 즐긴 후 숙소로 향하면 슬슬 배가 출출해진다. 식사 때까지 시간이 애매하거나
당일치기로 온천 마을을 방문했을 때 살 기념품 혹은 간식을 찾고 있다면 각 온천의 특산품을 눈여겨보자.

영원한 짝꿍
온천 사이다 温泉サイダー

온천 지역에서 쉽게 볼 수 있는
특산품으로 보통 해당 지역의
물을 사용해 만든다. 이부스키
에서는 이부스키 온천 사이다
를 만날 수 있다.

¥ 260엔~

온천 달걀 温泉卵

온천의 물이나 증기를 이용해 달걀을 삶거나
쪄서 만든다. 노른자는 반숙, 흰자는 완숙에
가까운 상태로 부드러운 식감이 특징이
다. 보통 소금이나 간장을 곁들여 먹
는다. 온천 사이다나 라무네 같은
음료와 함께 먹으면 궁합이 좋다.

¥ 100엔~

구로카와 온천
쿠로마메 키나코 고프레 黒豆きなこゴーフレット

기념품점에서 가장 많이 보이는 과자로 납작한 전병 과자 사이에 크림이
들어 있다. 료칸의 웰컴 스낵으로도 자주 등장한다. 전
병 앞면에는 구로카와 온천의 입욕패인 뉴토테가타
나 쿠마몬 그림이 그려져 있다.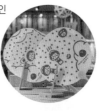

¥ 730엔

유케무리 마루코로 부채 湯けむりマルコロうちわ

일본 최초의 온천 콘셉트 숍인 타카유도에서 인
기 작가 마루코로짱マルコロちゃん과 협업해 만
든 아이템 중 하나로 아기자기한 그림이 인
상적이다. 구로카와 온천에 위치한 유타비
야 구로카와도에서도 구입 가능하다.

¥ 1,265엔

오이타
오이타 커피우유 고프레
大分 コーヒー牛乳ゴーフレット

오이타 온천을 상징하는 나무 대야 모양의 박스 속에
커피우유 맛 크림이 발린 둥근 웨이퍼 과자가 들어 있다.

¥ 723엔

벳푸
지옥찜 푸딩 地獄蒸しプリン

온천에서 솟아나는 증기를 이용해 정성스럽
게 만든 푸딩이다. 가게마다 만드는 방법은 비
슷하지만 들어간 재료와 시간, 디자인이 다르
므로 비교하며 맛보는 재미도 있다.

¥ 440엔~

약용 유노하나 입욕제 薬用湯の花

벳푸의 유노하나 유황 재배지에서만 제작되
는 천연 입욕제다. 입욕 후 보온 효과가 높고
세정 효과가 좋은 것으로
널리 알려졌다. 입욕제로는
드물게 의약외품으로 분류
되어 효능을 인정받았다.

¥ 330엔

이동도 여행이 되는
규슈의 특별한 열차 여행

신칸센이나 특급 열차를 타면 편리하고 빠르게 목적지로 이동할 수 있다. 하지만 관광 열차를 이용하면
그 지역의 풍경을 느린 감성으로 마주할 수 있어 이동 수단 또한 여행의 일부분이 된다는 사실을
실감하게 된다. 자연의 풍부함을 몸소 느끼며 색다른 경험을 할 수 있는 규슈 남부의 한정판 열차를 살펴보자.

📍 가고시마 | 전설을 싣고 달리는 보물 상자
이부스키노 타마테바코 指宿のたまて箱

일본 최남단의 JR 노선인 이부스키마쿠라자키선을 달리
는 관광 열차다. 일본의 신화인 〈우라시마 타로〉 이야기
에서 이름을 따왔으며 이부스키는 실제로 신화의 배경 중
하나다. 가고시마에서 이부스키로 향하는 길에는 가고시
마만과 사쿠라지마의 경관이 펼쳐지며 열차 내에서는 기
념 승차증 배부, 포토 서비스 등 다양한 이벤트를 진행하
고 한정 기념품도 판매한다. 전석 지정석으로 운영되며
차창을 바라보며 이용할 수 있는 회전 의자석은 금방 매
진되니 예약이 필수다. **P.219**

📍 미야자키 | 숲속을 지나 해안을 따라
우미사치 야마사치 海幸山幸

산과 바다가 펼쳐지는 니치난 해안을 따라 달리는 관광
열차다. '우미사치히코'와 '야마사치히코'가 등장하는 일
본 신화에서 이름을 따왔으며 실제로 노선 곳곳에 이야
기의 배경지가 위치한다. 아오시마를 지나는 시점부터 약
8km의 해안선을 따라 천천히 달리는데, 이때 도깨비 빨
래판, 니치난 해안 등 환상적인 풍경이 펼쳐진다. 열차 안
에서는 기념 승차증 배부, 그림 연극 등 다양한 이벤트가
진행되며 한정 기념품도 판매한다. 지정석과 자유석이 있
으며 중간 정차역인 오비역에서는 전통 복장을 한 사람과
기념사진을 남길 수 있다. **P.251**

멋있는 풍경에 맛있는 음식
열차 속 미식, 에키벤 열전

일본 각지의 특색 있는 요리가 철도 여행과 만나 새로운 음식 문화로 잡았다.
역이나 기차에서 파는 도시락을 에키벤駅弁이라 부르는데,
기차를 타고 차창 밖의 풍경을 바라보며 맛있는 식사를 즐길 수 있다.
규슈의 각 지역으로 이동할 때 선택하기 좋은 에키벤을 소개한다.

하카타
(후쿠오카)

나가사키

나가사키 쿠지라카츠 벤토 ながさき鯨カツ弁当

일본 포경 회사에서 직접 매입한 고래고기로 만든 도시락
이다. 밥 위에 고래고기를 튀긴 쿠지라카츠가 올라가며 대
부분이 고래의 여러 부위들로 채워져 있다. 워낙 귀한 고기
라 인기가 높다.

¥ 1,296엔

가고시마 쿠로부타 아부리 야키주
鹿児島黒豚炙り焼重

직사각형 상자에 밥을 채우고 김으로 덮은 다음
그 위에 불고기 소스가 가미된 가고시마 흑돼지
를 올린 덮밥 형태의 도시락이다.

¥ 1,250엔

가고시마추오
(가고시마)

에비메시 えびめし

가고시마현 이즈미 연안에서 잡은 홍다리얼룩새우クマ
エビ가 메인이다. 말린 새우 육수로 지은 밥 위에 또 한
번 새우를 올려 다양한 반찬들과 함께 즐길 수 있다.

¥ 1,150엔

오이타 분고 산카이 산마이 大分豊後山海三昧

아름다운 산과 바다를 품은 오이타현을 도시락 하나에 담았다. 도시락은 세 칸으로 나뉘며 오이타현에서 잡은 생선과 채소 그리고 유후인 소고기를 사용해 만든 초밥 8개와 반찬으로 구성된다.

￥ 1,400엔

오이타

구마모토

구마모토 아카우시 런치 박스
くまもとあか牛ランチBOX

구마모토현의 쌀로 지은 밥 위에 아소시의 붉은 소인 아카우시와 달걀지단을 올린 덮밥 형태의 에키벤이다. 박스에는 구마모토의 마스코트인 쿠마몬이 그려져 있다.

￥ 1,350엔

미야자키

조토 시이타케메시 上等椎茸めし

두껍고 쫄깃한 미야자키산 표고버섯을 얹은 도시락이다. 밥과 반찬 형태의 2단으로 구성되어 있어 둘이서 나눠 먹기도 좋다.

￥ 1,200엔

걸으며 느끼는 여행의 길

규슈올레

규슈올레九州オルレ란 웅대한 자연과 수많은 온천을 지닌 규슈의 자연과 문화와 역사를 오감으로
즐기며 걷는 트레킹을 가리키는데, 일본을 느린 감성으로 천천히 감상하기에 제격이다.
시원한 바람을 맞으며 발걸음을 옮기고 오가는 사람들과 정을 나누는, 일본을 즐기는 색다른 방식이다.

올레란?

원조는 제주올레다. 걸어서 여행하며 제주 구석구석의 매력을 발견하는 것처럼 규슈 또한 자연을 즐기며 걸을 수 있는 풍경이 풍부하여 제주올레를 벤치마킹해 함께 코스를 개발하고 브랜드와 표식 디자인 등을 이용하게 되었다. 따라서 올레의 명칭 또한 그대로 사용하고 있으며 방향을 표시하는 '간세'도 우리말을 그대로 사용한다.

🏠 **규슈올레** kyushuolle.welcomekyushu.jp/ko

올레길 기본 상식

규슈올레의 상징은 다홍색으로 일본 신사의 관문인 토리이鳥居에서 따왔다. 로고는 조랑말 모양으로 제주올레의 간세와 동일하다. 규슈올레에서 방향은 간세와 화살표, 리본으로 표시한다. 간세의 머리가 가리키는 방향과 파란색 화살표는 정방향, 다홍색 화살표는 역방향을 가리킨다. 리본은 올레 코스 곳곳의 나무혹은 지형물에 파란색과 다홍색이 동시에 매달려 있으므로 리본이 보이면 옳은 길로 가고 있다는 뜻이다.

올레길 에티켓 10계명

① 마을을 지날 때는 집 안에 함부로 들어가거나 기웃거리지 않기
② 현지인의 사유 재산 혹은 현지인을 촬영할 때 미리 동의 구하기
③ 자신이 사용한 쓰레기는 자신이 챙겨 가기
④ 과수원 혹은 밭의 농작물에 손대지 않기
⑤ 길가에 핀 꽃이나 나뭇가지 꺾지 않기
⑥ 뒤에 오는 올레꾼들을 위해 리본 떼지 않기
⑦ 간세를 때리거나 방향을 임의로 바꾸는 등의 행위를 하지 않기
⑧ 자동차 도로를 지날 때는 갓길로 다니기
⑨ 코스를 벗어나 계곡, 절벽 등 위험한 길로 가지 않기
⑩ 오가며 만나는 주민이나 올레꾼과 정답게 인사 나누기

규슈올레 주요 코스

지역	코스	거리	소요 시간	난이도
구마모토	아마쿠사·이와지마天草·維和島	12.3km	4~5시간	하~중
	아마쿠사·마츠시마天草·松島	11.1km	4~5시간	중
오이타	오쿠분고奧豊後	12km	4~5시간	중
	사이키·오뉴지마さいき·大入島	10.5km	3~4시간	중~상
가고시마	이즈미出水	13.8km	4~5시간	중~상
미야자키	미야자키·오마루가와宮崎·小丸川	14.3km	4.5~5.5시간	중
나가사키	미나미시마바라南島原	10.5km	3~4시간	중
	시마바라島原	10.5km	3.5~4시간	중
	마츠우라·후쿠시마松浦·福島	10.5km	4~5시간	중~상

📍 구마모토

아마쿠사·이와지마 코스

에도 시대 초기의 천주교도인 아마쿠사 시로天草四郎가 태어난 섬을 걷는 코스로, 많은 섬으로 이루어진 아마쿠사 제도의 섬 이와지마를 일주한다. 산과 어촌 마을의 풍경을 즐길 수 있으며 비교적 완만해 규슈올레 코스를 처음 이용할 때 추천한다.

코스 안내 센자키 버스 정류장 → 센자키 고분군(0.1km) → 조조어항(2.5km) → 이와 사쿠라 하나 공원(5.5km) → 타카야마(6.4km) → 호카부라 자연해안(9.1km) → 해안 코스 → 산길(9.7km) → 시모야마 마을 → 센조쿠 버스 정류장(12.2km) → 센조쿠 텐만구(12.3km)

🚶 사쿠라지마 버스터미널 → (쾌속버스 아마쿠사호) → 산파루 버스 정류장 → (*버스) → 센자키 버스 정류장

* 버스 1일 1회 운행(산파루 08:02~센자키 08:20, 센자키 13:50 ~산파루 14:05)

📍 구마모토

아마쿠사·마츠시마 코스

소나무 섬의 절경이 펼쳐지는 길을 걷는 코스로 호수처럼 고요한 바다 위로 솟은 마츠시마의 산을 오른다. 산길은 험하지는 않지만 숨이 찰 정도의 오르막이다. 코스의 종점에는 족욕탕이 있어 피로를 풀기에 좋다.

코스 안내 치주관음 → 치주해안(1.7km) → 산길 입구(4.3km) → 센겐모리다케(5.5km) → 아마쿠사 청년의 집(6.1km) → 센간잔 정상(7.3km) → 거석(7.8km) → 마츠시마 관광호텔(9.3km) → 류노아시유 족욕(11.1km)

🚶 사쿠라지마 버스터미널 → (쾌속버스 아마쿠사호) → 치주 버스 정류장

📍 오이타

오쿠분고 코스

역사를 따라 산과 들길을 걷는 코스로 전형적인 일본 시골 마을의 정취를 느낄 수 있다. 코스 중간에는 주상절리와 규슈 최대의 마애불이 있는 절 후코지도 자리한다. 종점인 분고타케타역 주변에 온천 시설이 있어 트레킹 후 피로를 풀 수 있다.

코스 안내 JR 아사지역 → 유자쿠 공원(1.8km) → 후코지(4.0km) → 묘센지 갈림길(5.7km) → 소가와 주상절리(6.9km) → 오카산성 터(8.1km) → 혼마루(8.6km) → 치카도구치(9.1km) → 오카성 주차장(10.6km) → 타키 렌타로 기념관(11.1km) → JR 분고타케타역(12km)

🚶 오이타역 → (JR) → 아사지역

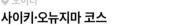
📍 오이타

사이키·오뉴지마 코스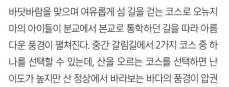

바닷바람을 맞으며 여유롭게 섬 길을 걷는 코스로 오뉴지마의 아이들이 분교에서 본교로 통학하던 길을 따라 아름다운 풍경이 펼쳐진다. 중간 갈림길에서 2가지 코스 중 하나를 선택할 수 있는데, 산을 오르는 코스를 선택하면 난이도가 높지만 산 정상에서 바라보는 바다의 풍경이 압권이다.

코스 안내 쇼쿠사이칸 → 후나카쿠시(1.5km) → 카모 신사 (3.5km) → 하늘 전망대(5.5km) → 시라하마 해안(6.5km) → 캥거루 광장(7km) → *토미야마 전망대(9km) → 이시마항 (10.5km)

* **토미야마 전망대** 해안선을 메인으로 걷는 코스이므로 토미야마 전망대를 빼고 바로 이시마항으로 이동하는 코스도 선택할 수 있다.

🚶 오이타역 → (JR) → 사이키역

이즈미 코스

시원한 강물 소리를 들으며 전원을 걷는 코스다. 이즈미는 전 세계의 흑두루미 가운데 90%가 겨울을 나기 위해 찾는 도래지로 일본 농촌의 교과서 같은 풍경을 자랑한다. 논과 마을, 강의 풍경을 여유롭게 즐기며 종점까지 걸어보자.

코스 안내 이츠쿠시마 신사 → 코메노츠가와 주변 논(3.5km) → 코가와댐 호수(6km) → 산길(8.4km) → 코메노츠가와 청류(9.2km) → 고만고쿠 수로 터(11.6km) → 이즈미후모토 무사가옥군(13.8km)

🚶 가고시마추오역 → (JR) → 이즈미역 → (버스 이즈미후레아이) → 카미오가와우치 버스 정류장

미야자키·오마루가와 코스

백제 왕족의 전설과 양지바른 땅을 따라 걷는 코스로 1800년 전에 만들어진 유서 깊은 히키 신사에서 시작된다. 크고 작은 고분과 거대한 석상 등 백제의 역사와 관련된 장소가 많아 천천히 즐기며 걷기에 좋다.

코스 안내 히키 신사 → 조야마 공원(3.4km) → 키조 온천관 유라라(4.2km) → 모치다 고분군(10.1km) → 타카나베 다이시(10.8km) → 오토지 신사(13.6km) → 오마루가와 하구(14.3km)

🚶 미야자키역 → (JR) → 타카나베역 → (버스 키조 온천행) → 데미세 버스 정류장

미나미시마바라 코스

항구와 전원의 풍경을 여유롭게 즐기며 걷는 코스로 규슈 올레의 시작점이 된 곳이다. 상상의 동물인 갓파 석상과 저수지, 등대와 용나무 군락지 등 시시각각 변하는 풍경이 압도적이어서 지금도 인기가 많은 코스다.

코스 안내 쿠치노츠항 → 야쿠모 신사(0.8km) → 풍유 갓파상(1.1km) → 노다 제방(1.9km) → 노로시야마(2.4km) → 환상의 노무키 소나무(3.4km) → 타지리 해안(4.8km) → 세즈메자키 등대(5.6km) → 용나무 군락(6.4km) → 쿠치노츠 등대(10.0km) → 쿠치노츠 역사 민속자료관(10.5km)

🚶 나가사키역 → (JR) → 이사하야역 → (시마테츠 버스) → 쿠치노츠항 버스 정류장

시마바라 코스

화산이 만든 풍경을 만끽하는 코스로 눈을 뗄 수 없을 정도로 독특하고 아름다운 경치지만 자연 재해로 인한 상처 또한 맞닿아 있다. 화산 활동으로 인해 형성된 섬과 지형을 걷게 되는데, 봄에 방문하면 종점인 효탄이케 공원에서 벚꽃이 흐드러지게 피어난 장관을 마주할 수 있다.

코스 안내 시마바라항 터미널 → 치치부가우라 공원(1.5km) → 와렌가와(3.7km) → 후카에 사쿠라 파크(5.1km) → 킷쇼시라텐바시 전망(6.0km) → 니타 제1공원(8.1km) → 효탄이케 공원(10.5km)

🚶 나가사키역 → (JR) → 이사하야역 → (시마바라 철도) → 시마바라코역

마츠우라·후쿠시마 코스

바다와 다랑논을 바라보며 힐링을 즐기는 코스로 올레길 일부가 현해국정공원으로 지정될 만큼 축복 같은 풍경을 자랑한다. 자연과 역사, 문화의 매력을 두루 갖추고 있으며 종점인 일본의 계단식 논 '도야타나다'는 손꼽히는 절경으로 해마다 많은 사진 애호가가 찾아온다.

코스 안내 마츠우라 시청 후쿠시마 지소 → 오야마 전망대(2.5km) → 후쿠주지 절(5.0km) → 구 요겐초등학교(6.8km) → 나베쿠시 어항(7.4km) → 잠수함 바위(8.5km) → 도야타나다(10.5km)

🚶 후쿠오카 니시테츠 텐진 고속버스 터미널 → (고속버스) → 이마리 버스터미널 → (사이히버스) → 후쿠시마 지소 앞 버스 정류장

색다르게 즐기는
규슈 골프 여행

그동안 골프는 중장년층의 전유물로 인식되는 분위기였지만 최근에는 사뭇 다른 풍경이 펼쳐지고 있다.
젊은 세대가 골프에 흥미를 갖기 시작하면서 골프의 인기가 치솟아 어느덧 국민 스포츠의 반열에 올랐다.
규슈는 특히 멋진 자연 경관 덕분에 골프 여행지로도 인기 있으니 대표 명소들을 살펴보자.

구마모토 마시키 컨트리 클럽
熊本益城カントリー倶楽部

`구마모토`

구마모토시 외곽에 위치한 골프장. 고도가 산보다 낮고 경사가 완만한 구릉 코스로 이루어져 있으며 대부분 홀이 평평한 편이다.

🚶 구마모토 시내에서 약 16km, 차로 39분 　📍 上益城郡益城町小池3483
🕐 07:00~17:00 　¥ 평일 5,100엔~, 주말 8,300엔~
📞 +81-96-288-8222 　🏠 kumamotomashiki-cc.com

벳푸 오기야마 골프 클럽
別府扇山ゴルフ倶楽部

`오이타`

벳푸 칸나와 부근에 위치한 골프장. 웅장한 벳푸만의 풍경을 바라보며 골프를 즐길 수 있어 골프와 경치 모두 만족스럽다.

🚶 오이타 시내에서 21km, 차로 27분 　📍 別府市鶴見4550-1
🕐 07:30~17:00 　¥ 평일 8,300엔~, 주말 14,000엔~
📞 +81-97-724-2433 　🏠 ogiyama-golf.net

난고쿠 컨트리 클럽
南国カンツリークラブ

`가고시마`

가고시마시 외곽에 위치한 골프장. 전통 있는 산악 코스로 눈앞에 펼쳐지는 사쿠라지마의 풍경을 보며 골프를 즐길 수 있다.

🚶 가고시마 시내에서 7km, 차로 16분 　📍 鹿児島市吉野町6769
🕐 06:30~18:00 　❌ 금요일 　¥ 평일 6,500엔~, 주말 10,000엔~
📞 +81-99-243-1121 　🏠 nangoku-cc.com

피닉스 컨트리 클럽
フェニックスカントリークラブ

`미야자키`

미야자키시에 위치한 골프장. 일본프로골프투어 JGTO의 특급 대회 중 하나가 이곳에서 열리며 타이거 우즈가 극찬한 코스로도 유명하다.

🚶 미야자키 시내에서 12km, 차로 21분 　📍 宮崎市大字塩路字浜山3083
🕐 08:30~17:00 　¥ 평일 17,000엔~, 주말 22,000엔~
📞 +81-98-521-1301 　🏠 seagaia.co.jp/pcc

사세보 국제 컨트리 클럽
佐世保国際カントリー倶楽部

`나가사키`

사세보시에 위치한 골프장. 구릉 지형의 넓은 페어웨이를 가지고 있어 초보자들도 쉽게 도전할 수 있는 코스로 구성되어 있다.

🚶 사세보 시내에서 20km, 차로 25분 　📍 佐世保市口ノ尾町1589
🕐 평일 07:00~18:00, 주말 06:30~18:30 　¥ 평일 4,990엔~,
주말 7,990엔~ 　📞 +81-95-630-7111 　🏠 reserve.accordiagolf.com

여행 중 사용하면 도움이 되는
돈키호테 생활용품 쇼핑 리스트

시세이도 센카 퍼펙트휩
資生堂 専科 パーフェクトホイップ

¥ 547엔

일본 세안제 중 베스트셀러로 하늘색 패키지가 기본이고 콜라겐이 함유된 제품은 분홍색, 여드름용 세안제는 민트색 등 색깔별로 종류가 다양하다.

비오레 사라사라 파우더시트
ビオレさらさらパウダーシート

¥ 327엔(10매입)

여름철 땀이 비 오듯 흐를 때 쓱 닦으면 베이비파우더를 뿌린 것처럼 피부가 금세 뽀송해진다. 비누, 시트러스, 플로럴, 과일 향 등이 있다.

로이히 츠보코 ロイヒつぼ膏

¥ 1,086엔(78매입)

동그란 모양이 마치 동전을 닮아 '동전 파스'라 불린다. 좁거나 굴곡이 있는 부위에도 쉽게 붙일 수 있고 양이 많아 오래 쓸 수 있다.

사론파스 サロンパス

¥ 654엔(40매입)

신용카드 크기의 일본 국민 파스로 여러 부위에 사용 가능하다. 붙이면 환부가 시원해진다.

이브퀵 イブクイック

¥ 1,100엔(20매입)

두통, 치통, 생리통에 좋은 일본 진통제다. 진통 성분인 이부프로펜의 함량에 따라 종류가 나뉜다.

오타이산 太田胃散

¥ 1,098엔(32개입)

1879년 발매된 일본의 국민 소화제다. 가루 형태로 빠르게 흡수되어 속이 한결 편안해진다. 알약 형태로도 판매된다.

카베진 キャベジン

¥ 1,958엔

세계적으로 유명한 위장약으로 염증과 위산 분비를 억제하는 양배추 성분이 들어 있다. 속 쓰림 혹은 위통이 있을 때 복용하면 된다.

뷰락쿠 ビューラック

¥ 1,408엔(400개입)

평소 변비로 고생하는 사람에게 추천하는 변비약이다. 장의 운동을 활발하게 만들어 묵은 속을 뻥 뚫어준다.

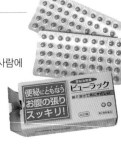

규슈에는 돈키호테가 지역마다 있어 한 번에 밀린 쇼핑을
즐기기 좋다. 이제는 한국에서 쉽게 구할 수 있는 제품도 많지만,
현지에서 사는 것이 역시 가장 저렴하다. 특히 화장품, 의약품,
소모품 등을 함께 구입해 면세 혜택까지 받을 수 있다.
게다가 여행하며 사용해도 좋은 제품이 많아 자주 들르기 좋다.
참고로 정찰제가 아니어서 상품 가격은 매장마다 다를 수 있다.

스톱파 ストッパ

¥ 1,055엔(12개입)

길거리나 대중교통에서 급박
한 신호가 올 때, 스트레스나
긴장 및 과음으로 속이 부글거릴 때 효과가 좋은 설
사약이다. 어떠한 위기의 상황이든 극복할 수 있고 물 없이 입으로
녹여 먹을 수 있어 편리하다.

페어 아크네 크림 W
ペアアクネクリームW

¥ 1,592엔

뽀루지, 여드름 등에 효과가
좋은 연고다. 하루에 여러 번 사용해도 되
며 사춘기 학생이 바르기에도 좋다.

휴족시간 休足時間

¥ 712엔(18매입)

종아리 혹은 발바닥에 붙이면
금방 시원해지며 다리의 피로
를 풀어준다. 상쾌한 과일 향이
나며 발바닥용은 붙이는 면에 돌
기가 있어 가벼운 지압 효과도 있다.

구내염 패치 타이쇼 A
口内炎パッチ大正A

¥ 1,320엔

식사 중 입 안에 상처가 나거나 스트레
스 등 다양한 이유로 구내염이 생겼을
때 가볍게 붙일 수 있는 제품이다.

돈키호테 외에 쇼핑할 만한 드러그스토어

마츠모토 키오시 マツモトキヨシ

일본 전역에 지점이 있는 대형 드러그스토어 체인점이
다. 매장 규모만 다를 뿐 도시 곳곳에서 마츠모토 키오
시를 쉽게 접할 수 있다. 매장마다 가격이 천차만별이
며 할인 품목도 다르다. 보통 규모가 큰 매장일수록 할
인도 다양하다.

코스모스 コスモス

규슈와 주고쿠, 시코쿠 지방에서 쉽게 만나볼 수 있는
대형 드러그스토어 체인점이다. 규슈 지역에서는 오히
려 코스모스 드러그스토어를 더 쉽게 찾아볼 수 있다.
한국인이 많이 가는 시내 중심의 매장에는 한국어가
가능한 직원도 있어 소통이 편리하다.

웰시아 ウエルシア

한국인에게는 덜 알려졌지만, 일본 전역에 약 2,400개
의 매장을 두어 최대 매장 수를 자랑하는 일본의 업계
매출 1위 드러그스토어 체인점이다. 드러그스토어로
서는 드물게 자체 PB상품도 있어 같은 종류를 더욱 저
렴하게 구입할 수 있다.

돈키호테 먹거리 쇼핑 리스트

타마고니 카케루 오쇼유
たまごに かける お醬油

¥ 388엔(180ml)

달걀에 뿌려 먹는 간장으로 가다랑어포와 다시마, 굴 엑기스를 사용해 달콤하고 부드러운 감칠맛이 난다. 달걀프라이를 올린 밥에 뿌려 먹거나 달걀말이, 달걀찜 등에도 활용할 수 있다.

모모야 타베루 라유
桃屋 食べるラー油

¥ 398엔(110g)

정식 제품명은 '매울 것 같은데 맵지 않고 약간 매운 라유辛そうで辛くない少し辛いラー油'라는 재미있는 이름이다. 자취생의 필수 아이템으로 흰쌀밥에 얹어 비벼 먹거나 라면, 만두 등에 올려 감칠맛을 살릴 수 있다.

아오하타 베르데 토스트 스프레드
アヲハタ ヴェルデ トーストスプレッド

¥ 387엔(100g)

식빵이나 바게트 위에 간편하게 발라 먹을 수 있는 토스트 스프레드로 출근 전 아침밥 혹은 간식으로 간편하게 즐길 수 있다. 스프레드를 올려 전자레인지 혹은 에어프라이어에 살짝 돌리면 더욱 맛있다. 마늘ガーリック, 명란 프랑스풍 明太フランス風 맛이 인기다.

하고로모 마이니치노 후리카케
はごろも 毎日のふりかけ

¥ 106엔(30g)

밥 위에 뿌려 먹는 가루 형태의 토핑으로 밥에 풍미를 더해준다. 가다랑어포, 깨, 조미료 등이 들어 있으며 짭짤한 맛이 특징이다. 가츠오かつお, 와사비わさび, 연어さけ, 미역わかめ 등 10여 가지의 맛이 있다.

닛신 카레메시
日清カレーメシ

¥ 268엔(107g)

즉석밥과 카레 소스가 들어 있어 뜨거운 물만 부어서 간편하게 즐길 수 있는 컵라면 형태의 카레라이스다. 해산물, 치즈 등 다양한 맛이 있고 휴대성도 좋아 캠핑이나 야외 활동에 챙겨 가기 좋다.

1989년 첫 매장을 오픈한 돈키호테는 현재 일본 전역에서 쉽게 만나볼 수 있는 할인 매장이다.
의류, 화장품, 의약품 등 다양한 카테고리의 제품을 취급하지만, 가장 인기 있는
코너는 식료품이다. 먹거리만으로 충분히 장바구니를 채울 수 있을 만큼 종류가 방대한데,
그중에서도 일본의 국민 아이템부터 인기 간식까지 알아두면 좋은 추천 리스트를 소개한다.
참고로 정찰제가 아니기 때문에 매장마다 가격이 다를 수 있다.

닛신노 돈베 키츠네우동
日清のどん兵衛 きつねうどん

¥ 215엔(95g)

우동 면에 부드러운 유부가 들어 있는 컵라면이다. 맛있게
우린 간장 육수로 우동의 담백함과 고소함을 재현해 우동을
좋아하는 사람에게 언제나 인기가 높은 제품이다.

페양구 초오모리 야키소바
하프앤드하프 매운맛
ペヤング 超大盛やきそばハーフ&ハーフ 激辛

¥ 215엔(235g)

일본을 대표하는 음식 중 하나인
야키소바를 간편하게 즐길 수
있는 컵라면이다. 특히 2가
지 맛의 매운 소스로 맛을 낸
하프앤드하프는 일반 크기의
1.5배 사이즈로 푸짐하게 즐
길 수 있고 매콤한 맛을 강조해
한국인 입맛에도 잘 맞는다.

오리히로 곤약젤리 オリヒロ 蒟蒻ゼリー

¥ 214엔(240g)

곤약을 이용해 만든 저칼로리 젤리로 다이어트
를 하는 사람들에게 추천하는 간식이다. 개별 포
장되어 있어 간편하게 먹을
수 있고 복숭아, 포도, 사
과 등 맛도 다양하다.

모리나가 베이크
크리미 치즈
森永 ベイククリーミーチーズ

¥ 323엔(10개입)

한입에 쏙 넣을 수 있는 사이즈로
겉은 바삭하고 속은 촉촉하며 크림치
즈의 풍미가 입 안 가득 퍼진다. 간편하게 즐길 수 있는 고
급 디저트로 우유나 커피와 함께 간식으로 먹기 좋다.

메이지 타케노코노사토 明治 たけのこの里

¥ 259엔(70g)

일본의 국민 간식으로 죽순 모양의 초코 과자다. 입
안에 넣었을 때 부드럽게 씹히는 것이 특징이며 귀여
운 생김새와 작은 사이즈 덕에 선물용으로도 좋다.

PART 3

진짜 규슈
소도시를
만나는 시간

역사 깊은 쿠마몬의 도시
구마모토 熊本

규슈의 중심에 자리 잡은 구마모토에는 일본 3대 성城인 구마모토성이 있으며 인기 캐릭터 '쿠마몬'이 바로 구마모토 지역의 마스코트다. 후쿠오카 하카타역과 가고시마추오역을 잇는 규슈 신칸센의 중간 지점으로, 규슈의 각 지역으로 쉽게 이동할 수 있는 지리적 이점이 있다. 2016년 구마모토 지진이 있었지만 자연재해를 이겨내고 해마다 수많은 관광객이 찾는 매력적인 도시로 성장 중이다.

구로카와 온천

버스 2시간 35분
버스 2시간
버스 50분
버스 1시간 · 버스 1시간

구마모토 · 구마모토 공항 · 아소

JR 1시간 15분

관광안내소

구마모토역 종합관광안내소
🚶 구마모토역 1층 구내 📍 熊本市西区春日3-15-30 🕐 09:00~17:30
📞 +81-96-327-9500 🏠 kumamoto-guide.jp

사쿠라노바바 조사이엔 종합관광안내소
🚶 사쿠라노바바 조사이엔 내 📍 熊本市中央区二の丸1-1-3 🕐 09:00~17:30
❌ 12/30·31 📞 +81-96-322-5060 🏠 kumamoto-guide.jp

구마모토
이동 루트

구마모토는 규슈의 중앙에 위치해 규슈의 북쪽과 남쪽 어느 방향으로든 오가기 편리한 도시다. 이러한 위치 덕분에 JR규슈 레일패스와 산큐패스의 북큐슈와 남큐슈 티켓을 모두 사용할 수 있는 유일한 지역이다.

이동 시간

○ 인천 국제공항

　비행기 1시간 30분

○ 구마모토 공항

　공항버스 1시간

▫ 구마모토역

구마모토
공항에서 이동
✈

구마모토 공항(아소 구마모토 공항)은 국제선과 국내선이 붙어 있는 비교적 작은 규모의 공항이라 출구로 나오면 정류장을 쉽게 찾을 수 있다. 공항에서 구마모토 시내로 갈 때는 공항버스가 가장 편리하다. 공항리무진버스空港リムジンバス와 공항특별쾌속버스空港特別快速バス, 구마모토행 쾌속타카모리호快速たかもり号를 평균 10분에 한 대꼴로 운행한다. 구마모토 시내로 가는 공항버스는 4번 승차장에서 탑승하지만, 중간 정차 없이 츠루야 백화점 앞 토리초스지通町筋 정류장과 사쿠라마치 버스터미널桜町バスターミナル로 이동하는 공항특별쾌속버스만 3번 승차장에서 탑승한다.

공항에서 구마모토 근교인 아소나 구로카와 온천으로 갈 때에는 규슈횡단버스九州横断バス를 이용한다. 공항에서 규슈 각지로 이동하는 고속버스 중 일부는 구마모토 시내를 거쳐서 가기도 한다. 규슈횡단버스는 하루 3대만 운행하며 예약제이므로 일본 버스 예약 사이트(japanbusonline.com/ko) 혹은 전화(+81-96-354-4845)로 한국인 직원을 연결해 예약할 수 있다. 공항버스와 규슈횡단버스 모두 산큐패스로 이용 가능하다.

공항 출발지	소요 시간 / 요금	도착지
4번 승차장	공항버스 50분 / 1,000엔	사쿠라마치 버스터미널
	공항버스 1시간 / 1,000엔	구마모토역 앞
	공항버스 30분 / 800엔	스이젠지 공원 앞
3번 승차장	규슈횡단버스 1시간 / 1,220엔	아소역 앞
	규슈횡단버스 2시간 / 2,200엔	구로카와 온천

아소 구마모토 공항 阿蘇くまもと空港　📍 上益城郡益城町大字小谷1802-2
🕐 공항버스 구마모토 시내행 06:48~21:30, 10분 간격 운행, 아소·구로카와 온천행 08:29·09:29·
13:09　📞 +81-96-232-2311　🏠 www.kumamoto-airport.co.jp

주변 지역에서 JR로 이동

규슈를 오가는 신칸센에는 총 3개의 열차 등급(미즈호みずほ, 사쿠라さくら, 츠바메つばめ)이 있으며 그중 미즈호는 후쿠오카 하카타, 가고시마추오에서 구마모토까지 직통으로 최단 시간 이동이 가능하다. 하카타에서 구마모토로 가는 JR 열차는 특급, 쾌속, 보통 등이 있으며 정차하는 역이 많고 최소 1번 이상은 환승해야 한다. 아소에서 구마모토까지의 구간을 연결하는 특급 열차 규슈횡단특급九州横断特急은 지정석과 자유석으로 운행되고, 여유 좌석이 많은 편이라 예약 없이 이용해도 되지만 아소보이!あそぼーい!는 예약이 필수다. 가고시마추오에서 구마모토로 한 번에 가는 열차는 신칸센 이외에는 없으며 JR 열차로는 최소 2번은 환승해야 한다.

JR규슈　🏠 www.jrkyushu.co.jp

출발지	소요 시간 / 요금	도착지	JR규슈 레일패스
하카타	쾌속 2시간 20분 / 2,170엔	구마모토	북큐슈
	신칸센 35분 / 5,030엔		
아소	보통(환승) 1시간 25분 / 1,130엔		북/남큐슈
	특급 1시간 15분 / 1,880엔		
가고시마추오	신칸센 45분 / 6,870엔		남큐슈

주변 지역에서 버스로 이동

구마모토는 규슈의 중심이어서 산큐패스 중 북큐슈, 남큐슈 패스를 모두 이용할 수 있는 지역이다. 특히 산코버스産交バス는 구마모토현을 대표하는 버스 회사로 시내버스와 공항버스는 물론 공항에서 규슈 각지와 주요 도시를 오가는 다양한 고속버스를 운영한다. 규슈횡단버스는 아소와 유후인을 거쳐 벳푸까지, 특급야마비코호特急やまびこ号는 아소를 거쳐 오이타현까지 운행한다. 이부스키에서 구마모토로 가는 직행 버스는 없으므로 가고시마 공항 혹은 가고시마추오역에서 환승해야 하며, 사세보 및 하우스텐보스 또한 나가사키현에서 환승해야 한다.

산코버스　🏠 www.sankobus.jp

출발지	소요 시간 / 요금	도착지	산큐패스
후쿠오카 공항 국제선	2시간 5분 / 2,500엔	사쿠라마치 버스터미널	북큐슈
하카타 버스터미널	1시간 50분 / 2,500엔		
니시테츠 텐진 고속버스 터미널	2시간 10분 / 2,500엔		
아소역 앞	1시간 20분 / 1,530엔		
구로카와 온천	2시간 25분 / 2,800엔		
추오도리(오이타)	3시간 45분 / 3,700엔		
벳푸역 앞	5시간 / 5,000엔		
나가사키역 앞	3시간 35분 / 4,200엔		
가고시마추오역 앞	3시간 15분 / 4,100엔		남큐슈
미야자키역	3시간 35분 / 4,720엔		

구마모토
시내 대중교통

전철, 버스 등 다양한 선택지가 있지만 가장 대중적인 교통수단은 노면전차다. 시내의 중심을 가로지르는 노면전차만으로도 대부분의 관광지를 둘러볼 수 있어 1일권을 끊으면 편하다. 또한 도시 자체가 크지 않고 명소가 모여 있어 도보로 즐길 수 있는 코스가 많다.

노면전차 熊本市電

구마모토시에서 운영하는 노면전차로 1924년 개통해 100년이 넘는 역사를 자랑한다. 관광객에게는 주요 관광지를 돌아볼 수 있는 교통수단이며, 구마모토 시민에게는 출퇴근길을 책임지는 필수 대중교통이자 구마모토의 상징 중 하나다. 구마모토성을 비롯해 스이젠지 공원, 시모토리 아케이드 등의 명소까지 편하게 이동할 수 있다. 삐걱거리며 천천히 오가는 전차의 느린 감성은 물론 예스러운 외관과 내부는 여행을 더욱 즐겁게 만들어주는 요소다.

요금은 거리와 상관없이 전 노선이 균일하다. 당일 기준 무제한 탑승이 가능한 1일 승차권(1일권)도 있는데, 노면전차에 하루에 3회 이상 탑승할 예정이라면 1일권이 무조건 이득이다. 1일권은 구마모토역 안 종합관광안내소 혹은 운전기사, 'Japan Transit Planner' 앱을 통해서도 구입할 수 있다.

요금 지불은 현금, 충전식 교통카드 외에 비자, 아메리칸 익스프레스, 유니온페이 등의 컨택리스 카드를 이용한 결제와 알리페이 등을 활용한 QR코드 결제도 가능하다.

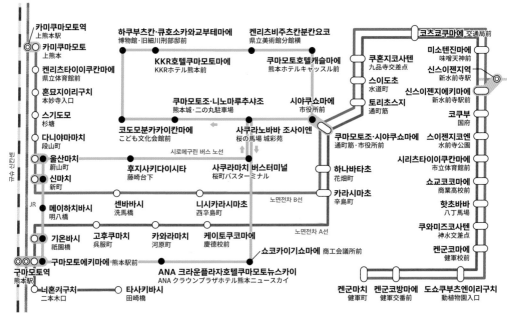

노선은 A선과 B선 2가지로 카라시마초辛島町에서 갈라지는데, 역에서 하차한 뒤 20분 이내에 다른 노선으로 갈아타면 환승 할인을 받을 수 있다. 교통카드를 사용하면 자동으로 적용되지만, 현금으로 낼 때는 하차 시 기사에게 "노리카에시테쿠다사이のりかえしてください(환승해주세요)"라고 말해 환승권을 받은 뒤 두 번째 전차에서 환승권을 내면 된다.

ⓒ 06:00~23:00, A선 7~10분, B선 15분, A·B선 공통 3~5분 간격 운행 ¥ 일반 180엔, 초등학생 90엔, **1일권** 일반 500엔, 초등학생 250엔 ♠ www.kotsu-kumamoto.jp

구마모토 전철
熊本電鉄

카미쿠마모토역과 미요시역을 연결하는 10.8km의 키쿠치선菊池線, 키타쿠마모토역과 후지사키구마에역을 연결하는 2.3km의 후지사키선藤崎線으로 이루어져 있다. 구마모토 외곽 지역을 오가는 노선이어서 여행자가 이용할 일은 드물지만 와쿠와쿠 원데이 패스로 이용 가능한 교통수단이다.

♠ www.kumamotodentetsu.co.jp

시내버스 市内バス

노면전차 정류장은 물론 구마모토 전철역과 시외 지역까지 한층 다양한 루트로 운행한다. 하지만 구마모토의 관광지 대부분은 노면전차 하나로 다닐 수 있어서 여행자가 이용할 일은 별로 없다. 구마모토역 또는 사쿠라마치 버스터미널에 여러 목적지에 향하는 버스 승차장이 있다.

¥ 180엔~ ♠ 산코버스 www.sankobus.jp

시로메구린
しろめぐりん

구마모토역을 기점으로 구마모토성 주변 관광지를 둘러볼 수 있는 순환버스다. 사쿠라마치 버스터미널을 비롯해 주요 호텔 등을 경유하기 때문에 구마모토성 주변을 둘러보기 좋다. 단, 노면전차와 요금이 같으면서도 이용 거리가 짧고 운행 간격이 긴 단점이 있다. 1일권은 사쿠라마치 버스터미널 2층 버스안내소, 사쿠라노바바 조사이엔 종합관광안내소, 구마모토역 안 종합관광안내소 혹은 운전기사를 통해 구입 가능하다. 탑승 방법은 시내버스와 동일하다.

ⓒ 09:00~17:00, 평일 30분·주말 20분 간격 운행 ¥ 일반 180엔, 초등학생 90엔, **1일권** 일반 500엔, 초등학생 250엔 ♠ shiromegurin.com

와쿠와쿠 원데이 패스
わくわく1dayパス

노면전차, 시로메구린, 시내버스, 구마모토 전철까지 구마모토의 시내 대중교통을 모두 이용할 수 있는 1일 승차권으로 1구간, 2구간으로 나뉜다. 보통 1구간 이용권으로도 충분히 대부분의 관광지를 둘러볼 수 있다. 패스는 스크래치 형식으로 제공되며 연월일에 해당하는 은색 부분을 긁어서 사용한다. 당일 첫차부터 막차까지 유효하며 하차 시 운전기사에게 패스를 제시하면 된다. 패스 사용 당일 할인 특전으로 구마모토성, 사쿠라노바바 조사이엔, 구마모토 현립 미술관, 구마모토 박물관, 구마모토시 현대미술관, 스이젠지 공원, 구마모토시 동식물원 등을 단체 요금으로 입장할 수 있다.

🚶 사쿠라마치 버스터미널 2층 버스안내소, 구마모토역 안 종합관광안내소, 운전기사
¥ 1구간 800엔, 2구간 1,000엔 ♠ www.sankobus.jp/ticket/wakuwaku1day

구마모토 2박 3일
추천 코스

구마모토는 대부분의 관광지를 노면전차만으로
쉽게 둘러볼 수 있어서 여행하기 참 좋은 도시다.
역사의 발자취를 따라 소도시의 매력을
느끼면서 인기 캐릭터 쿠마몬과 만화 《원피스》의
등장인물들까지 찾아보자. 골목 구석구석에는
보물 같은 맛집과 카페도 숨어 있다.
구마모토 번화가에 위치한 사쿠라마치
버스터미널에서 여행을 시작하자.

예상 경비

식비 20,000엔~ + 입장료 1,700엔
+ 교통비 680엔 + 쇼핑 비용
= 총 22,380엔~

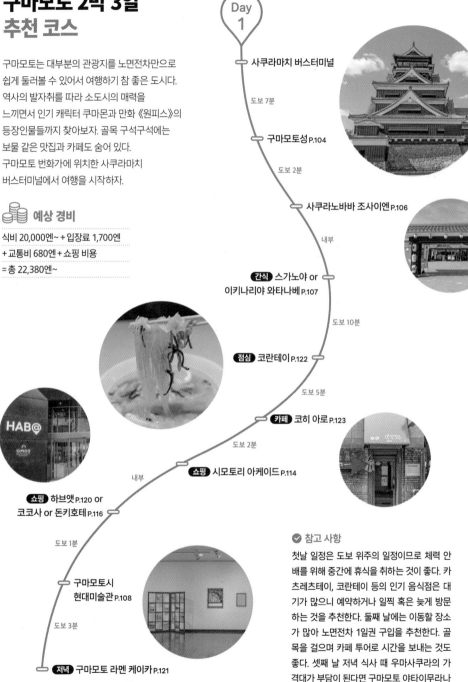

Day 1

사쿠라마치 버스터미널

도보 7분

구마모토성 P.104

도보 2분

사쿠라노바바 조사이엔 P.106

내부

간식 스가노야 or
이키나리야 와타나베 P.107

도보 10분

점심 코란테이 P.122

도보 5분

카페 코히 아로 P.123

도보 2분

쇼핑 시모토리 아케이드 P.114

내부

쇼핑 하브앳 P.120 or
코코사 or 돈키호테 P.116

도보 1분

구마모토시
현대미술관 P.108

도보 3분

저녁 구마모토 라멘 케이카 P.121

✅ 참고 사항

첫날 일정은 도보 위주의 일정이므로 체력 안
배를 위해 중간에 휴식을 취하는 것이 좋다. 카
츠레츠테이, 코란테이 등의 인기 음식점은 대
기가 많으니 예약하거나 일찍 혹은 늦게 방문
하는 것을 추천한다. 둘째 날에는 이동할 장소
가 많아 노면전차 1일권 구입을 추천한다. 골
목을 걸으며 카페 투어로 시간을 보내는 것도
좋다. 셋째 날 저녁 식사 때 우마사쿠라의 가
격대가 부담이 된다면 구마모토 야타이무라나
이자카야를 이용해 식비를 아낄 수 있다. 음식
점은 대부분 문을 일찍 닫는 편이다.

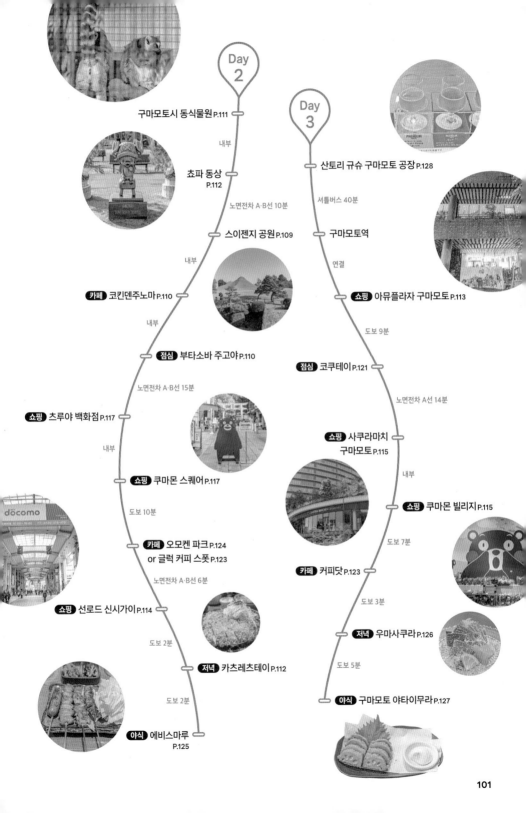

Day 2

구마모토시 동식물원 P.111

_내부_

쵸파 동상 P.112

노면전차 A·B선 10분

스이젠지 공원 P.109

_내부_

카페 코킨덴주노마 P.110

_내부_

점심 부타소바 주고야 P.110

노면전차 A·B선 15분

쇼핑 츠루야 백화점 P.117

_내부_

쇼핑 쿠마몬 스퀘어 P.117

_도보 10분_

카페 오모켄 파크 P.124
or 글럭 커피 스폿 P.123

노면전차 A·B선 6분

쇼핑 선로드 신시가이 P.114

_도보 2분_

저녁 카츠레츠테이 P.112

_도보 2분_

야식 에비스마루 P.125

Day 3

산토리 규슈 구마모토 공장 P.128

셔틀버스 40분

구마모토역

_연결_

쇼핑 아뮤플라자 구마모토 P.113

_도보 9분_

점심 코쿠테이 P.121

노면전차 A선 14분

쇼핑 사쿠라마치 구마모토 P.115

_내부_

쇼핑 쿠마몬 빌리지 P.115

_도보 7분_

카페 커피닷 P.123

_도보 3분_

저녁 우마사쿠라 P.126

_도보 5분_

야식 구마모토 야타이무라 P.127

101

구마모토
상세 지도

③ 구마모토 박물관

스기도모 🚌

울산마치 🚌

구마모토 시내

🚶 이즈미 신사
🍴 부타소바 주고야
🍴 코킨덴주노마

② 히고 요카몬 시장
ⓘ 구마모토역 종합관광안내소
🚃 구마모토역
① 아뮤플라자 구마모토
🏠 키디 랜드
① 코쿠테이

⑤ 스이젠지 공원
⑥ 제인즈 저택
🚶 루피 동상

쵸파 동상 🚶
구마모토시 동식물원 ⑦

구마모토를 상징하는 대표 관광지 ...... ①
구마모토성 熊本城 ♀구마모토성

일본의 3대 성 중 하나로 역사적 가치와 기능미를 기준으로 했을 때 보편적
으로 구마모토성과 함께 오사카성, 나고야성을 꼽는다. 기준에 따라 히메지
성이나 마츠모토성이 꼽히기도 한다. 이 성은 임진왜란을 일으킨 도요토미
히데요시의 가신인 가토 기요마사가 1607년 완성했다. 그는 정유재란의 제
2차 울산전투 당시 조명연합군에게 포위당해 울산왜성에서 물과 식량 없이
버티다 탈출했다. 이 전투를 교훈 삼아 둘레가 5.3km에 이르는 웅대한 구마
모토성 안에 120개가 넘는 우물을 파고 식량으로도 활용 가능한 토란대로
다다미를 제작해 농성전에 대비했다. 완성 당시 망루, 누문, 성문 등이 다수
존재하였으나 1877년 세이난 전쟁西南戦争으로 많은 부분이 소실되었다. 훗
날 구마모토성을 중심으로 마을을 정비하고 치산치수하여 현재 구마모토
시의 기초가 되었다. 2016년에는 큰 지진으로 많은 돌담과 건축물이 붕괴되
었으나, 5년 뒤인 2021년 4월 천수각을 복원해 개방했으며 2052년까지 구
마모토성을 완전히 복원할 계획이다.

🚶 노면전차 A·B선 쿠마모토조·시야쿠쇼마에 정류장에서 도보 3분
📍 熊本市中央区本丸1-1　🕘 09:00~17:00, 30분 전 입장 마감　❌ 12/29~31
💴 일반 800엔, 초등·중학생 300엔, **통합권**(+와쿠와쿠자) 일반 850엔, 초등·중학생
300엔, **통합권**(+와쿠와쿠자+구마모토 박물관) 일반 1,100엔, 초등·중학생 400엔
📞 +81-96-223-5011　🏠 castle.kumamoto-guide.jp

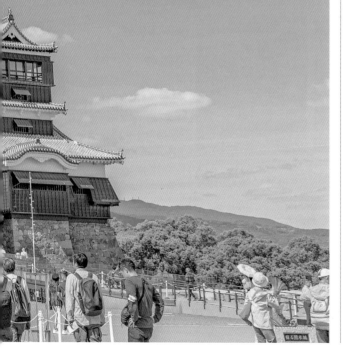

넓디넓은 구마모토성의 주요 볼거리

천수각 天守閣
왼쪽의 대천수大天守와 오른쪽의 소천수小天
守가 나란히 서 있는 형태로 1960년 외관을
복원해 현재의 모습에 이르렀다. 지상 6층과
B1층으로 이루어진 대천수의 최상층에 오
르면 구마모토 시내는 물론 아소산맥까지
조망이 가능하다.

히츠지사루야구라 未申櫓
요격과 출격을 위해 구마모토성 서쪽에 설
치한 방어 거점, 니시데마루西出丸의 남서쪽
모퉁이에 위치한 3층 망루. 메이지 시대에
해체되었다가 2003년 목조 형식으로 복원
되었다. 삼나무 다리 옆 가파른 절벽에 지어
졌으며, 봄에 방문하면 망루 주변으로 벚꽃
이 만개한 장관을 즐길 수 있다.

스키야마루 数寄屋丸
천수각 남서쪽의 석축 기단과 해자로 구분
된 공간으로 다도와 연회가 이루어지던 장
소다. 남쪽 벽은 포루와 바위로 이루어져
있고 1층은 흙바닥, 2층은 다다미방이 있
어 일본의 성곽 중에서는 매우 드문 형태다.
1989년 100주년을 기념하여 복원되었으며
내부에는 가토 기요마사의 갑옷(복제품)이
전시되어 있다.

사쿠라노바바 조사이엔 桜の馬場城彩苑 ♀ 사쿠라노바바 조사이엔

옛 영주의 성을 중심으로 형성된 시가지인 조카마치城下町의 모습을 그대로 재현한 관광 시설로 구마모토의 식문화와 역사, 전통을 체험할 수 있다. 박물관 와쿠와쿠자, 종합관광안내소, 23개의 상점이 모인 사쿠라노코지桜の小路로 구성되어 있다. 기모노 대여점, 지역 한정 상품을 판매하는 기념품점, 음식점 등 구경거리가 가득해 여행자가 즐기기 좋다. 특히 슌사이칸旬彩館에서는 구마모토현 전역에서 판매되는 다양한 특산품과 기념품을 만나볼 수 있다.

🚶 노면전차 A·B선 하나바타초 정류장에서 도보 7분 熊本市中央区二の丸1-14
🕐 기념품점 09:00~18:00, 음식점 11:00~18:00
📞 +81-96-288-5577
🏠 www.sakuranobaba-johsaien.jp

역사와 문화 체험 공간
와쿠와쿠자 わくわく座
♀ 역사 문화 체험시설 와쿠와쿠자

구마모토현의 300년 역사와 문화를 체험할 수 있는 박물관이다. 구마모토성 돌담 쌓기를 비롯해 가마 타기, 승마, 갑옷 체험 등 직접 참여할 수 있는 전시가 많으며 포토존도 잘 마련되어 있다. 한국어 안내도 있어 아이들과 함께 방문하기 좋은 장소다. 구마모토성과 함께 통합권으로 이용하면 50엔 추가로 이용이 가능하다.

📍 熊本市中央区二の丸1-1-1
🕐 09:00~17:30, 30분 전 입장 마감
❌ 12/29~31
💴 일반 300엔, 초등·중학생 100엔
📞 +81-96-288-5600
🏠 www.sakuranobaba-johsaien.jp/waku-index

고가의 말고기를 가성비 좋게!
스가노야 菅乃屋 🔍 Suganoya

말고기 요리 전문점으로 이 지점
에서는 고급 식재료인 말고기를
저렴한 길거리 간식으로 판매한
다. 말고기 초밥인 사쿠라 우마토로
스시(500엔)와 사쿠라 멘치카츠(250엔)를 즉석에서 맛
볼 수 있다.

📍 熊本市中央区二の丸1-1-2　🕐 09:00~18:00
📞 +81-96-312-0377　🏠 www.suganoya.com

먹기 아까운 쿠마몬 디저트
모나리오 MONARIO 🔍 MONARIO

두유와 과일을 이용해 만든 두유
푸딩 전문점. 하지만 푸딩보다도
쿠마몬빵くまモンの人形焼き(300엔)
이 단연 인기가 높다. 팥, 커스터드
크림, 치즈, 고구마, 초콜릿 등의 앙금
을 넣어 판매하며 계절에 따라 재료가 조금씩 바뀐다.

📍 熊本市中央区二の丸1-1-2　🕐 09:00~18:00
📞 +81-96-288-4777　🏠 www.monario.jp

달콤한 고구마와 단팥의 조화
이키나리야 와타나베 いきなりやわたなべ
🔍 Ikinariya Watanabe

구마모토의 향토 음식 중 하나인 이
키나리 단고いきなり団子(350엔)를 맛
볼 수 있다. 쫄깃한 반죽 안에 달콤하
고 부드러운 고구마와 단팥소가 얇게
들어간 떡으로 속이 꽉 차 있어 생각보다 배가 든든하다.

📍 熊本市中央区二の丸1-1-2　🕐 09:00~18:00
📞 +81-96-346-0247

규슈의 싱그러움을 입 안에 담다
오차노이즈미엔 お茶の泉園 🔍 Ocha-no Izumi-en

규슈 중부 해발 450m의 차밭에서
직접 딴 녹차와 호지차 등을 판매
한다. 차를 활용한 음료와 디저
트도 다양하고, 녹차의 함유량을
달리한 젤라토(380엔~)와 팥죽
등도 맛볼 수 있다.

📍 熊本市中央区二の丸1-1-2　🕐 09:00~18:00
📞 +81-96-288-0015　🏠 ochanoizumien.jp

구마모토 박물관 熊本博物館 🔎 구마모토 박물관

구마모토의 역사, 문화, 자연을 소개하는 박물관이다. 1952년 개관해 역사가 깊은데, 3년간 대대적인 리뉴얼 과정을 거쳐 2018년에 다시 문을 열었다. 건물 1~2층과 야외에 전시품이 있으며 별도의 입장권 구입이 필요한 기획전과 플라네타륨도 있다. 규모가 크지 않고 한국어 설명이 따로 있지는 않아 시간을 내서 가기보다는 구마모토의 역사가 궁금하거나 자연사 박물관을 좋아한다면 살펴볼 만하다. 근처에 현립 미술관과 구마모토성도 있어 함께 둘러보기 좋다.

🚶 노면전차 B선 스기도모 정류장에서 도보 5분 📍 熊本市中央区古京町 3-2 🕐 09:00~17:00, 30분 전 입장 마감 ❌ 월요일(공휴일인 경우 다음 날), 12/29~1/3 ¥ 일반 400엔, 고등·대학생 300엔, 중학생 이하 200엔, **플라네타륨** 일반 200엔, 고등·대학생 150엔, 중학생 이하 100엔 📞 +81-96-324-3500 🏠 kumamoto-city-museum.jp

구마모토시 현대미술관

熊本市現代美術館 🔎 구마모토시 현대미술관

2002년 개관한 규슈 최초의 현대미술관. 남녀노소 누구나 쉽게 즐길 수 있는 전시로 시민들이 현대미술과 친해지도록 돕는다. 대규모 기획전을 비롯해 구마모토의 예술가를 소개하는 전시까지 다양한 전시를 기획한다. 음악을 즐기며 미술서, 만화책, 생활 관련 서적 등을 읽을 수 있는 도서실이자 휴식 공간인 '홈 갤러리'에도 자유롭게 입장할 수 있다. 제임스 터렐, 쿠사마 야요이 등 세계적인 예술가의 작품을 건물과 어우러지도록 미술관 곳곳에 설치했다. 전시와 관련된 상품을 파는 기념품점도 운영 중이다. 시모토리와 카미토리를 잇는 아케이드 입구에 있어 접근성도 좋고 무료입장이라 언제든 편하게 방문하기 좋다.

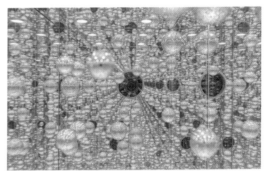

🚶 노면전차 A·B선 토리초스지 정류장에서 도보 1분
📍 熊本市中央区上通町2-3
🕐 10:00~20:00, 30분 전 입장 마감
❌ 화요일(공휴일인 경우 다음 날), 연말연시
¥ 무료(기획전 유료)
📞 +81-96-278-7500
🏠 www.camk.jp

일본의 운치를 가득
담은 정원 ······ ⑤

스이젠지 공원 水前寺成趣園

📍 스이젠지 조주엔

약 73,000m²의 넓은 규모를 자랑하는 정원이자 시민들의 휴식처. 연못 주변에 난 길을 따라 거닐며 계절에 따라 바뀌는 풍경을 감상할 수 있다. 구마모토를 대표하는 다이묘大名 정원으로, 다이묘란 과거 각 지방을 다스렸던 영주를 가리킨다. 구마모토를 다스렸던 호소카와 타다토시細川忠利가 담수가 솟는 땅을 보고 그 자리에 녹차를 마실 수 있는 찻집을 세운 것을 시작으로 3대에 걸쳐 정원을 만들었다. 입장 후 가장 먼저 보이는 높은 언덕은 후지산을 본떴고 중앙 연못은 일본 최대의 호수인 비와호琵琶湖를 본떠 만들었다.

🚶 노면전차 A·B선 스이젠지코엔 정류장에서 도보 4분　📍 熊本市中央区水前寺公園8-1
🕐 3~11월 07:30~18:00, 12~2월 08:30~17:00, 30분 전 입장 마감
💴 일반 400엔, 초등·중학생 200엔　📞 +81-96-383-0074　🏠 www.suizenji.or.jp

소원을 빌고 운세를 점쳐보자
이즈미 신사 出水神社
🔍 이즈미신사

역대 호소카와 가문 영주들의 위패를 모시는 신사로 스이젠지 공원 안에 있다. 계절에 따라 봉납 축제 등이 열리며 질병과 재해 방지, 사업 번창, 학업 성취 등의 소원을 이루어주는 곳으로 알려져 있다.

🏃 스이젠지 공원 북쪽 끝

군더더기 없이 깔끔한 맛
부타소바 주고야 豚soba十五屋

구마모토에서는 보기 드문 깔끔한 국물의 돈코츠소바 豚骨そば(780엔)를 만날 수 있다. 소바 스타일의 면이라 소화가 잘되며, 돼지 뼈 육수로 만든 짜지 않은 국물은 깔끔한 청탕清湯과 진한 백탕白湯 중 하나를 선택할 수 있다.

🏃 이즈미 신사 동쪽 바로 옆 골목 📍 熊本市中央区水前寺公園 6-8 🕐 11:00~17:30 ❌ 부정기 📷 butasobajugoya

스이젠지 공원의 최고 명당
코킨덴주노마 古今伝授の間 🔍 고킨덴쥬노마

스이젠지 공원을 가장 아름답게 즐길 수 있는 찻집으로 구마모토 중요 문화재로 지정된 건물 안에 위치한다. 고운 말차와 전통 과자 세트를 실내 다다미석(700엔)과 야외 테이블석(600엔)에서 즐기며 여유롭게 풍경을 감상하기 좋다. 눈앞으로 잔잔한 연못과 소나무가 한 폭의 그림처럼 펼쳐져 가히 압도적이라 할 만한 풍경을 보여준다.

🏃 중앙 연못의 동쪽 🕐 09:00~17:00 ❌ 연말연시
🏠 kobai.jp/kokin-denju-no-ma

제인즈 저택 ジェーンズ邸 ♀ Janes Residence

1871년 지어진 구마모토현에서 가장 오래된 서양식 주택으로 구마모토 양학교에서 5년간 학생들을 가르친 교사 L.L. 제인즈 Leroy Lansing Janes와 그의 가족이 머물렀던 집이다. 구마모토현의 중요 문화재이며 구마모토 지진으로 무너진 후 2023년 지금의 위치로 옮겨 지었다. 내부에는 제인즈 교사의 애장품이 전시되어 있다.

🚶 노면전차 A·B선 시리츠타이이쿠칸마에 정류장에서 도보 2분
📍 熊本市中央区水前寺公園12-10　🕘 09:30~16:30
❌ 월요일(공휴일인 경우 다음 날), 연말연시　📞 +81-96-382-6076
🏠 kumamoto-guide.jp/spots/detail/72

누구나 동심의 세계로! ······ ⑦

구마모토시 동식물원 熊本市動植物園 ♀ 구마모토시 동식물원

130여 종, 700여 마리의 동물과 800여 종, 5만여 점의 식물을 모두 만날 수 있는 관광지로 시민들의 나들이 장소로 손꼽히는 장소다. 동물 구역에서는 기린과 코끼리, 레서판다 등 아이들에게 인기 있는 동물과 손오공의 모델이라 불리는 황금원숭이 등을 만나볼 수 있고 식물 구역에서는 대형 온실과 잔디밭에서 사계절의 꽃을 즐길 수 있다. 또한 관람차를 비롯한 놀이기구도 함께 운영 중이어서 나이와 성별에 관계없이 누구나 즐기기 좋다. 본격적으로 꽃이 피기 시작하는 봄부터 가을까지가 특히 방문하기 좋은 시기이며, 호수 주변 공원도 넓어서 아이들과 함께 방문하기 좋다.

🚶 노면전차 A·B선 도쇼쿠부츠엔이리구치 정류장에서 도보 10분　📍 熊本市東区健軍 5-14-2　🕘 09:00~17:00, 30분 전 입장 마감　❌ 월요일·넷째 화요일(공휴일인 경우 다음 날), 12/30~1/1　📞 +81-96-368-4416　🏠 www.ezooko.jp

구마모토현 곳곳에 숨은 원피스 동상을 찾아라!

《원피스》는 1997년 일본의 만화 잡지 《주간 소년 점프》에서 연재를 시작하고 1999년부터 애니메이션 시리즈를 거쳐 영화, 게임 및 실사 드라마까지 만들어지며 전 세계에서 열광적인 팬덤을 형성한 일본의 대표 만화다. 2016년 구마모토 지진 이후 이곳 출신인 저자 오다 에이치로尾田栄一郎는 지역 부흥을 돕겠다는 메시지를 남겼고, 구마모토현과 합작하여 지역 곳곳에 《원피스》의 캐릭터 동상을 설치하는 '구마모토 부흥 프로젝트'를 시행했다.

나미 · · 우솝

조로 · · 로빈

루피 · · 상디

쵸파 · · 프랑키

징베 · · 브룩

선장
루피 동상 ♀몽키 D. 루피 동상

《원피스》의 주인공이자 밀짚모자 일당의 선장으로 2018년 11월 30일 구마모토 현청 앞에 세워졌다. 완성 당일에는 현청 앞 옥상 게양대에 처음으로 해적기를 걸었다고 한다. 동상의 높이는 만화 속 루피의 설정대로 174cm이며 발아래에는 원작자인 오다 에이치로의 핸드 프린팅이 있다.

🚶 노면전차 A·B선 시리츠타이이쿠칸마에 정류장에서 도보 12분
📍 熊本市中央区水前寺6-18-1

선의
쵸파 동상 ♀쵸파 동상

주인공 몽키 D. 루피의 다섯 번째 동료로 밀짚모자 일당의 선의船醫이자 사람사람 열매를 먹은 파란 코 순록이다. 구마모토시 동식물원 입구에 2020년 11월 세워졌으며 쵸파 동상 부근에는 시민들의 오아시스로 사랑받는 에즈코江津湖라는 호수가 있어 함께 둘러보기 좋다.

🚶 노면전차 A·B선 도쇼쿠부츠엔이리구치 정류장에서 도보 10분
📍 熊本市東区健軍5-14-2

저격수
우솝 동상 ♀Usopp Statue

밀짚모자 일당의 저격수이자 몽키 D. 루피의 세 번째 동료다. 우솝의 동상은 아소역 앞에 세워졌으며 손가락으로 하늘을 가리키는 포즈를 취하고 있다. 동상 뒤로 펼쳐지는 아소산의 멋진 절경을 함께 감상할 수 있다.

🚶 아소역 앞 📍 阿蘇市黒川1444-2

아뮤플라자 구마모토

アミュプラザくまもと   ♀ 아뮤플라자 구마모토

주요 매장

6~7층	식당가
6층	원피스 무기와라 스토어 ONE PIECE 麦わらストア, 키디 랜드
5층	GU, 스타벅스
4층	유니클로
1층	할로데이Halloday(대형마트), 히고 마르셰ひごマルシェ(식당가)

누구나 행복해지는 캐릭터 천국

키디 랜드 KIDDY LAND
♀ Kideirando Amyupurazakumamototen

헬로키티, 미피, 산리오 등 남녀노소 누구나 알 만한 캐릭터도 있지만, 지역 특색을 살린 쿠마몬 관련 상품도 보유해 여느 매장과 다른 매력이 있다.

🚶 6층 🕐 10:00~20:00 📞 +81-96-245-7917 🏠 www.kiddyland.co.jp

2021년 4월 교통의 중심인 구마모토역 앞에 문을 연 복합 시설이다. 특히 1층에서 7층까지 뻥 뚫린 '모험의 숲ぼうけんの杜'이라는 아트리움 공간은 웅장한 구마모토의 자연 풍광을 담은 입체 정원의 모습으로 방문객을 맞이한다. 10m 높이에서 떨어지는 시원한 폭포수는 구마모토현의 폭포 나베가타키鍋ヶ滝를 본떴다. 1층부터 5층까지는 패션 및 잡화 매장, 6~7층은 식당가 및 영화관, 8~9층은 호텔로 180개 이상의 다양한 점포가 입점해 있으며, 층별로 개성 있는 카페와 음식점이 위치한다. 특히 7층 식당가에는 줄을 서서 먹어야 하는 구마모토 맛집 카츠레츠테이의 분점도 있다.

🚶 구마모토역 시라카와 출구(동쪽) 정면   📍 熊本市西区春日3-15-26
🕐 상점 10:00~20:00, 식당가 11:00~22:00, 매장마다 다름
📞 +81-96-206-2800 🏠 www.jrkumamotocity.com/amu

히고 요카몬 시장 肥後よかモン市場

♀ Higo Yokamon Ichba Market

2018년 문을 연 상업 시설로 구마모토 특산품과 음식, 디저트 등을 구매하거나 식사도 할 수 있다. 특히 신칸센이 정차하는 구마모토역 개찰구 바로 앞에 위치해 여행 마지막 날 기념품을 구입하러 방문하기 좋다. 입구에서 쿠마몬이 반갑게 맞이해줘서 인증 사진 찍기 좋은 장소로도 추천한다.

🚶 구마모토역 개찰구 앞   📍 熊本市西区春日3-15-30
🕐 상점 09:00~20:00, 음식점 11:00~23:00

구마모토현 최대 쇼핑 아케이드 ⋯⋯ ③
시모토리 아케이드 下通アーケード
📍 시모토리 아케이드

구마모토성과 사쿠라마치 버스터미널에서 가까운 쇼핑 거리로 길이 511m, 폭 15m로 구마모토현에서 가장 길다. 2009년 노후화된 아케이드를 개축하며 LED 조명과 이동식 휴게소를 설치해 구마모토 시민들의 쇼핑과 식사 그리고 휴식을 위한 공간으로 탈바꿈했다. 그 밖에 다양한 음악과 예술을 선보이는 행사 장소로도 이용된다.

🚶 노면전차 A·B선 카라시마초 정류장에서 도보 2분
📍 熊本市中央区下通町 📞 +81-96-352-3377
🏠 shimotoori.com

과거와 현재의 조우 ⋯⋯ ④
카미토리 아케이드 上通アーケード
📍 가미토리 아케이드

과거와 현재가 어우러진 분위기를 만끽할 수 있는 길이 360m, 폭 11m의 아케이드 거리로 시모토리 아케이드와 연결된다. 오래된 점포와 신축 점포가 어우러진 길과 높은 아치형 지붕을 통해 햇빛이 들어오는 모습에서 파리의 오르세 미술관이 연상되기도 한다. 아케이드의 북쪽 끝에는 구마모토 외곽으로 이동할 때 이용하는 구마모토 전철의 기점인 후지사키구마에역藤崎宮前駅이 있다.

🚶 노면전차 A·B선 토리초스지 정류장 바로 앞 📍 熊本市中央区 上通町 📞 +81-96-353-1638 🏠 www.kamitori.com

구마모토에 처음 생긴 쇼핑 지구 ⋯⋯ ⑤
선로드 신시가이 サンロード新市街
📍 썬로드 신시가이

시모토리 남쪽 끝에 위치한 길이 235m, 폭 18m의 아케이드 상가다. 직선으로 쭉 뻗은 거리 양옆으로 음식점과 상점, 영화관 등이 늘어서 있어 다양한 볼거리와 즐길거리로 가득하다. 무려 1903년 세워져 구마모토현에서 가장 오래된 아케이드 상가로 지금도 많은 사람이 찾아와 즐거운 시간을 보낸다.

🚶 노면전차 A·B선 카라시마초 정류장 바로 앞 📍 熊本市中央区 新市街 📞 +81-96-356-3877 🏠 shinshigai.com

버스터미널을 품은
새로운 랜드마크 ······ ⑥
사쿠라마치 구마모토
SAKURA MACHI Kumamoto
🔍 SAKURA MACHI Kumamoto

2019년 오픈한 복합 시설로 1층에 구마모토와 주변 지역을 오가는 사쿠라마치 버스터미널이 위치한다. 의류와 화장품 매장을 비롯해 음식점, 영화관, 호텔 등 다양한 시설이 입점해 있다. 최상층에는 계절을 느낄 수 있도록 꾸민 사쿠라마치 정원과 루프톱 파크가 있다. 이곳에는 대형 쿠마몬 조형물이 서 있고 그 앞으로 구마모토성이 담긴 전경이 펼쳐져 사진을 찍기도 좋다. 1층 외부에는 작은 공원과 넓은 잔디 광장이 있어 시민들의 휴식처가 되며, 노면전차 A·B선이 교차하는 정류장이 바로 앞에 있어 다른 관광지로도 쉽게 이동할 수 있다.

주요 매장

5층	사쿠라마치 정원, 루프톱 파크
3층	동구리공화국どんぐり共和国
2층	버스안내소, 쿠마몬 빌리지
B1층	식당가

🚶 노면전차 A·B선 카라시마초 정류장에서 도보 1분 📍 熊本市中央区桜町3-10
🕙 10:00~20:00(B1층 ~21:00), 버스안내소 07:30~20:00
📞 +81-96-354-1111
🏠 sakuramachi-kumamoto.jp

쿠마몬 기념품의 성지
쿠마몬 빌리지 くまモンビレッジ 🔍 쿠마몬 빌리지

구마모토현 영업부장 '쿠마몬'의 쿠마몬 스퀘어에 이은 두 번째 거점지이다. 다양한 기념품을 합리적인 가격으로 판매하며, 이곳에서만 구매할 수 있는 한정판 오리지널 상품도 있다. 일요일 오후 1시부터 30분간 특별 공연 '쿠마몬 스테이지'도 열린다.

🚶 2층 🕙 10:00~20:00 📞 +81-96-300-5449
🏠 www.kumamon-village.jp

붉은 소고기 덮밥을 맛보자
아카우시 다이닝 요카요카
あか牛 Dining Yoka-yoka

아소의 웅대한 자연에서 기른 붉은 소, 아카우시를 저렴하게 맛볼 수 있는 음식점이다. 대표 메뉴는 아카우시동 赤牛丼(2,290엔)으로 붉은 육질과 적당한 지방을 가진 소고기를 미디엄 레어로 익혀 썬 다음 온천 달걀과 함께 밥 위에 얹은 덮밥이다.

🚶 3층 🕙 11:00~22:00 📞 +81-96-288-5029
🏠 www.yokayoka-sakuramachi.com

구마모토의 특산품을 찾는다면 ······ ⑦
구마모토현 물산관 熊本県物産館
📍 Kumamoto Prefectural Product Center

구마모토성 부근에 위치한 기념품점으로 구마모토 지역의 특산품과 공예품, 술 등 2,500여 가지의 품목을 구비해 완벽한 기념품을 고를 수 있다. 특히 쿠마몬을 이용한 여러 가지 소품은 물론 타이피엔과 카라시렌콘 등 다양한 향토 음식도 판매한다.

🚶 노면전차 A·B선 카라시마초 정류장에서 도보 4분
📍 熊本市中央区桜町3-1 🕐 10:00~18:15
❌ 12/31~1/2 📞 +81-96-353-1168
🏠 www.pref.kumamoto.jp/soshiki/209/5393.html

일본 쇼핑 리스트가 한곳에! ······ ⑧
돈키호테 ドン・キホーテ 📍 돈키호테 시모토리점

일본을 방문할 때 누구나 들르는 곳으로 식료품, 의약품, 화장품 등 없는 게 없는 잡화점이다. 여러 군데 돌아다닐 필요 없이 한곳에서 필요한 물품을 모두 구입할 수 있어 편리하다. 특히 이 지점은 시모토리 아케이드 중앙에 위치해 어디에서 오든 접근성이 좋다.

🚶 노면전차 A·B선 토리초스지 정류장에서 도보 3분
📍 熊本市中央区安政町5-27
🕐 09:00~05:00 📞 +81-57-009-1211
🏠 www.donki.com

구마모토 패션 피플의 중심지 ······ ⑨
코코사 COCOSA 📍 COCOSA SHIMOTORI

시모토리 중심가에 위치한 쇼핑몰. B1층의 식품점을 비롯해 1층부터 4층까지 이어지는 패션 존에서는 일본의 최신 트렌드와 직결되는 다양한 브랜드의 제품을 만나볼 수 있다. 1층에 물품 보관함이 있으니 시모토리 지역에서 짐을 보관할 장소를 찾는다면 이곳을 기억하자.

🚶 노면전차 A·B선 토리초스지 정류장에서 도보 2분
📍 熊本市中央区下通1-3-8 🕐 상점 11:00~20:00, 식품점 10:00~23:00 📞 +81-96-352-0553 🏠 cocosa.jp

츠루야 백화점 鶴屋百貨店 🔎 츠루야 백화점

1952년 오픈 이래 현재까지 구마모토를 대표하는 백화점으로 교차로 앞 길게 뻗은 간판이 멀리서도 눈에 띈다. 고전적인 외관을 현재까지도 유지하며 건물은 본관, 동관, 윙Wing관으로 나뉜다. 층별로 명품을 비롯해 패션, 리빙, 화장품, 식품 등 다양한 종류의 브랜드를 만나볼 수 있으며 가장 붐비는 곳은 명품 매장과 쿠마몬 스퀘어가 위치한 동관의 파크테리아PARK TERIA다. 시모토리 아케이드와 카미토리 아케이드의 중간에 위치하며, 공항버스 정류장이 바로 앞에 있어 다른 곳으로 이동하기도 편리하다.

🚶 노면전차 A·B선 토리초스지 정류장에서 도보 2분 📍 熊本市中央区手取本町6-1
🕙 본관·동관 10:00~19:00(금·토요일 ~19:30), 본관 식당가 11:00~21:00(1시간 전 주문 마감), 윙관 10:00~20:00(4층 ~19:00, 금·토요일 ~19:30) ✖️ 연말연시, 화요일 (부정기, 홈페이지 참고) 📞 +81-96-356-2111 🏠 www.tsuruya-dept.co.jp

쿠마몬의 다양한 정보를 만날 수 있는 곳
쿠마몬 스퀘어 くまモンスクエア
🔎 쿠마몬 스퀘어

구마모토현의 영업부장 겸 행복부장으로 종횡무진 활약하는 쿠마몬의 활동 거점이다. 규모는 작지만 360도 스테이지를 비롯해 포토존, AR 게임 등 남녀노소 누구나 즐길 수 있는 다양한 체험으로 가득하다. 쿠마몬의 보물을 모아둔 팬스 하우스Fan's House, 쿠마몬 스퀘어 한정 기념품을 판매하는 바자Bazzar, 구마모토 산 식재료를 이용해 만든 디저트가 있는 카페 등에서 쿠마몬의 매력을 오감으로 즐길 수 있다. 매일 쿠마몬이 나오는 공연을 진행하는데, 평일과 주말 스케줄이 다르니 홈페이지에서 확인하자.

🚶 동관 1층 🕙 10:00~19:00 📞 +81-96-327-9066 🏠 www.kumamon-sq.jp

쿠마몬의 도시에서 가장 귀여운 쿠마몬을 찾아라!

명실상부 구마모토를 대표하는
마스코트 캐릭터 쿠마몬.
생일은 3월 12일, 성별은 남자로
엄연히 존재를 인정받은 인기 캐릭터다.
기차와 버스, 상점, 호텔 등
관광객의 발길이 닿는 곳은 물론
주택가 안내문, 동네 슈퍼, 학교 등
구마모토 주민들의 생활 공간 곳곳에서도
쿠마몬의 흔적을 쉽게 찾을 수 있다.

🔍 포토존

① 구마모토역

신칸센과 열차가 다니는 구마모토역 개찰구 앞에는 쿠마몬의 얼굴을 본뜬 커다란 조형물이 있다. 개찰구 바로 앞에 위치한 히고 요카몬 시장 입구에서도 역무원 의상을 입은 쿠마몬을 만날 수 있다.

② 사쿠라마치 구마모토

구마모토성 부근에 위치한 복합 시설로 멀리서부터 건물 위로 빼꼼히 고개를 내민 쿠마몬이 보인다. 건물 5층 루프톱을 통해 야외 테라스로 나가면 사람 크기를 훨씬 뛰어넘는 쿠마몬 조형물을 만날 수 있다. 매시 정각마다 대형 쿠마몬이 손을 흔드는 퍼포먼스도 볼거리 중 하나다.

③ 구마모토시 동식물원

구마모토시 동식물원에 입장하면 가장 처음으로 만나는 것이 바로 나비의 날개를 단 쿠마몬이다. 동식물원 콘셉트에 맞게 주변을 꽃으로 장식하고 날짜를 표시해두어서 방문한 날을 기념하는 인증 사진을 찍으며 추억을 남길 수 있다. 동식물원 안 놀이공원에도 나무를 타고 오르는 쿠마몬 조형물이 설치되어 있으니 꼭 구경해보자.

④ 쿠마몬 스퀘어

쿠마몬의 활동 거점으로 매일 쿠마몬이 등장해 사람들과 소통하며 공연을 펼친다. 공연 시간은 수시로 바뀌기 때문에 홈페이지를 참고해야 한다. 공연 이외에도 쿠마몬의 보물을 모아둔 방을 구경하거나 다양한 쿠마몬 상품과 한정판 기념품도 구입할 수 있다.

⑤ 스이젠지 공원

스이젠지 공원 입구로 향하는 거리에서 쿠마몬이 사람들을 반갑게 맞이한다. 높이가 사람의 키와 비슷해 인증 사진을 남기기 좋다.

🔍 쿠마몬 캐릭터 상품

① 쿠마몬 달력
from 구마모토현 물산관

전 세계의 유명 관광지를 배경으로 쿠마몬의 행복한 표정을 담은 달력이다. 2024년 달력은 프랑스와 덴마크 그리고 하와이에서 촬영한 사진으로 계절감이 가득하다. 촬영지는 매년 바뀌므로 쿠마몬에게 애정이 있다면 소장용으로 추천한다.

② 쿠마몬 긴레이 시로
from 구마모토현 물산관, 슌사이칸

2020년 몽드 셀렉션의 품질 어워드에서 금상을 받은 긴레이 시로Ginrei Shiro는 구마모토 증류주의 표본인 쿠마소주球磨焼酎다. 구마모토의 맑은 물과 효모를 사용해 매우 낮은 온도에서 발효시켜 만드는데, 우아한 꽃향기와 함께 부드럽게 넘어가는 맛이 일품이다. 쿠마몬이 그려진 패키지에 담겨 있어 선물용으로 좋다.

③ 쿠마몬 인형
from 쿠마몬 빌리지

때로는 침대 옆 친구로, 때로는 가방의 액세서리로 활용하기 좋다. 작은 크기부터 아이 몸만 한 크기까지 다양한 디자인의 인형들을 섬세하게 만들었다. 쿠마몬 빌리지에서는 사이즈가 다양한 쿠마몬 인형을 랜덤 뽑기로 구매할 수도 있다.

④ 짱구×쿠마몬 부채
from 쿠마몬 빌리지

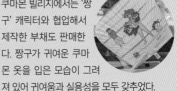

쿠마몬 빌리지에서는 '짱구' 캐릭터와 협업해서 제작한 부채도 판매한다. 짱구가 귀여운 쿠마몬 옷을 입은 모습이 그려져 있어 귀여움과 실용성을 모두 갖추었다.

옛 파르코 자리에 생긴 핫 플레이스 ······ ⑪

하브앳 HAB@

2023년 4월 오픈한 쇼핑몰로 시모토리와 카미토리가 교차하는 길목에 자리한다. B1층부터 지상 2층까지의 규모로 다이소에서 만든 프리미엄 브랜드인 '스탠다드 프로덕트Standard Products'를 비롯해 다양한 음식점이 주를 이루며 카페와 상점 등도 있다. 사람이 가장 많은 곳은 2층의 식당가로 전 세계에 체인점을 둔 라멘 전문점 '아지센 월드Ajisen World', 구마모토의 식료품을 사용해 만든 베이커리 전문점 '브래디BREADAY', 한식당 '시장' 등 취향에 맞는 메뉴를 선택할 수 있다. 게다가 비교적 늦은 시간까지 영업해 여행자가 방문하기 좋다. 참고로 3층부터는 호텔이 들어서 있다.

🚶 노면전차 A·B선 토리초스지 정류장에서 도보 1분 　📍 熊本中央区手取本町5-1
🕐 B1·1층 10:00~20:00, 2층 11:00~23:00 　🏠 hab-at.parco.jp

없는 게 없는 빈티지 세상 ······ ⑫

빅 타임 BIG TIME 　📍BIG TIME Kumamoto

일본 전역에 매장을 둔 빈티지 숍으로 B1층은 남성용, 1층은 여성용 제품으로 이루어져 있다. 일본 젊은이들이 유행을 타지 않는 특별한 아이템을 구하기 위해 찾아오며, 이름만 들으면 아는 명품 브랜드부터 액세서리까지 지금은 구하기 힘든 빈티지 상품들을 보유한다. 중고지만 검수를 거쳐 좋은 상태로 진열해두니 수많은 아이템 중에서 나만의 보물을 찾아보자.

🚶 노면전차 A·B선 토리초스지 정류장에서 도보 5분
📍 熊本市中央区上通町8-22 　🕐 11:00~21:00
📞 +81-50-3530-7932 　🏠 www.bigtime.jp

코쿠테이 黒亭 ♀ 고쿠테이 본점

1957년 문을 연 이래 70년 가까이 자리를 지켜온 구마모토의 대표 라멘 맛집
중 하나다. 실제로 방문한 사람들의 후기로만 평가하는 일본 맛집 가이
드 사이트인 타베로그에서 구마모토 지역 라멘 랭킹 1위를 기록했
다. 돼지 뼈로만 우린 진한 육수와 면에 다양한 토핑을 추가해 먹
는 방식이다. 차슈, 날달걀이 들어간 타마고 이리 라멘玉子入りラ
ーメン(1,030엔)이 대표 메뉴다. 국물에 기본으로 들어가는 수제
흑마늘 기름이 돼지 육수와 어우러져 뒷맛이 깔끔하다.

🚶 노면전차 A선 니혼기구치 정류장에서 도보
5분 ♀ 熊本市西区二本木2-1-23
🕐 10:30~21:00 📞 +81-96-352-1648
🏠 www.kokutei.co.jp

구마모토 라멘 케이카 熊本ラーメン桂花
♀ 쿠마모토라멘 케이카 본점

1955년 문을 열어 현재 도쿄와 구마모토현에 12개의 매
장을 낸 라멘 전문점이다. 구운 마늘 향을 낸 마유マ―油
를 육수에 섞어 깊은 맛을 낸다. 대표 메뉴로는 노포의 맛
을 지닌 케이카 라멘桂花拉麺(850엔), 차슈보다 두꺼운 삼
겹살이 올라간 타로멘太肉麺(1,150엔)이 있다. 자정까지
영업해서 야식으로 먹기도 좋다.

🚶 노면전차 A·B선 쿠마모토조·시야쿠쇼마에 정류장에서 도보
3분 ♀ 熊本市中央区花畑町11-9 🕐 11:00~24:00(일요일
~16:30), 10분 전 주문 마감 📞 +81-96-325-9609
🏠 keika-raumen.co.jp

구마모토 No.1 돈가스 전문점 ……③

카츠레츠테이 勝烈亭 📍카츠레츠테이 신시가이본점

1975년 영업을 시작한 이래 40년 넘게 사랑받아온 흑돼지 돈가스 전문점이다. 명실상부 구마모토에서 가장 인기가 많은 음식점으로 하루 평균 500명 이상의 방문객이 가게를 찾는다. 신선한 가고시마산 흑돼지고기를 두껍게 썰어 튀긴 아츠아게厚揚げ 스타일의 돈가스(2,365엔)로 겉은 바삭하고 속은 부드러운 맛이 일품이다. 항상 오픈 시간부터 기다리는 손님들이 줄을 이루며, 가게 안에는 1인 방문객을 위한 원형 테이블도 마련되어 있다.

🚶 노면전차 A·B선 카라시마초 정류장에서 도보 2분 📍 熊本市中央区新市街8-18
🕐 11:00~21:30, 30분 전 주문 마감
❌ 12/31~1/2 📞 +81-96-322-8771
🏠 hayashi-sangyo.jp

구마모토 대표 중화요리 전문점 ……④

코란테이 紅蘭亭 📍Korantei Shimotōri

1934년에 오픈한 중식당으로 시모토리 아케이드에 자리한다. 하루사메春雨라는 가느다란 당면이 들어간 깔끔한 백짬뽕 느낌의 타이피엔(1,080엔)이 명물로, 현지인에게도 오랫동안 꾸준히 사랑받아왔다. 2020년 리뉴얼한 깔끔한 외관과 고급 중식당 분위기의 넓은 내부 덕에 영업시간 내내 기다리는 손님이 있을 정도로 인기가 많다.

🚶 노면전차 A·B선 토리초스지 정류장에서 도보 3분
📍 熊本市中央区安政町5-26 🕐 11:00~21:00, 1시간 전 주문 마감
📞 +81-96-352-7177 🏠 www.kourantei.com

숭늉 스타일의 구수한 커피 ┄┄ ⑤
코히 아로 珈琲アロ—
🔍 Coffee arrow

1964년 문을 연 이후 현재까지 수많은 사람이 찾는 커피 전문점 이다. 메뉴판 없이 오로지 직접 로 스팅해 핸드드립으로 내린 호박색의 커 피만 판매한다. 원두 본연의 맛과 향을 느낄 수 있으니 커피를 좋아한다면 꼭 들러보자.

🚶 노면전차 A·B선 하나바타초 정류장에서 도보 3분
📍 熊本市中央区花畑町10-10 🕐 11:00~22:00(일요일 14:00~)
📞 +81-96-352-8945 🏠 coffee-arrow.jp

일본 고택에서 즐기는 여유로움 ┄┄ ⑥
글럭 커피 스폿 Gluck Coffee Spot
🔍 Gluck Coffee Spot

70년 된 민가를 개조해 만든 커피숍으로 일본식 가옥에서 포 근한 나무의 온기가 느껴진다. 각종 대회의 수상 경력을 자랑 하는 바리스타가 직접 커피를 내려주며, 전 세계의 유명한 커 피 생산지에서 가져온 고급 원두만을 사용한다. 핸드드립 커피 (600엔~)가 가장 유명하며 2017년 문을 연 이후 선풍적인 인 기를 끌어 현재 구마모토시에서 총 4개의 매장을 운영한다.

🚶 노면전차 A·B선 토리초스지 정류장에서 도보 5분
📍 熊本市中央区城東町5-52 🕐 07:00~19:00
📞 +81-96-288-2556 🏠 gluckcoffeespot.jp

동네 커피숍의 재발견 ┄┄ ⑦
커피닷 Coffeedot 🔍 Coffeedot

시모토리의 한적한 골목에 자리 잡은 커 피숍으로 2023년 '커피 컬렉션 월드 디스 커버'의 내추럴 부문에서 우승한 로스터가 직 접 내려주는 커피를 맛볼 수 있다. 모노톤의 세련된 내부는 아 담한 규모이며 인기 메뉴인 핸드드립 커피(500엔~), 카페라테 (500엔) 등은 계절별로 바뀌는 달콤한 디저트와 함께 즐기기 좋다. 매장 안에서 판매하는 원두는 가격도 합리적이다.

🚶 노면전차 A·B선 토리초스지 정류장에서 도보 4분
📍 熊本市中央区下通1-6-27 🕐 12:00~18:00 ❌ 부정기
📷 coffee_dot 🏠 coffeedot.stores.jp

카미토리 속 숨겨진 카페 ⋯⋯ ⑧

오모켄 파크 OMOKEN PARK

📍Omoken Park

2016년에 발생한 구마모토 지진으로 파괴된
빌딩 부지를 리모델링해 건물 틈새를 작은 공원
으로 만들었다. 지붕 데크를 기준으로 아래쪽은 상업
공간인 카페, 위쪽은 오픈된 작은 공원 형태로 미니멀하고 깔끔한 공간이 눈길
을 사로잡는다. 마치 도로 위에 공원 하나가 자리한 구조라서 카페 안, 정원, 옥
상 테라스 등 어느 장소에서든 커피 한잔과 함께 느긋한 휴식을 취할 수 있다.
다양한 커피(450엔~)와 토스트(300엔~)를 세트로 저렴하게 판매한다. 녹지가
가득한 야외는 계절에 따라 시시각각 분위기가 달라진다. 지역 행사나 이벤트가
자주 열려 시민들의 문화 교류 시설로 이용될 만큼 인기가 많다.

🚶 노면전차 A·B선 토리초스지 정류장에서 도보 4분　📍熊本市中央区上通町7-7-1
🕐 11:00~18:00(금·토요일 ~19:00)　❌ 화요일　📞 +81-96-288-0230
📷 omokenpark

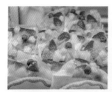

눈과 입이 즐거운 디저트 삼매경 ⋯⋯ ⑨

스위스 スイス 📍Swiss Konditorei

50년이 넘는 역사를 지닌 디저트 전문점으로 제철 식재료를 사
용한 구움과자와 빵, 케이크 등을 내놓는다. 깔끔하고 넓은 매
장이 눈길을 사로잡으며, 지하에 카페 공간이 있어 커피와 함
께 다양한 디저트를 맛보거나 간단한 식사도 할 수 있다. 특히
리큐르마론リキュールマロン(6개 2,808엔)과 프티마론プティマロン
(12개 1,382엔)은 온라인으로도 판매할 만큼 인기가 많다.

🚶 노면전차 A·B선 토리초스지 정류장에서 도보 3분　📍熊本市中央区
安政町5-2　🕐 상점 10:00~21:00, 카페 평일 11:30~18:30,
토요일 11:00~21:30, 일요일 11:00~18:30, 30분 전 주문 마감
📞 +81-96-352-1251　🏠 www.s-swiss.com

상큼한 타르트에 빠져보자 ····· ⑩
프린세스 타르트 プリンセスタルト
📍 Princess Tart Kumamoto

2023년 9월 오픈한 제철 과일 타르트 전문점이다. 화려한 타르트 그리고 동화 같은 분위기의 인테리어로 최근 시모토리에서 가장 핫한 카페 중 하나다. 타르트를 여러 종류의 차와 함께 즐길 수 있다. 가게 이름을 딴 프린세스 레몬プリンセスレモン(680엔) 타르트가 대표 메뉴이며 품절되는 경우도 있으니 이른 시간에 방문하는 것을 추천한다.

🚶 노면전차 A·B선 토리초스지 정류장에서 도보 4분
📍 熊本市中央区安政町5-7　🕐 11:00~19:00(주말 10:00~)
📞 +81-96-342-4210　📷 princess_tart_kumamoto

일본식 풀빵의 매력 ····· ⑪
호라쿠 만쥬 蜂楽饅頭
📍 Houraku Manjuu (Kumamoto Kamitori Store)

일본의 국민 간식 중 하나인 오방떡(오반야키)을 맛볼 수 있는 호라쿠 만쥬(110엔)는 처음부터 끝까지 모두 현장에서 수제로 만들어 판매한다. 메뉴 또한 단순하게 흰 앙금인 시로シロ, 팥 앙금인 쿠로クロ 두 가지로 취향에 따라 선택할 수 있으며 붕어빵과 맛이 비슷해 간식으로 사 먹기 좋다. 여름에는 옛날식 빙수도 판매한다.

🚶 노면전차 A·B선 토리초스지 정류장에서 도보 3분
📍 熊本市中央区上通町5-4　🕐 10:00~18:30　❌ 화요일
📞 +81-96-352-0380　🏠 www.houraku.co.jp

대낮부터 즐기는 야키토리 ····· ⑫
에비스마루 えびす丸 📍 Ebisumaru

닭을 숯불에 직접 올려 굽는 닭꼬치 전문점이다. 저렴한 가격에 푸짐한 양으로 대낮부터 현지인이 많이 찾는 이자카야다. 친근한 선술집 분위기로 요리와 안주의 종류가 다양해 누구나 입맛에 맞는 음식을 취향대로 고를 수 있으니 간단하게 술 한잔할 장소를 찾는다면 추천한다. 단, 전 좌석이 흡연석이라는 점을 참고하자.

🚶 노면전차 A·B선 카라시마초 정류장에서 도보 3분
📍 熊本市中央区新市街6-19　🕐 11:30~22:30(금·토요일 ~23:00), 30분 전 주문 마감　📞 +81-96-288-1306
🏠 akr0320490396.owst.jp

최상급 말고기를
맛보고 싶다면 ⋯⋯ ⑬
우마사쿠라 馬桜
🔍 우마사쿠라 긴자거리점

구마모토 특산품 중 하나인 말고기를 다양한 방식으로 즐길 수 있는 고급 다이닝 레스토랑이다. 말고기를 회로 즐기는 고급 요리 바사시는 생선회와 달리 지방의 맛을 함께 느낄 수 있어 쫄깃함과 담백함으로 입을 즐겁게 해준다. 품질에 따라 가격 또한 천차만별인데, 처음이라면 지방이 얇게 둘러싸 단맛과 부드러움을 함께 느낄 수 있는 상上바사시(2,800엔)를 추천한다. 또한 샤부샤부, 전골, 구이 등 다채로운 요리로 여러 부위의 말고기를 맛볼 수 있으며, 말고기가 처음이라 낯선 사람을 위해 말고기 튀김이나 피자, 초밥 등도 판매한다. 오픈 시간을 제외하고는 항상 사람이 많기 때문에 예약하고 방문하는 것을 추천한다.

🏃 노면전차 A·B선 하나바타초 정류장에서 도보 5분　📍 熊本市中央区下通1-10-3
🕐 디너 17:00~22:00(금·토요일 ~23:00), 런치 주말 11:30~15:00, 30분 전 주문 마감
📞 +81-96-354-5800　🏠 www.umasakura.com

분위기에 취하는 로컬 맛집 ⋯⋯ ⑭
요코바치 ヨコバチ 📍YOKOBACHI

현지인이 많이 찾는 골목 안 선술집. 좌석은 100석 가까이 되며 다다미방과 정원으로 나뉜다. 생선회와 전골을 비롯해 향토 음식인 바사시, 카라시렌콘 등을 합리적인 가격에 맛볼 수 있다. 언제나 대기가 많으므로 예약이 필수다.

🏃 노면전차 A·B선 스이도초 정류장에서 도보 8분
📍 熊本市中央区上通町上乃裏11-40　🕐 17:00~23:30
(금·토요일 ~24:00), 30분 전 주문 마감
📞 +81-96-351-4581　🏠 www.yokobachi.com

구마모토 야타이무라 熊本屋台村 ♀쿠마모토 야타이무라

야타이무라는 맛있는 음식과 여유를 즐길 수 있는 포장마차 마을이라는 뜻이다. 시모토리와 카미토리를 잇는 번화가에 자리해 매일 사람들로 가득하다. 예스러운 분위기와 더불어 구마모토의 향토 음식과 술을 저렴하게 맛볼 수 있다. 디지털로 작동하는 관광 안내소와 자판기 등 현대인 시설도 갖추고 있어 지역 주민이나 여행자가 편리하게 이용할 수 있다. 등불이 켜진 가운데 입구로 들어서면 카미노요코도리上乃橫通り라 불리는 거리를 기준으로 양옆에 구마모토를 대표하는 17개의 점포가 들어서 있다. 모든 점포에는 각각 카운터가 있으며 에도 시대 때부터 내려오는 전통 그대로 주인 1명과 손님 8명이 함께 어우러지는 형태다. 거리 중앙에는 27개의 양조장에서 만든 고구마 소주를 시음해볼 수 있는 자판기도 있다.

🚶 노면전차 A·B선 토리초스지 정류장에서 도보 1분　🏢 熊本市中央区城東町2-22
🕐 12:00~23:30　❌ 첫째·셋째 수요일　📞 +81-80-4974-2179
🏠 kumamoto-yataimura.com

신선한 맥주의 맛!
산토리 규슈 구마모토 공장

サントリー九州熊本工場 ♪ 산토리 규슈 구마모토 공장

산토리는 일본에 서양의 술 문화를 정착시키기 위해 1899년 사업을 시작했다. 와인과 위스키에 이어 1963년 첫 맥주 상품을 출시한 이후 현재까지 일본 국민에게 많은 사랑을 받고 있다. 도쿄, 교토, 구마모토 총 세 지역에 제조 공정 견학부터 시음까지 모두 체험할 수 있는 산토리 맥주 공장이 있다. 맥주에 관심이 있다면 누구나 좋아할 만한 공간이고 견학도 무료이니 시간이 있다면 참여해보자.

📍 上益城郡嘉島町大字北甘木字八幡水478 🕐 가이드 투어 10:00·10:45·11:30·12:15·13:00·13:45·14:30·15:15, 공장 09:30~17:00, 매장 11:00~16:40 ❌ 연말연시, 공장 휴일 📞 +81-96-237-3860 🏠 www.suntory.co.jp/factory/kyushu-kumamoto

---

 가이드 투어 예약

산토리 맥주 공장을 견학하려면 예약이 필수다. 홈페이지에서 쉽게 예약할 수 있다.
① 홈페이지 접속 → ② 세부 정보 및 예약 → ③ 가이드 투어 → ④ 시간과 날짜, 인원 등의 기본 사항 입력 → ⑤ 확정 메일 수신 → ⑥ 예약 완료

 가는 방법

산토리 맥주 공장은 구마모토 시내에서 40분가량 떨어진 외곽에 위치해 무료 셔틀버스를 운행한다. 구마모토역과 사쿠라마치 버스터미널에서 아래 시간에 탑승할 수 있다.

· **구마모토역** 신칸센 출구로 나와 우회전하면 나오는 단체 버스 승차장에서 탑승

역 출발	가이드 투어 시작	공장 출발
10:15	11:30	13:00

· **사쿠라마치 버스터미널** 2번 승차장에서 탑승

역 출발	가이드 투어 시작	공장 출발
08:50	10:00	11:40
12:20	13:45	15:10
14:00	15:15	16:45

★ 10:45, 12:15, 13:00, 14:30에 시작하는 가이드 투어는 시작 시간에 맞는 셔틀버스를 운행하지 않으므로 자동차나 대중교통, 택시 등을 이용해 방문해야 한다.

 투어 과정

① 기본적으로 견학은 일본어로 진행되므로 오디오 가이드가 필수다. 스마트폰에 '이어폰 가이드' 앱을 다운로드하면 모든 과정을 한국어로 들을 수 있으니 투어 시작 전에 미리 설치하자.

② 맥주의 기본이 되는 심층수를 얻는 과정부터 재료를 배합하고 제조하는 과정, 자동화 시스템으로 맥주가 완성되는 모습까지 직접 관찰할 수 있다.

③ 공장 견학이 끝나면 시음실에서 총 3번의 시음이 진행되는데, 갓 만든 신선한 맥주를 맛볼 수 있는 기회다.

위대한 자연의 경이로움

아소 阿蘇

아소는 구마모토현 동북부, 구마모토시에서 약 50km 떨어진 규슈 산지에 자리한다.
아소다니阿蘇谷라 불리는 평원과 아소 쿠주 국립공원이 위치한 산지로
이루어져 있다. 웅대한 대자연을 간직해 농업과 축산업이 발달했으며,
자연 그 자체만으로도 사계절 내내 아름다운 풍경을 보여준다. 해마다 수많은 관광객이
아소의 대표 화산군인 아소오악阿蘇五岳과 자연의 경이로움을 만끽하기 위해 찾아온다.

이동 방법

구마모토역		아소역	사쿠라마치 버스터미널		아소역 앞
	특급 ⏱ 1시간 15분 ¥ 1,880엔			규슈횡단버스/특급 야마비코호 ⏱ 1시간 20분 ¥ 1,530엔	

아소 여행의 시작

아소역 阿蘇駅 📍아소

구마모토현 아소시에 위치한 아소역은 2면 2선식 구조를 갖춘 JR역으로 산코버스의 아소화구선을 비롯해 시내·시외버스 정류장을 겸한다. 아소역 앞에는 구마모토현 곳곳에 위치한 원피스 캐릭터 동상 중 우솝의 동상이 설치되어 있으며, 동상 뒤로 펼쳐지는 아소산의 풍경이 압권이다.

📍阿蘇市黒川1444-2 🕐 관광안내소 09:00~17:00
📞 +81-96-734-1600

여행자의 발이 되어주는 **아소화구선** 阿蘇火口線

아소 쿠주 국립공원에 가려면 아소역과 아소 산조 터미널을 잇는 아소화구선 버스를 이용해야 한다. 나카다케 화구와 쿠사센리 전망대 등 다양한 장소를 둘러보려면 1일권이 필수다. 승차권은 아소역 안 산코버스 안내소에서 구입할 수 있다. 아소역 앞에서 아소 산조 터미널까지 35분 정도가 소요되며 산큐패스도 이용 가능하다.

🕐 아소역 앞 출발 09:55~14:55(8대), 아소 산조 터미널 출발 11:35~16:30(9대) ¥ 730엔, 1일권 1,500엔 🏠 www.sankobus.jp/bus/asosen/jikoku

노선 아소에키마에 阿蘇駅前 ↔ 내셔널파크 인포메이션센터 ナショナルパークインフォメーションセンター → 아에조마에 野営場前 → 쿠사센리(아소카잔하쿠부츠칸마에) 草千里(阿蘇火山博物館前) → 헬리포트마에 ヘリポート前 → 아소 산조 터미널 阿蘇山上ターミナル

등산 후 즐기는 힐링의 시간

유메노유 夢の湯 📍아소 보초 온천 유메

아소 쿠주 국립공원 관람 후 가볍게 즐기기 좋은 천연 온천이다. 숲이 보이는 노천온천과 사우나를 갖추고 있다. 대중탕 외에 가족탕도 보유하는데, 개수가 한정되어 있으니 이용하려면 미리 예약하는 것을 추천한다. 온천 입구에는 무료 족욕탕도 있어 등산으로 쌓인 피로를 풀고 돌아가기에 좋다.

🚶 아소역에서 도보 2분 📍阿蘇市黒川1538-3
🕐 대욕장 10:00~22:00, 가족탕 14:00~22:00, 30분 전 입장 마감
❌ 첫째·셋째 월요일(공휴일인 경우 다음 날)
¥ 일반 400엔, 초등학생 200엔 📞 대욕장 +81-96-735-5777,
가족탕 +81-96-734-0021 🏠 www.aso.ne.jp/~yumenoyu

아소의 광활한 대자연 그 자체
아소 쿠주 국립공원
阿蘇くじゅう国立公園
🔍 아소쿠주 국립공원

1934년 국립공원으로 지정되었으며 약 726km²에 이르는 커다란 면적이 규슈 중앙부의 구마모토현과 오이타현에 걸쳐 펼쳐져 있다. 5개의 거대한 칼데라 위로 솟아오른 아소산과 북쪽으로 늘어선 쿠주산맥 등의 화산군 그리고 주변에 펼쳐진 완만한 초원이 이곳의 매력이다. 유황 가스를 뿜어내는 화산 지형과 쿠주 고원, 타데와라 습지タデ原湿原 등 학술적으로 가치가 높은 자연 환경이 그대로 보존되어 있다. 산과 동식물이 어우러지는 지구의 위대함을 느끼며 트레킹과 분화구 체험 등을 하기 위해 매년 많은 사람이 국립공원을 찾는다. 단, 대중교통을 이용해 방문할 수 있는 곳은 한정적이기 때문에 다양하게 둘러보려면 렌터카를 이용하는 것이 좋다. 그 밖에 열기구, 패러글라이딩 등의 액티비티를 통해 하늘에서 아소 쿠주 국립공원을 즐길 수도 있다.

📍 阿蘇市黒川1180 📞 +81-96-734-0254 🏠 www.env.go.jp/park/aso
열기구 예약 experiences.travel.rakuten.com/experiences/22371
패러글라이딩 예약 experiences.travel.rakuten.com/experiences/22246

이동 중 놓치지 말자!
코메즈카 米塚 🔍 Komezuka

높이가 80m가량 되는 봉우리로 약 3000년 전 분화에 의해 형성되었다. 일본 내에서도 가장 균형이 잘 잡힌 언덕으로 손꼽히며, 아소를 소개하는 팸플릿에 자주 등장하는 단골 풍경으로 제주도의 오름과 비슷하게 생겼다. 원뿔 모양에 꼭대기 부근이 움푹 들어간 형태가 특징이다. 부드러운 초원으로 덮여 있어 봄여름에 많은 사진가가 녹색으로 물든 아름다운 경치를 촬영하러 찾아온다. 아소화구선 버스를 타고 이동하는 도중에 볼 수 있으며, 가까이서 보려면 근처에 버스 정류장이 없어서 차량을 이용해야 한다. 보호를 위해 출입은 금지되어 있다.

화산은 지금도 활발하게 활동 중

아소 나카다케 화구 阿蘇中岳火口

🔍 아소산 나카타케 화구

울퉁불퉁한 용암이 펼쳐지는 '아소 칼데라'는 동서 18km, 남북 25km라는 세계 최대의 규모를 자랑한다. 칼데라 안에 형성된 화산군은 5개로 보통 아소오악(네코다케根子岳·

타카다케高岳·나카다케中岳·에보시다케烏帽子岳·키시마다케杵島岳)이라 불리는데, 그중에서도 나카다케는 현재까지도 화산 활동이 가장 활발히 이루어져 연기를 내뿜는 역동적인 분화구를 눈앞에서 관람할 수 있다. 직경 약 600m, 깊이 약 130m, 둘레 4km에 이르는 거대한 분화구를 마주하는 것만으로도 충분히 방문할 가치가 있으며, 주변에 자욱한 유황 냄새와 용암이 표출된 산 표면을 통해 지구의 숨결을 가까이에서 느껴볼 수 있다. 다만 날씨에 따라 분화구 근처에 갈 수 없는 경우도 있으니 사전에 아소화산방재회의협의회 홈페이지에서 방문 가능 여부를 확인하자.

🚶 ① 아소산 화구 셔틀버스 나카다케 화구 정류장에서 도보 3분
② 아소 산조 터미널에서 도보 27분 📍 阿蘇市黒川字阿蘇山
🕐 08:30~18:00(11월 ~17:30, 12/1~3/19 ~17:00), 30분 전 입장 마감
📞 +81-96-734-0554 🏠 www.aso-volcano.jp

아소산 화구 셔틀버스 阿蘇山火口シャトル

아소 산조 터미널에서 나카다케 화구까지는 거리가 약 1.5km다. 트레킹하기 좋은 산책로가 조성되어 있지만 경사가 있어 관절이나 체력이 안 좋다면 걸어가기 힘들 수도 있다. 이 경우 나카다케 화구까지 한 번에 가는 아소산 화구 셔틀버스를 이용하면 된다. 약 6분이 소요되며 하루에 10대만 운행하니 시간표를 잘 확인해야 한다. 또한 첫차는 단체 여행자를 위한 예약제로 운행하므로 개인 여행자는 그다음 시간(터미널 출발 09:45, 화구 출발 10:15) 버스부터 이용 가능하다. 산큐패스는 사용할 수 없으며, 화산 상황에 따라 운행하지 않는 경우도 있으니 이용 전 홈페이지를 꼭 확인하자.

🕐 아소 산조 터미널 출발 09:45~15:45, 나카다케 화구 출발 10:15~16:15, 하루 10대 운행 ¥ 편도 600엔
📞 +81-96-734-0411 🏠 www.kyusanko.co.jp/aso/business

광활한 아소를 눈에 담다

쿠사센리 전망대 草千里展望所

🔍 쿠사센리 전망대

쿠사센리는 나카다케 화구 근방에 형성된 지름 1km 정도의 분지를 가리킨다. 아소오악 중 하나인 에보 시다케 북쪽에 있으며, 언덕을 따라 오르면 해발 1,100m에서 쿠사센리 전망대와 마주치게 된다. 전망 대에 서면 아소산이 파노라마 뷰로 펼쳐지는데, 남쪽 으로는 쿠사센리 초원이, 동쪽으로는 나카다케 화구 가 보인다. 북쪽으로는 아소 계곡, 서쪽으로는 구마모 토 평야를 한눈에 조망할 수 있다. 2016년 구마모토 지진으로 전망대가 붕괴되면서 이전보다 훨씬 높은 위 치로 자리를 옮겼다. 전망대 개축 이후 경관이 더 좋아 지면서 한층 더 유명해졌다.

🚶 쿠사센리(아소카잔하쿠부츠칸마에) 정류장에서 도보 2분
📍 阿蘇市永草1662-9 📞 아소지역진흥국 농림부 임업과
+81-96-722-2312 🏠 www.city.aso.kumamoto.jp/
tourism/spot/view_place

아소의 모든 것을 배우다

아소 화산 박물관 阿蘇火山博物館

🔍 아소 화산 박물관

쿠사센리에 위치한 아소 화산 박물관은 아소산의 형성과 지형, 지질, 일본과 세계의 화산, 나카다케의 화산 활동, 초원과 사람의 관계, 동식물 등에 관한 내용을 전시한다. 나카다케 화구에 방문이 불가능한 경우를 대비해 실시간으로 분화구를 관찰할 수 있는 스크린도 있어서 분화구를 소리와 함께 현장감 넘치게 감상할 수 있다. 5개의 스크린을 가진 다목적 홀에서는 아소의 문화적 풍경을 살펴볼 수 있는 영상도 상영한다. 단, 한국어 설명이 제대로 되어 있지 않고 규모도 크지 않은 편이라 화산에 흥미가 없다면 꼭 방문할 필요는 없다.

🚶 쿠사센리(아소카잔하쿠부츠칸마에) 정류장에서 도보 1분
📍 阿蘇市赤水1930-1 🕐 09:00~17:00, 30분 전 입장 마감
💴 일반 1,100엔, 초등학생 550엔 📞 +81-96-734-2111
🏠 www.asomuse.jp

드넓은 초원에서 즐기는 승마

아소 쿠사센리 승마 클럽 阿蘇草千里乗馬クラブ 🔍 아소 구사센리 승마 클럽

광활하게 펼쳐진 쿠사센리의 초원에서 승마 체험을 할 수 있다. 일본에서 가장 순하고 조용한 말들이 있는 승마 클럽이어서 아이들부터 어르신까지 누구나 안전하게 승마를 즐길 수 있다. 코스에 따라 승마 클럽 부근 혹은 초원을 널리 둘러볼 수 있는데, 승마하는 동안 사진이나 동영상 등 모든 촬영이 가능하니 드넓은 초원에서 멋진 추억을 남겨보자. 날씨가 안 좋은 날에는 운영하지 않기도 하니 사전에 체험 가능 여부를 꼭 확인하자.

🚶 쿠사센리(아소카잔하쿠부츠칸마에) 정류장에서 도보 2분 📍 阿蘇市赤水1929
🕐 09:00~16:30 ❌ 12~2월, 날씨에 따라 휴업
💴 **A코스(5분)** 1인승 1,500엔, 2인승 2,500엔,
B코스(20분) 1인승 4,000엔, 2인승 6,000엔,
C코스(25분) 1인승 5,000엔, 2인승 8,000엔
📞 +81-96-734-1765

아소 소고기로 만든 건강한 식사
두스 누카 douce Nucca ♀ douce Nucca

아소를 대표하는 소 '아카우시' 고기를 사용해 요리를 선보이는
서양식 음식점이다. 유리창 너머로 쿠사센리의 광활한 풍경을
바라보며 식사를 즐길 수 있다. 대표 메뉴로 햄버거(세트 2,200
엔), 스테이크(세트 2,800엔) 등이 있으며 제철 재료를 사용한
다양한 음식도 판매한다. 바로 옆에는 구마모토 기념품과 아소
를 모티브로 한 컬래버레이션 상품 등을 판매하는 상점도 함께
운영해 식사 후 둘러보기 좋다.

🚶 쿠사센리(아소카잔하쿠부츠칸마에) 정류장에서 도보 1분
📍 阿蘇市草千里ヶ浜2391-15 🕐 매장 11:00~15:30, 포장 10:30~
16:30 ❌ 부정기 📞 +81-96-734-9700 🏠 doucenucca.jp

아소 우유로 만든 달콤한 한 입
그라스 랜드 GRASS LAND
♀ cafe & shop GLASS LAND

아소 화산 박물관 옆에 자리한 카페로 구마모토의 식재료를 이
용해 만든 간식과 디저트, 음료 등을 맛볼 수 있다. 특히 아소
아이스크림阿蘇アイスクリーム(400엔)은 아소 초원에서 자란 젖
소의 신선한 우유로 만들어 가장 인기가 많다. 진한 우유의 향
과 쫀득한 식감이 탁월하다. 부드러운 소프트아이스크림을 한
손에 쥐고 쿠사센리의 경치를 감상하면서 여유롭게 디저트 타
임을 즐겨보자.

🚶 쿠사센리(아소카잔하쿠부츠칸마에) 정류장에서
도보 1분 📍 阿蘇市赤水1930-1
🕐 10:00~17:00, 30분 전 주문 마감
❌ 부정기 📞 +81-96-734-2530
🏠 asokusasenri_grassland

135

수증기 자욱한 마을

구로카와 온천 黒川温泉

구마모토현 아소산 자락의 북부에 위치한 구로카와는 일본인이 사랑하는 온천 관광지로
보통 구로카와 온천이라 불린다. 마을에는 오래된 전통 료칸 30여 개가 모여 있다.
온천 자체로 유명한 작은 마을이라 편의점이 없고 기념품점이나 음식점도 한정되어 있다.
이런 점 때문에 오히려 일본의 다른 유명 온천 마을에 비해 고즈넉하게 휴식을 즐길 수 있다.
2009년 미쉐린 그린 가이드 재팬에서 온천 관광지로 2스타를 받았고 그 밖에 일본 온천 랭킹에서도
여러 번 1위를 차지했다. 일본 애니메이션 〈센과 치히로의 행방불명〉의 모티브가 된 곳 중 하나다.

이동 방법

사쿠라마치 버스터미널	구로카와 온천
버스 ⏰ 2시간 25분 ¥ 2,800엔	

하카타 버스터미널	구로카와 온천
버스 ⏰ 2시간 35분 ¥ 3,470엔	

온천을 즐기는 투어 패스, 뉴토테가타 入湯手形

구로카와 온천 투어 패스인 뉴토테가타는 구로카와 온천을 더욱 다양하게 즐기기 위해 만들어진
매력적인 패스다. 숙박을 하지 않고도 구로카와 온천 마을에 있는 26개의 온천 중 원하는
노천탕 3곳을 골라 이용할 수 있다. 입욕패는 삼나무와 편백나무로 만든 나무판에 온천을 즐기는 익살맞은
일러스트가 새겨져 있는데, 목걸이 형태여서 휴대하기 편리하고 기념품으로 간직하기에도 좋다.

STEP 1 뉴토테가타 구입 방법

구로카와 온천 안내소인 카제노야에서 현장 구입이 가능한데, 이곳에서는 뉴토테가타뿐
만 아니라 온천 마을의 지도와 추천 료칸, 맛집, 주변 관광지 정보를 모두 얻을 수 있으며
무료 휴게실도 마련되어 있다. 뉴토테가타는 구로카와 온천의 각 료칸에서도 구입 가능
하다.

카제노야 風の舍
📍 구로카와온센黒川温泉 정류장에서 도보 8분 📍 阿蘇郡南小国町満願寺6594-3
🕐 08:30~21:00, 노천탕마다 다름 ❌ 부정기 💴 일반 1,500엔, 초등학생 700엔
📞 +81-96-744-0076 🏠 www.kurokawaonsen.or.jp

STEP 2 뉴토테가타 사용 방법

뉴토테가타 입욕패 뒷면에는 3개의 스티커가 있다. 각 료
칸의 프런트에 입욕패를 제시하면 직원이 뒷면에 있는
스티커 하나를 제거하고 스탬프를 찍어준다. 이후 노천
탕에 입장해 온천을 즐기면 된다. 스티커 개수만큼 노천
탕 3곳을 이용하거나, 노천탕 2곳을 이용하고 남은 하나
로 료칸이나 카제노야에서 간식, 음료, 기념품 등으로 교
환할 수도 있다. 뉴토테가타는 구입일로부터 6개월간 유
효하니 하루에 다 사용하지 못해도 숙박을 하거나 다음
여행에서 사용할 수 있어 편리하다.

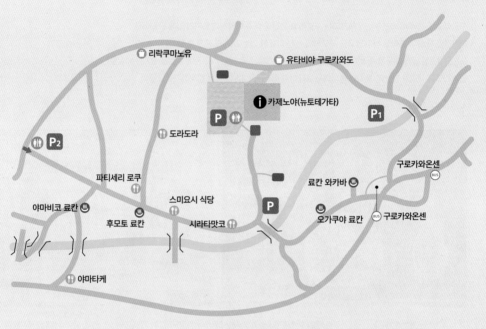

STEP 3 구로카와 추천 온천

구로카와 온천에서 이용할 수 있는 온천 시설은 26곳이나 된다. 각 노천탕은 규모, 풍경, 분위기가 각각 다르기 때문에 어디를 가야 할지 고민이 될 수밖에 없다. 여러 선택지 중 눈 여겨보면 좋을 추천 온천을 소개한다. 참고로 마을 곳곳에 위치한 료칸은 입욕 정보와 운영 시간이 매일 바뀌니 카제노야에서 당일 오전에 업데이트되는 지도를 확인하거나 홈페이지를 통해 확인한 후 방문하자.

리락쿠마노유
유타비야 구로카와도
카제노야(뉴토테가타)
P
P1
P2
도라도라
파티세리 로쿠
구로카와온센
야마비코 료칸
스미요시 식당
료칸 와카바
후모토 료칸
시라타맛코
P
구로카와온센
오가쿠야 료칸
야마타케

① **후모토 료칸** ふもと旅館 ♀후모토 료칸

추천 자연 속 한적한 노천탕을 찾는 20~30대 여성
샤워 시설× **수건**× **온천 분류** 염화나트륨천·
황산염천 **온천 온도** 95.8℃

구로카와 온천의 중심가인 카와바타도리川端通り 중앙에 위치한 예스러운 분위기의 료칸으로 위치가 가장 좋다. 노천탕은 남탕과 여탕이 1개씩 있다. 가파른 돌계단을 따라 들어가면 가장 한적한 곳에 대나무 숲으로 둘러싸인 여탕 우엔유ぅえん湯가 있고, 남탕 모미지노유もみじの湯는 강변에 위치해 강물 흐르는 소리를 들으며 온천을 즐길 수 있다. 료칸 입구에는 온천 증기를 얼굴에 쐬는 카오유顔湯가 있는데, 온천을 이용하지 않아도 사용할 수 있다.

📍 阿蘇郡南小国町満願寺6697 📞 +81-96-744-0918
🏠 www.fumotoryokan.com

② 야마비코 료칸 やまびこ旅館 ♀ 야마비코 료칸

추천 넓은 노천탕에서 여유를 즐기고 싶은 30~40대
남성 **샤워 시설**× **수건**× **온천 분류** 염화나트륨천·
수소탄산염천 **온천 온도** 83℃

구로카와 온천 마을 가장 안쪽에 위치한 고풍스러운
분위기의 료칸으로 타노하루가와田の原川라는 강이 흐
르는 풍경을 감상할 수 있다. 구로카와 온천 마을에서
가장 큰 노천탕인 센닌부로(대)仙人風呂(大)는 남탕으
로 사계절의 풍경을 즐기며 온천욕을 할 수 있다. 센닌
부로(소)仙人風呂(小)는 여탕으로 남탕보다 크기가 작은
대신 어깨까지 몸을 담글 수 있을 만한 깊이다. 샤워 시
설과 수건 대여는 없지만 탈의실이 넓고 규모가 커서
언제나 한적하게 이용할 수 있다.

♀ 阿蘇郡南小国町満願寺6704 ☎ +81-96-744-0311
🏠 yamabiko-ryokan.com

③ 오캬쿠야 료칸 御客屋旅館 ♀ 오가쿠야

추천 옛 온천의 매력을 느끼고 싶은 40~60대 남녀
샤워 시설× **수건**× **온천 분류** 황산나트륨천·염화물천,
염화나트륨천·황산염천 **온천 온도** 80.9℃

에도 시대 말부터 현재까지 300년이 넘는 역사를 가진 유
서 깊은 료칸이다. 노천탕을 남녀 각각 1개씩 운영한다. 강
변을 따라 이어지는 다이칸노유代官の湯는 어른 10명 정
도가 들어갈 수 있을 정도로 넓고 개방감이 있다. 노천탕
주변을 나무 벽이 가리고 있어 경치가 제한되지만, 물에
천연 보습 성분이라 불리는 메타규산이 많이 함유되어 있
어 피부가 매끈해진다. 단, 샤워 시설과 수건 대여는 없다.

🚶 구로카와온센黒川温泉 정류장에서 도보 3분
♀ 阿蘇郡南小国町大字満願寺6546 ☎ +81-96-744-0454
🏠 www.okyakuya.jp

④ 료칸 와카바 旅館わかば ♀ 와카바 료칸

추천 남녀노소 누구나 **샤워 시설**○ **수건**× **온천 분류**
단순천(저장성 약산성 고온천) **온천 온도** 63.6℃

구로카와 온천에서 가성비 좋은 료칸으로 많은 사람에게
선택받는 곳이다. 남녀 노천탕은 모두 나무로 둘러싸여 있
고 미백 효과가 뛰어나다는 여탕 케쇼노유化粧の湯, 시냇
물 소리를 들으며 물속에 누워 있을 수 있는 남탕 효탄노
유瓢箪の湯를 운영한다. 노천탕에는 나무 지붕이 있어 비
나 눈이 와도 편하게 이용할 수 있다. 샤워 시설 및 실내
탕과 이어져 있어 함께 사용할 수 있다는 장점도 있다. 전
반적으로 부족한 것이 없어 이용 만족도가 높다.

🚶 구로카와온센黒川温泉 정류장에서 도보 2분
♀ 阿蘇郡南小国町大字満願寺6431 ☎ +81-96-744-0500
🏠 www.ryokanwakaba.com

리락쿠마와 온천의 조화
리락쿠마노유 りらっくまの湯

일본의 인기 캐릭터 리락쿠마를 이용한 다양한 기념품을 판매한다. 특히 온천을 콘셉트로 한 구로카와 온천 한정 상품이 많다. 입구 앞에는 유카타를 입은 큰 리락쿠마 인형이 있어 사진 촬영 장소로도 인기 있다. 인형 이외에도 옷, 가방, 액세서리 등 실생활에 활용할 수 있는 물건도 다양하게 구비되어 있다.

🚶 구로카와온센黒川温泉 정류장에서 도보 8분
📍 阿蘇郡南小国町満願寺6695-4 ⏰ 09:30~17:00(3/6~5/5, 10/6~12/5 ~17:30) ❌ 부정기 📞 +81-96-744-0545
🏠 rilakkumasabo.jp

온천 관련 상품의 집합체
유타비야 구로카와도 湯旅屋黒川堂
📍 Kurokawa Onsen YUTABIYA KUROKAWADO

구로카와 온천 마을을 콘셉트로 꾸민 기념품점이다. 규슈를 중심으로 일본 전국에서 수집한 온천 관련 아이템 300여 종이 진열되어 있다. 특히 수작업으로 만든 일본의 나막신인 게타下駄, 통기성이 뛰어난 고무줄 바지 온천몬페溫泉もんぺ, 편백나무 대야인 히노키유오케檜湯桶 등 온천 하면 떠오르는 대표 상품을 구입할 수 있다.

🚶 구로카와온센黒川温泉 정류장에서 도보 9분
📍 阿蘇郡南小国町萬願寺6592-2 ⏰ 09:30~12:00, 13:00~17:30 ❌ 화·수요일 📞 +81-90-6455-0020
🏠 kurokawa-kurokawado.jp

집밥 스타일의 향토 음식
스미요시 식당 すみよし食堂 📍 스미요시쇼쿠도

구로카와 온천 마을의 중심가인 카와바타도리에 위치한 음식점이다. 4인용 테이블 1개와 바테이블이 전부인 작은 규모지만 아늑하고 편안하다. 구마모토현의 향토 음식인 갓절임을 섞은 밥 타카나메시たかなめし와 냉우동 세트(800엔)를 비롯해 카츠동かつ丼(850엔), 짬뽕챤폰(700엔) 등 일본 가정식을 맛볼 수 있다.

🚶 구로카와온센黒川温泉 정류장에서 도보 4분
📍 阿蘇郡南小国町大字満願寺黒川6603
⏰ 11:00~18:00, 30분 전 주문 마감 ❌ 부정기
📞 +81-96-744-0657

일본식 화로 앞에서 즐기는 건강식

야마타케 やまたけ

🔍 「야마노이부키」 자연 마 요리 야마다케

구로카와 온천 마을 외곽 도로변에 위치한 음식점으로 마를 이용한 요리 등을 선보이며 신선한 재료 본연의 맛을 추구한다. 내부는 일본식 가옥의 다다미방 형태이며 각 테이블마다 일본식 화로인 이로리囲炉裏가 있다. 모래 바닥 중앙에 숯을 두고 그 주변에 꼬치에 끼운 고기와 채소, 생선 등을 꽂아 구워 먹는다. 구마모토의 자연산 참마를 활용한 다채로운 요리를 즐길 수 있는 세트 메뉴(2,000엔~)가 인기이며 생선과 채소 위주의 오구니덴가쿠젠小国田楽膳(2,000엔) 혹은 모든 종류를 맛볼 수 있는 야마타케젠やまたけ膳(3,500엔)을 추천한다.

🚶 구로카와온센黒川温泉 정류장에서 도보 8분
📍 阿蘇郡南小国町大字満願寺6994 🕐 평일 11:00~16:00, 주말 10:30~ 20:00, 1시간 전 주문 마감 ❌ 수·목요일
📞 +81-96-744-0930 🏠 www.yamatakeweb.com

구로카와 온천의 간식 맛집

시라타맛코 白玉っ子 🔍 시라타맛고

아소산 찹쌀을 맷돌에 갈아 만든 시라타마(경단) 전문점.

🚶 구로카와온센川温泉 정류장에서 도보 4분
📍 阿蘇郡南小国町黒川温泉川端通り6600-2
🕐 11:00~16:30(주말 ~17:00) ❌ 부정기
📞 +81-96-748-8228 📷 shiratamakko_kurokawa

콩가루를 올린
키나코 시라타마きな粉白玉 700엔

여름 한정 빙수인
유키야마雪山 950엔

도라도라 どらどら 🔍 도라도라

반죽까지 직접 구워 만드는 도라야키 전문점.

🚶 구로카와온센黒川温泉 정류장에서 도보 6분
📍 阿蘇郡南小国町大字満願寺黒川6612-2
🕐 09:00~18:00 ❌ 수·금요일 📞 +81-96-748-8228
🏠 kurokawa-kaze.com

찹쌀떡과 팥소가 들어간
도라도라버거どらどらバーガー
350엔

팥소가 들어간
쿠로도라黒どら
180엔

파티세리 로쿠 パティスリー麓 🔍 파티세리 로쿠

서양식 과자 전문점으로 다양한 디저트를 판매한다.

🚶 구로카와온센黒川温泉 정류장에서 도보 6분
📍 阿蘇郡南小国町満願寺6610-1 🕐 09:00~17:00
❌ 화요일 📞 +81-96-748-8101 🏠 kurokawa-roku.jp

소금 누룩 슈크림
塩麴シュークリーム
300엔

부드러운 저지 밀크 푸딩
ジャージーミルクプリン
380엔

일본의 대표 온천 도시
오이타 大分

규슈 동부에 위치한 오이타는 아소산 동쪽 화산 지대에 속한다. 오이타를 대표하는 로고 마크가 온천의 수증기를 상징할 정도로 온천으로 유명한 도시라 '온천현縣'이라 불리기도 한다. 게다가 예로부터 닭고기를 이용한 요리가 발달한 도시여서인지 일본에서 닭고기 소비량 1위를 차지한다. 이전에는 후쿠오카 버스 투어로 벳푸나 유후인의 주요 관광지만 들르는 경우가 많았지만, 인천-오이타 노선이 취항하면서 많은 사람이 온천과 먹거리가 풍부한 오이타의 매력을 느끼기 위해 찾아오고 있다.

오이타 공항
버스 55분
버스 20분 칸나와
벳푸
JR 15분 오이타
버스 1시간
버스 1시간 30분
JR 45분
우스키

관광안내소

오이타역 종합관광안내소

🚶 오이타역 1층 📍 大分市要町1-1 🕐 08:30~19:00
📞 +81-97-532-0723 🏠 www.oishiimati-oita.jp/support/364

오이타
이동 루트

오이타 직항 편은 제주항공에서 운항하며, 오이타 공항에서 시내까지는 공항버스로 약 1시간이 소요된다. 후쿠오카에서 오이타로 이동하는 경우도 많으며, 오이타에서 벳푸, 유후인 등 오이타현 대표 온천 마을로도 편리하게 이동할 수 있다.

이동 시간

인천 국제공항

비행기 1시간 55분

오이타 공항

공항버스 1시간

오이타역

오이타 공항에서 이동 ✈

오이타 공항은 한 건물에서 국제선(1층)과 국내선(1~3층)을 함께 운영한다. 공항에서 오이타 시내로 갈 때는 공항버스空港バス가 가장 편리하다. 공항버스는 국내선 및 국제선 비행기 도착 시간에 맞춰 운행하는데, 운행 편수가 비교적 많은 편이다. 정확한 버스 시간은 유동적이니 공항 홈페이지에서 시간표를 확인하자. 공항 규모는 크지 않아 출구 밖으로 나오면 버스 정류장을 쉽게 찾을 수 있다. 오이타 시내와 벳푸로 가는 공항버스는 1번 혹은 2번 승차장에서 탑승하고, 우스키행 버스는 하루 3대만 운행한다.

오이타 공항 大分空港 ♀ 国東市安岐町下原13
🕐 **공항버스** 오이타 시내행 08:20~21:40 📞 +81-097-867-1174 🏠 www.oita-airport.jp

오이타 공항 족욕탕

온천의 도시답게 공항 1층 도착 로비에 족욕을 무료로 즐길 수 있는 공간이 있다. 넉넉하게 14석이 준비되어 있으니 여행의 시작과 끝을 편백나무 욕조에서 즐겨 보기를 추천한다. 족욕 후 발을 닦을 수 있는 수건(380엔)도 판매한다.
🕐 09:30~19:00

공항 출발지	소요 시간 / 요금	도착지
1·2번 승차장	공항버스 1시간 / 1,600엔	오이타역 앞
	공항버스 50분 / 1,600엔	벳푸 키타하마
	공항버스 55분 / 1,600엔	벳푸역 앞
4번 승차장	공항버스 1시간 30분 / 2,500엔	우스키 IC

주변 지역에서 JR로 이동

오이타를 오가는 신칸센 노선은 없다. 후쿠오카 하카타에서 특급 소닉ソニック을 타고 한 번에 오이타로 이동할 수 있다. 하카타에서 오이타로 가는 JR 열차는 쾌속, 보통을 이용하며 정차하는 역이 많고 최소 2회 이상 환승해야 한다. 벳푸와 오이타를 오가는 특급과 보통 열차는 모두  한 번에 이동하며 소요 시간에 큰 차이는 없다. 구마모토에서 오이타까지는 관광 열차 특급 아소보이! 혹은 규슈횡단특급으로 한 번에 이동한다. JR 열차는 최소 2회 환승을 하며 시간도 오래 걸린다. 미야자키에서는 특급 니치린にちりん을 타고 한 번에 오이타로 이동한다. JR 열차는 최소 2회 환승이 필요하다.

JR규슈 🏠 www.jrkyushu.co.jp

출발지	소요 시간 / 요금	도착지	JR규슈 레일패스
하카타	쾌속 4시간 15분(환승) / 3,740엔	오이타	북큐슈
	특급 2시간 5분 / 5,940엔		
벳푸	보통 15분 / 280엔		
	특급 10분 / 780엔		
구마모토	보통 4시간(환승) / 3,300엔		북/남큐슈
	특급 3시간 10분 / 5,100엔		
우스키	보통 45분 / 760엔		남큐슈
	특급 35분 / 1,510엔		
미야자키	보통 4시간 55분(환승) / 4,070엔		
	특급 3시간 15분 / 6,470엔		

주변 지역에서 버스로 이동

오이타는 규슈의 북동쪽에 해당하여 산큐패스 북큐슈 티켓을 이용할 수 있는 지역이다. 오이타교통大分交通과 오이타버스大分バス를 이용해 공항과 규슈 각지 및 근교의 주요 도시들을 오갈 수 있다. 벳푸를 오가는 노선은 대부분 오이타교통 혹은 카메노이버스亀の#バス를 이용한다. 가고시마와 미야자키에서 오이타를 오가는 직행버스는 없고 환승하면 구마모토 방면으로 돌아가기 때문에 추천하지 않는다.

🏠 오이타버스 www.oitabus.co.jp, 오이타교통 www.oitakotsu.co.jp, 카메노이버스 kamenoibus.com

출발지	소요 시간 / 요금	도착지	산큐패스
후쿠오카 공항 국제선	2시간 5분 / 3,250엔	카나메마치(오이타역 고속버스 정류장)	북큐슈
하카타 버스터미널	2시간 40분 / 3,250엔		
니시테츠 텐진 고속버스 터미널	2시간 20분 / 3,250엔		
구마모토역 앞	3시간 45분 / 3,700엔		
벳푸역 앞	35분 / 510엔	오이타역 앞	
칸나와 온천	55분 / 800엔		
우스키역	1시간 25분 / 1,350엔		
나가사키역 앞	4시간 20분 / 4,720엔	추오도리	

오이타
시내 대중교통

오이타의 관광지는 대부분 도보로 이동이 가능하다. 전철과 시내버스가 있지만 관광객이 이용할 일은 거의 없다. 중심가에서 떨어진 관광지도 시내에서 아주 멀지는 않기 때문에 택시를 타고 이동해도 기본요금 수준이라 부담이 크지 않다.

시내버스 市内バス

오이타 시내 중심부터 시외 지역까지 다양한 노선의 시내버스를 운행한다. 다만 오이타의 관광지 대부분이 오이타역 주변에 모여 있어 여행자가 시내버스를 이용할 일은 많지 않다. 시내에서는 오히려 순환버스 1일권을 끊어서 다니는 것이 이득이다. 칸자키나 벳푸의 칸나와 방면으로 이동할 때 시내버스를 이용하면 편리하다.

¥ 200엔~

순환버스
오이타캰버스
大分きゃんバス

오이타시 중심부를 돌며 오이타역과 오이타 현립 미술관 등을 연결하는 시가지 순환버스로 하루 18회 운행된다. 편도 100엔, 1일권 200엔으로 오이타 버스종합안내소 혹은 오이타역 앞 버스 센터 그리고 'Japan Transit Planner' 앱에서도 구입할 수 있다. 교통카드와 산큐패스로도 이용 가능하다.

🕐 기점 기준 08:00~17:45(주말 09:45~), 하루 18회(주말 16회) 운행 ¥ 100엔, 1일권 200엔
🏠 www.city.oita.oita.jp/o171/machizukuri/kotsu/1505442959092.html

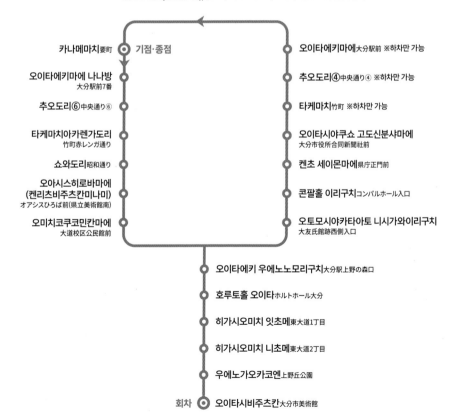

	기점·종점	오이타에키마에 大分駅前 ※하차만 가능
카나메마치 要町		
오이타에키마에 나나방 大分駅前7番		추오도리 ④ 中央通り④ ※하차만 가능
추오도리 ⑥ 中央通り⑥		타케마치 竹町 ※하차만 가능
타케마치아카렌가도리 竹町赤レンガ通り		오이타시야쿠쇼 고도신분샤마에 大分市役所合同新聞社前
쇼와도리 昭和通り		켄초 세이몬마에 県庁正門前
오아시스히로바마에 (켄리츠비주츠칸미나미) オアシスひろば前(県立美術館南)		콤팔홀 이리구치 コンパルホール入口
오미치코쿠코민칸마에 大道校区公民館前		오토모시야카타아토 니시가와이리구치 大友氏館跡西側入口

오이타에키 우에노노모리구치 大分駅上野の森口

호루토홀 오이타 ホルトホール大分

히가시오미치 잇초메 東大道1丁目

히가시오미치 니초메 東大道2丁目

우에노가오카코엔 上野丘公園

회차 오이타시비주츠칸 大分市美術館

오이타 2박 3일
추천 코스

오이타는 관광지가 많지 않은 편이라 하루 정도만 둘러봐도 충분하다. 따라서 오이타보다는 벳푸에 중점을 두고 여행하는 것을 추천한다. 온천이 유명한 지역이므로 도시 곳곳에 위치한 온천을 즐기거나 오이타를 대표하는 향토 음식을 맛보는 코스로 여유롭게 둘러보기 좋다.

예상 경비

식비 10,000엔~ + 입장료 8,940엔
+ 교통비 1,730엔 + 쇼핑 비용
= 총 20,670엔~

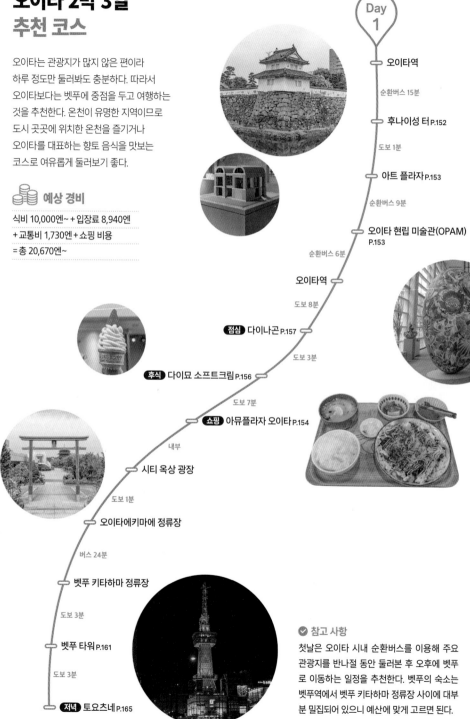

Day 1

● 오이타역

　순환버스 15분

● 후나이성 터 P.152

　도보 1분

● 아트 플라자 P.153

　순환버스 9분

● 오이타 현립 미술관(OPAM)
　P.153

　순환버스 6분

● 오이타역

　도보 8분

● **점심** 다이나곤 P.157

　도보 3분

● **후식** 다이묘 소프트크림 P.156

　도보 7분

● **쇼핑** 아뮤플라자 오이타 P.154

　내부

● 시티 옥상 광장

　도보 1분

● 오이타에키마에 정류장

　버스 24분

● 벳푸 키타하마 정류장

　도보 3분

● 벳푸 타워 P.161

　도보 3분

● **저녁** 토요츠네 P.165

● 참고 사항

첫날은 오이타 시내 순환버스를 이용해 주요 관광지를 반나절 동안 둘러본 후 오후에 벳푸로 이동하는 일정을 추천한다. 벳푸의 숙소는 벳푸역에서 벳푸 키타하마 정류장 사이에 대부분 밀집되어 있으니 예산에 맞게 고르면 된다.

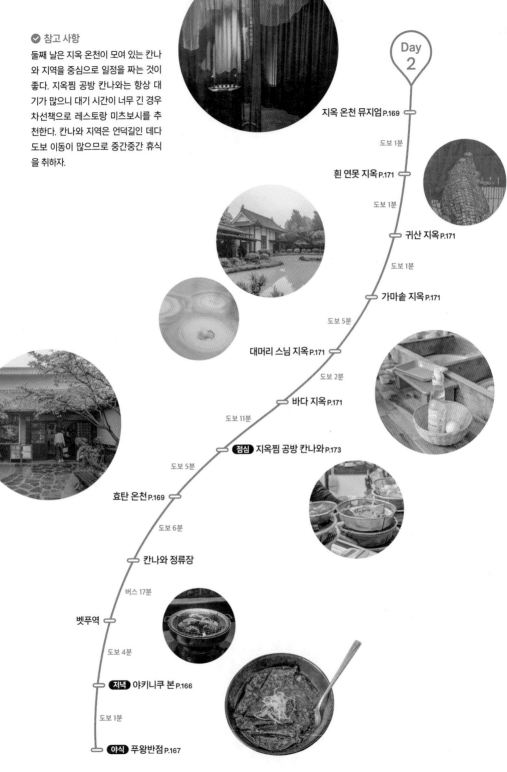

참고 사항

둘째 날은 지옥 온천이 모여 있는 칸나와 지역을 중심으로 일정을 짜는 것이 좋다. 지옥찜 공방 칸나와는 항상 대기가 많으니 대기 시간이 너무 긴 경우 차선책으로 레스토랑 미츠보시를 추천한다. 칸나와 지역은 언덕길인 데다 도보 이동이 많으므로 중간중간 휴식을 취하자.

Day 2

지옥 온천 뮤지엄 P.169

도보 1분

흰 연못 지옥 P.171

도보 1분

귀산 지옥 P.171

도보 1분

가마솥 지옥 P.171

도보 5분

대머리 스님 지옥 P.171

도보 2분

바다 지옥 P.171

도보 11분

점심 지옥찜 공방 칸나와 P.173

도보 5분

효탄 온천 P.169

도보 6분

칸나와 정류장

버스 17분

벳푸역

도보 4분

저녁 야키니쿠 본 P.166

도보 1분

야식 푸왕반점 P.167

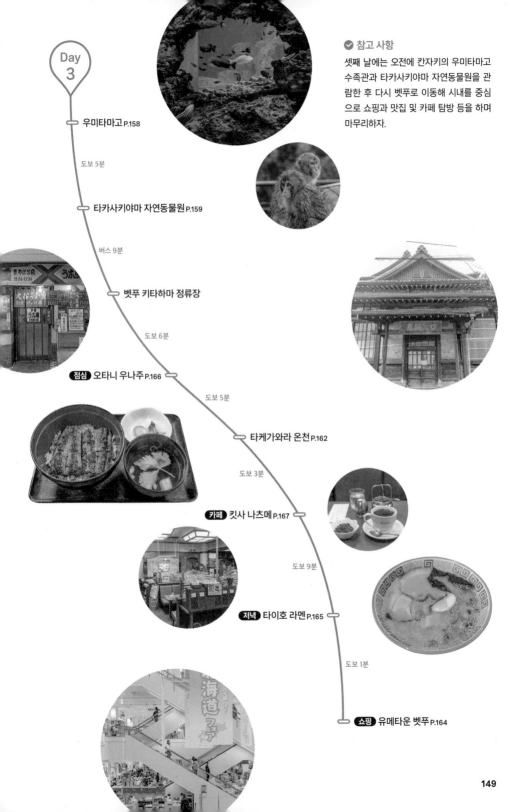

Day
3

우미타마고 P.158

도보 5분

타카사키야마 자연동물원 P.159

버스 9분

벳푸 키타하마 정류장

도보 6분

점심 오타니 우나주 P.166

도보 5분

타케가와라 온천 P.162

도보 3분

카페 킷사 나츠메 P.167

도보 9분

저녁 타이호 라멘 P.165

도보 1분

쇼핑 유메타운 벳푸 P.164

✔ 참고 사항

셋째 날에는 오전에 칸자키의 우미타마고
수족관과 타카사키야마 자연동물원을 관
람한 후 다시 벳푸로 이동해 시내를 중심
으로 쇼핑과 맛집 및 카페 탐방 등을 하며
마무리하자.

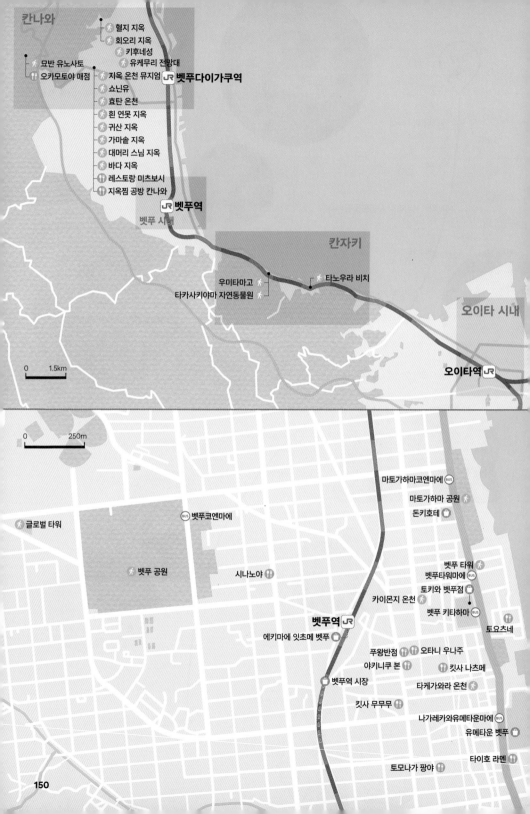

칸나와

- 혈지 지옥
- 회오리 지옥
- 키후네성
- 유케무리 전망대
- 묘반 유노사토
- 오카모토야 매점
- 지옥 온천 뮤지엄 　JR 벳푸다이가쿠역
- 쇼닌유
- 효탄 온천
- 흰 연못 지옥
- 귀산 지옥
- 가마솥 지옥
- 대머리 스님 지옥
- 바다 지옥
- 레스토랑 미츠보시
- 지옥찜 공방 칸나와

　JR 벳푸역

벳푸 시내

칸자키

- 우미타마고
- 타카사키야마 자연동물원
- 타노우라 비치

오이타 시내

오이타역 　JR

0 　1.5km

0 　250m

- 글로벌 타워

마토가하마코엔마에 BUS
- 마토가하마 공원
- 돈키호테

- 벳푸코엔마에 BUS

- 벳푸 공원

- 시나노야

- 벳푸 타워
- 벳푸타워마에 BUS
- 토키와 벳푸점
- 카이몬지 온천
- 벳푸 키타하마 BUS
- 토요츠네

벳푸역 　JR

- 에키마에 잇초메 벳푸

- 푸왕반점
- 오타니 우나주
- 야키니쿠 본
- 킷사 나츠메
- 벳푸역 시장
- 타케가와라 온천

- 킷사 무무무

- 나가레카와유메타운마에 BUS
- 유메타운 벳푸

- 타이호 라멘

- 토모나가 팡야

150

오이타
상세 지도

N
W   E
S

0   150m

④ 돈키호테

③ 카스가 신사

아트 플라자 ②   후나이성 터 ①

④ 오이타 현립 미술관(OPAM)

BUS 오아시스히로바마에   쇼와도리 BUS   오이타시야쿠쇼 고도신분샤마에 BUS
(켄리츠비주츠칸미나미)

① 코츠코츠안

다이묘 소프트크림 ③   ④ 다이나곤   켄초 세이몬마에 BUS

③ 토키와 본점

고샤도 ⑤

오이타 오파

② 우동 카도야

센토 포르타 추오마치 ②

⑥ 레이니데이즈 커피   JR 오이타역

① 아뮤플라자 오이타

분고 니와사키 시장

ⓘ 오이타역
종합관광안내소

151

현재 오이타 시가지의 바탕이 된 ⋯⋯ ①

후나이성 터 府內城跡 ♀ 오이타 성지 공원

1602년 후나이성이 완공되고 성곽 주변으로 후나이 마을이 형성되었다. 현재 오이타 시가지의 형태는 대부분 이 무렵에 만들어졌다. 1743년 큰 화재로 천수각이 소실되었지만 재건하지 않았고, 제2차 세계대전 당시 공습에 의해 남서쪽 모퉁이의 망루를 포함한 5개의 망루가 파괴되었다. 이후 1966년 소실된 망루를 복원했으며 해자와 돌담은 예전 모습 그대로 남아 있다. 현재는 성곽을 공원으로 운영해 시민들의 쉼터로 사랑받는다. 성터의 산책로에는 벚나무가 늘어서 있어 3월 말부터 4월 초까지 벚꽃 명소로 많은 사람이 찾는다.

🏃 순환버스 오이타시야쿠쇼 고도신분샤마에 정류장에서 도보 1분 ♀ 大分市荷揚町4
📞 +81-97-537-5639
🏠 www.city.oita.oita.jp/o204/bunkasports/shitebunkazai/1352943146749.html

아트 플라자 アートプラザ <div>🔍 Art Plaza</div>

오이타시 출신 건축가 이소자키 아라타磯崎新의 걸작으로
1966년 오이타 현립 도서관으로 문을 열었으나, 1998년
복합 시설인 아트 플라자로 리뉴얼해 개관했다. 내부에 시
민 갤러리, 현대미술 작품 전시관 등이 있으며, 한국어 팸
플릿이 비치되어 있어 좀 더 편안하게 관람할 수 있다.

🚶 순환버스 오이타시야쿠쇼 고도신분샤마에 정류장에서 도보
2분 ● 大分市荷揚町3-31 🕐 09:00~22:00(3층 이소자키
신건축 전시실 ~18:00) ❌ 12/28~1/3 📞 +81-97-538-
5000 🏠 www.art-plaza.jp

카스가 신사 春日神社

오이타현에서 가장 오래된 신사로 1,100년이 넘는 역사
를 자랑한다. 울창한 나무로 둘러싸인 경내는 8,000평에
이르며 매년 다양한 축제가 열린다. 특히 7월 19일에는 여
름 축제의 하이라이트인 미코시 행렬이 진행되어 600여
명이 가마와 등불을 들고 행진을 한다.

🚶 순환버스 오아시스히로바마에(켄리츠비주츠칸미나미)
정류장에서 도보 11분 ● 大分市勢家町4-6-87
🕐 08:30~17:00 📞 +81-97-532-5638
🏠 www.kasuganomori.jp

오이타 현립 미술관(OPAM) 大分県立美術館 <div>🔍 오이타 현립 미술관 OPAM</div>

건축가 반 시게루坂茂가 설계해 2015년 개관했다. 대형 유리 벽으로 이루어진 건
물에 목재로 무늬를 만들고 폴딩 도어를 설치해 개방감을 주었다. 내부에서는 층
별로 다양한 전시가 열린다. 3층의 컬렉션 전시실과 특별전을 제외하고 무료로
관람할 수 있다. 전시회나 미술관은 어렵다는 이미지를 탈피하기 위해 내부를 거
실처럼 편안한 공간으로 꾸며 남녀노소 누구나 부담 없이 방문할 수 있다. 시즌
마다 다른 전시를 준비하며 내부에 기념품점과 카페가 있어 전시도 보고 쉬어
가기에도 안성맞춤이다.

🚶 순환버스 오아시스히로바마에
(켄리츠비주츠칸미나미) 정류장에서 도보 1분
📍 大分市寿町2-1 🕐 10:00~19:00
(금·토요일 ~20:00), 30분 전 입장 마감
❌ 부정기 💴 컬렉션 전시실 일반 300엔,
고등·대학생 200엔, 특별전 1000엔~
📞 +81-97-533-4500 🏠 www.opam.jp

교통과 쇼핑을 한 번에 ⋯⋯⋯ ①

아뮤플라자 오이타 アミュプラザ大分
📍 AMU PLAZA OITA

교통의 중심지인 오이타역의 후나이추오 출구(북쪽)와 이어진 아뮤플라자는 쇼핑과 식사를 모두 해결할 수 있는 복합 공간이다. 1층부터 3층까지는 패션 및 잡화 매장, 4층은 영화관과 서점이 있으며 8층부터는 호텔과 스파로 이용된다. 8층에는 시민들의 쉼터인 시티 옥상 광장シティ屋上ひろば이 자리한다. 오이타 시내를 360도로 내다볼 수 있는 전망대와 상점, 아이들을 위한 놀이 시설 등이 있다. 오이타역 개찰구 맞은편에는 오이타현을 대표하는 특산품을 한데 모아놓고 판매하는 분고 니와사키 시장豊後にわさき市場이 있으며 음식점도 한 켠에 모여 있다. 열차 탑승구 앞이라 대기하는 동안 쇼핑이나 도시락 구입, 식사를 하기에 좋다.

🚶 오이타역과 연결 📍 大分市要町1-14 🕐 상점 10:00~20:00, 식당가 11:00~22:00, 매장마다 다름 📞 +81-97-513-1220
🏠 www.jroitacity.jp

주요 매장

8층	시티 옥상 광장
4층	키노쿠니야 서점紀伊國屋書店
3층	유니클로, ABC마트, 무인양품, 키디 랜드
2층	프랑프랑, 몽벨
1층	빔즈BEAMS, H&M

센토 포르타 추오마치 セントポルタ中央町

🔍 Centporta Chuocho

오이타역 앞에 위치한 쇼핑 아케이드 거리로 오이타에서 가장 번화한 곳에 위치한다. 남북으로 길게 뻗은 거리와 동서로 뻗은 거리 2개가 교차하며 상점가를 이룬다. 다양한 상점을 비롯해 음식점, 카페, 오락 시설 등 볼거리와 먹거리가 다양하다. 쇼핑가는 아케이드로 연결되어 비 오는 날에도 젖지 않고 돌아다닐 수 있다. 주변에 밤늦게까지 운영하는 술집과 식당이 많고 시내 중심에 위치한 대부분의 호텔과도 아케이드로 연결되어 있다. 2017년 오픈한 상업 시설 오이타 오파OITA OPA도 상점가에서 바로 이어지는데, 식품 전문 매장이 많은 편이다. 시내나 벳푸로 가는 버스 정류장이 건물 바로 앞에 위치해 버스를 기다리는 동안 잠깐 둘러보기 좋다.

🚶 오이타역에서 도보 3분　♀ 大分市中央町1-1-5
🕐 10:00~20:00, 매장마다 다름　🏠 centporta.jp

토키와 본점 トキハ本店　🔍 Tokiwa Honten

1936년 오픈해 약 90년의 역사를 쌓아온 백화점이다. 2000년 와사다타운점이 오픈하기 전까지 오이타시의 유일한 백화점이었으며 중심가 안의 중심에 위치한다. 중년층이 선호하는 브랜드가 많으며 야외 옥상에서는 여름 한정으로 비어 가든도 운영한다.

🚶 오이타역에서 도보 7분　♀ 大分市府内町2-1-4
🕐 10:00~19:00　❌ 부정기　📞 +81-97-538-1111
🏠 www.tokiwa-dept.co.jp/honten

돈키호테 ドン・キホーテ　🔍 돈키호테 D Plaza 오이타점

위치는 시내와 떨어져 있지만 잡화, 식료품, 화장품 등 다양한 물건을 갖추고 있어서 한 번에 여러 품목을 쇼핑하기 좋다. 또한 디 플라자 오이타점은 복합 시설이어서 돈키호테를 비롯해 배스킨라빈스, 붕어빵이나 타코야키 같은 간식을 판매하는 매장, 음식점, 게임 센터 등이 모여 있다.

🚶 순환버스 쇼와도리 정류장에서 도보 13분
♀ 大分市新川西1-1-1　🕐 09:00~03:00
📞 +81-57-002-3611　🏠 www.donki.com

오이타의 향토 음식은 모두 모여라! ------ ①

코츠코츠안 こつこつ庵 ♀코츠코츠안

창업 이래 50년이 넘도록 사랑받아온 이자카야로 화려하고 개성 강한 목조 건물이 인상적이다. 오이타 동쪽의 사가노세키佐賀関 어촌에서 한 마리 한 마리 낚시로 잡은 전갱이 '세키아지関あじ'와 고등어 '세키사바'를 맛볼 수 있다. 토리텐, 단고지루 등 서민들이 즐겨 먹는 향토 음식도 합리적인 가격에 즐길 수 있다. 그중 생선회 위에 간장 베이스의 특제 소스를 뿌리고 파와 김을 듬뿍 올린 덮밥, 류큐동琉球丼(세키아지·세키사바 2가지, 1,580엔)이 인기 메뉴다. 다양한 음식이 나오는 코스 요리도 있다. 평일과 주말 언제나 사람이 많아 만석일 경우에는 이용할 수 없으니 홈페이지에서 예약을 하고 방문하는 것을 추천한다.

🏃 순환버스 오이타시야쿠쇼 고도신분샤마에 정류장에서 도보 2분 ♀ 大分市府内町3-8-19 🕐 11:00~14:30, 17:00~22:30, 30분 전 주문 마감 ❌ 일요일
📞 +81-97-537-8888 🏠 k2k2an.com

야식이 생각날 때 ------ ②

우동 카도야 うどん かどや

오이타역 근처의 조용한 음식점으로 저녁에 문을 연다. 다양한 종류의 우동과 안주 메뉴를 판매하며, 입구 앞 자판기로 음식을 주문한다. 우동 면이 두껍고 탄력 있어 면 본연의 맛을 잘 느낄 수 있는 자루우동ざるうどん(650엔)을 추천한다. 늦은 밤 맥주와 함께 즐기기 좋고 혼자 방문하기에도 부담스럽지 않다.

🏃 오이타역에서 도보 5분 ♀ 大分市府内町1-3-1
🕐 18:00~24:00 ❌ 일요일

눈과 입이 즐거운 디저트 ------ ③

다이묘 소프트크림 Daimyo Softcream
♀ daimyo soft cream

후쿠오카에서 시작된 인기 아이스크림 전문점이다. 이탈리아에서 젤라토를 만들 때 사용하는 기계로 아이스크림을 제작하며 회오리 모양으로 일정하게 뽑아내 보기에도 굉장히 예쁘다. 기본 우유맛(570엔)이 가장 인기가 많지만, 딸기맛(690엔)처럼 제철 과일을 이용한 시즌 메뉴를 노려보는 것도 추천한다.

🏃 오이타역에서 도보 7분 ♀ 大分市中央町1-3-12
🕐 11:00~22:00 📞 +81-97-578-9699
🏠 daimyosoftcream.com

정갈한 일본 가정식 ⋯⋯ ④

다이나곤 大納言 🔍다이나곤

오이타역 부근 번화가에 자리 잡은 음식점으로 정갈한 일본 가정식을 맛볼 수 있다. 대표 메뉴로 오코노미야키(단품 700 엔~, 정식 800엔), 야키소바(단품 600엔~, 정식 800엔), 토리텐(단품 450엔~, 정식 850엔)이 있는데 샐러드와 반찬, 밥과 단고지루가 함께 나오는 정식으로 주문하는 것이 정석이다. 모두 담백한 맛과 푸짐한 양을 자랑한다. 가격대가 저렴해 방문하는 손님 대부분이 근처의 회사원이나 주민이다.

🏃 오이타역에서 도보 8분 📍 大分市府内町2-2-1 🕐 10:30~20:00, 30분 전 주문 마감 ❌ 화요일 📞 +81-97-536-0769

일본 경양식의 매력 ⋯⋯ ⑤

고샤도 五車堂

1971년 오픈해 반세기 넘도록 사랑받아온 양식 전문점이다. 메뉴를 직관적으로 알 수 있도록 입구에 음식 모형을 설치해두었다. 카레, 돈가스, 샌드위치 등 경양식 메뉴가 주를 이룬다. 로스카츠 정식ロースカツ定食(1,650엔)과 카츠산도 カツサンド(980엔)가 대표 메뉴이며 기본적으로 양이 매우 푸짐하다. 내부 좌석이 협소한 편이라 포장 손님이 많은데, 오이타역에서 가까워 열차에서 먹을 도시락으로 많이 구입한다. 학생부터 노인, 관광객 등 다양한 세대가 찾는 가게다.

🏃 오이타역에서 도보 6분 📍 大分市中央町2-3-15
🕐 11:00~21:00, 20분 전 주문 마감 ❌ 1/1 📞 +81-97-532-2240

비가 올 때 가야 할 곳 ⋯⋯ ⑥

레이니데이즈 커피

Rainyday's Coffee 🔍rainyday's coffee

조용한 주택가에 위치한 커피 전문점으로 카운터석과 테이블 2개가 전부인 아늑한 카페다. 직접 로스팅한 커피를 판매하며 7~8가지의 원두 중 하나를 선택할 수 있다. 콜드브루는 그날그날 원두가 다르며 디저트와 함께 즐기기 좋다. 가게 이름처럼 비 오는 날 따뜻한 온기 가득한 커피를 마실 수 있는 곳이다.

🏃 오이타역에서 도보 7분 📍 大分市大道町2-5-17
🕐 월~목요일 07:00~16:00, 일요일 11:00~20:00 ❌ 금·토요일
📞 +81-97-507-4793 🏠 rainydays51.thebase.in

오이타와 벳푸 사이 들르기 좋은
칸자키 神崎

오이타에서 벳푸까지는 열차로 15분, 버스로 30분이면 갈 수 있을 정도로 가깝다. 이 두 도시 사이, 벳푸만別府湾을 따라 이어지는 길에 칸자키가 위치한다. 칸자키는 바다를 끼고 있는 만큼 자연 경관이 멋지고 바다거북이 돌아오는 해변도 있다. 자연 외에도 휴식을 취할 수 있는 다양한 시설과 동물원, 수족관 등 즐길 거리가 있어 사람들이 주말에 나들이를 하러 많이 찾는다.

수중 생물과
친해지는 시간
우미타마고
うみたまご
♀ 우미타마고 수족관

오이타의 수중 생물들과 만날 수 있는 수족관으로 정식 명칭은 오이타 마린 팰리스 수족관 '우미타마고'大分マリーンパレス水族館「うみたまご」다. 1964년 오픈 후 기존의 3배 규모로 증축해 2004년 다시 문을 열며 현재의 모습을 갖추었다. 다양한 바다짐승과 어류를 만날 수 있는 2층과 물속 세계를 살펴볼 수 있는 1층, 인공 해변이 자리 잡은 야외 공연장으로 구성된다. 야외 공연장에서는 바다코끼리 공연(10:00, 13:00, 15:00)과 돌고래 공연(11:00, 14:00)이 매일 진행된다. 이외에도 식사 시간과 해설 등 시간대별로 다양한 이벤트를 진행한다. 오이타의 바다를 표현한 수조에서는 상어, 가오리 등 90종의 어류가 1,500마리 살고 있다. 예술 작품 같은 우미타마 회관, 빛으로 표현한 아트 코너 등 사진 찍기 좋은 장소도 많다. 벳푸만 앞에 위치한 수영장과 인공 해변에서는 헤엄치는 물고기를 직접 만져볼 수 있는 체험도 진행한다.

🚶 버스 AS70·AS71번 타카사키야마高崎山 정류장에서 도보 1분 　♀ 大分市大字神崎字ウト3078-22
🕐 09:00~17:00, 30분 전 입장 마감 　💴 일반 2,600엔, 초등·중학생 1,300엔, 4세 이상 850엔, 70세 이상 2,000엔 　📞 +81-97-534-1010 　🏠 www.umitamago.jp

원숭이를 가까이에서 만나자

타카사키야마 자연동물원 高崎山自然動物園 🔎 다카사키야마 자연동물원

타카사키산에 사는 야생 일본원숭이를 보호하는 원숭이 보호소 겸 동물원이다. 우리 안에 갇힌 원숭이가 아니라 산속에서 자유롭게 활동하는 원숭이를 만날 수 있어 더욱 특별하다. 게다가 타카사키산의 원숭이는 온순한 편이라 가까이 다가가도 화를 내지 않고, 호기심 많은 원숭이는 먼저 다가오기도 한다. 다만 야생동물임은 변함없으니 원숭이를 자극하는 행동은 금물이다. 과거 야생 원숭이의 농작물 파괴 문제를 해결하기 위해 먹이를 주게 된 것에서 시작해 지금의 모습을 갖추게 되었다. 이곳의 원숭이 서식지는 국가 천연기념물로 지정되었다.

🚶 버스 AS70·AS71번 타카사키야마高崎山 정류장에서 도보 3분 📍 大分市神崎3098-1
🕐 09:00~17:00, 30분 전 입장 마감 💴 일반 520엔, 초등·중학생 260엔
📞 +81-97-532-5010 🏠 www.takasakiyama.jp

편리한 이동 수단
사룻코 레일さるっこレール

원숭이 보호소가 산기슭에 있어서 매표소에서 보호소까지 가는 길은 경사가 가파른 편이다. 동물원에서 관람객이 편하게 이동할 수 있도록 사룻코 레일을 운행한다. 2량짜리 모노레일로 정상까지 5분이면 도착한다.

🕐 10분 간격 운행 💴 왕복 110엔

인공 섬에서 즐기는 물놀이

타노우라 비치 田ノ浦ビーチ 🔎 tanoura beach

오이타시에 위치한 유일한 해수욕장으로 예전에는 자갈밭이었으나 해안 환경 프로젝트로 해변을 조성해 지금은 약 1.1km의 인공 모래사장이 되었다. 해변을 따라 데크 산책로와 잔디밭이 조성되어 있고 야자수가 이국적인 분위기를 연출한다. 바다 가운데 만들어놓은 인공 섬이 파도를 막아주어 아이들이 물놀이를 즐기기 좋다. 해변 중앙에는 누구나 자유롭게 방문할 수 있는 휴게소가, 서쪽에는 포르투갈 범선을 모티브로 만든 어린이 놀이터가 있다. 여름 물놀이 철에는 휴게소 안의 온수 시설과 물품 보관소도 사용할 수 있어 해수욕을 즐기러 많은 사람이 찾아온다.

🚶 버스 AS70·AS71번 타카사키야마高崎山 정류장에서 도보 17분 📍 大分市大字神崎字浜4253

산은 후지, 바다는 세토나이, 온천은

벳푸 別府

오이타현에서 두 번째로 인구가 많은 도시로, 해안을 따라
시가지가 형성되어 있고 산과 호수, 바다가 조화롭게 어우러진다.
일본에서 가장 많은 물을 뿜어내는 온천이 시내 곳곳에 퍼져 있고
수질과 정취도 남다르다. 온천이라는 명백한 콘셉트가 있는 도시답게
벳푸역 출구 앞에는 온천물에 손을 담글 수 있는 무료 온천과
벳푸 온천을 전 세계에 알린 아부라야 쿠마하치油屋熊八의 동상이
있다. 벳푸 기념품으로는 입욕제와 천연 화장품 등이 유명하다.

이동 방법

오이타역 ○·······························○ 벳푸역

JR ⏱ 15분 ¥ 280엔

**벳푸의 버스패스,
마이 벳푸 프리 MYべっぷFree**

벳푸 시내를 달리는 카메노이버스를 무제한 탑승할
수 있는 패스다. 벳푸역에서 지옥 온천 순례지인 칸
나와로 이동할 때 버스비가 평균 400엔 정도 들기
때문에 벳푸를 중점적으로 둘러볼 예정이라면 패스
구입을 추천한다. 미니형과 와이드형이 있는데, 와
이드형은 유후인까지 커버한다. 승차권에 적힌 이용
날짜를 동전으로 긁어서 사용하며 개시 당일까지
사용 가능하다.

🚶 **구매처** 키타하마 버스 센터, 벳푸역 동쪽 출구
4번 승차장 뒤 관광안내소(WANDER COMPASS
BEPPU), 여행 상품 예약 사이트 등
¥ **미니 패스** 1일권 1,100엔, 2일권 1,700엔,
와이드 패스 1일권 1,800엔, 2일권 2,800엔
🏠 kamenoibus.com/guruspa/hp/guruspa/01/

시민들의 휴식 공간
벳푸 공원 別府公園 ♀벳푸 공원

도심 속에 푸른 녹지가 펼쳐진 시민들의 쉼터로 1907년 벳푸시 중심에 조성되었다. 당시 심은 소나무는 수령이 100년을 훌쩍 넘었고, 벚꽃과 매화가 유명해 이른 봄부터 많은 사람이 찾는다. 공원 동문 입구 앞에는 스타벅스가 있어 산책 후 휴식을 취하기 좋다.

🚶 버스 3·6·7번 벳푸코엔마에別府公園前 정류장 앞
♀ 別府市大字別府野口原3018-1

전망대 마니아라면
글로벌 타워 グローバルタワー ♀글로벌 타워

1994년 국제 컨벤션 센터인 비콘 플라자B-Con Plaza 바로 옆에 심벌 타워로 지어졌다. 높이가 124.375m에 이르며 2개의 기둥과 이를 지지하는 아치형 구조물은 그 자체로 작품이다. 지상 100m 높이에 360도 전망 테라스가 있어 벳푸만과 시내를 한눈에 담을 수 있다.

🚶 버스 3·36 메이호캠퍼스마에明豊キャンパス前 정류장에서
도보 3분 ♀ 別府市山の手町12-1
🕐 09:00~21:00(12~2월 ~19:00) ❌ 12/29~1/3
💴 일반 300엔, 중학생 이하 200엔 📞 +81-97-726-7111
🏠 www.b-conplaza.jp/visiter/globaltower

벳푸의 랜드마크
벳푸 타워 別府タワー ♀벳푸 타워

1957년 벳푸만 앞에 세워진 벳푸 타워는 명실상부 벳푸를 대표하는 랜드마크다. 지상 100m 높이에 2개의 층으로 이루어진 전망대가 있어 바다와 시가지 풍경을 360도로 내다볼 수 있고, 다양한 포토존도 마련되어 있다. 2층에서 벳푸 아트 뮤지엄을 함께 운영 중이며 전망대와 뮤지엄 통합권을 구입하면 더욱 저렴하다. 5층에는 야외 테라스 공간인 키타하마 데크キタハマデッキ(입장료 200엔)가 있다.

🚶 버스 23·24·25번 벳푸타워마에別府タワー前 정류장 앞
♀ 別府市北浜3-10-2 🕐 전망대 09:30~21:30, 벳푸 아트 뮤지엄 09:30~17:00, 30분 전 입장 마감 ❌ 부정기
💴 **전망대** 일반 800엔, 중·고등학생 600엔, 4세 이상 400엔, **벳푸 아트 뮤지엄** 일반 1,000엔, 중·고등학생 800엔, 4세 이상 600엔, **통합권** 일반 1,300엔, 중·고등학생 1,000엔, 4세 이상 700엔 📞 +81-97-726-1555
🏠 bepputower.co.jp

마토가하마 공원 的ヶ浜公園 🔎 마토가하마 공원

벳푸 타워 바로 근방에 위치한 공원으로 바로 앞에 인공 해변이 있어 바다를 바라보며 여유를 즐기기 좋다. 공원 안에는 산책로가 조성되어 있고 조각상과 분수대 등도 있다. 특별한 무언가가 있다기보다는 벳푸 타워, 돈키호테와 가까워 함께 방문하거나 근처에서 식사 후 휴식 삼아 해변을 보며 산책하기 좋은 장소다. 공원 남쪽으로는 온천 호텔들이 모여있다.

🚶 버스 20·23·26번 마토가하마코엔마에的ヶ浜公園前 정류장 앞
📍 別府市北的ヶ浜5

온천과 모래찜질은 이곳에서!

타케가와라 온천 竹瓦温泉 🔎 타케가와라 온천

1879년에 문을 열어 145년의 역사를 자랑하는 벳푸의 대표 온천이다. 중후하고 압도적인 외관은 벳푸 온천의 상징이라 불린다. 반달 모양의 탕과 목욕하는 공간이 전부지만, 이른 아침부터 밤늦은 시간까지 동네 주민들의 발길이 끊이지 않는다. 유카타를 입고 모래 안에 들어가 몸을 데우는 모래찜질도 할 수 있다.

🚶 벳푸역에서 도보 10분 📍 別府市元町16-23
🕐 대중탕 06:30~22:30, 모래찜질 08:00~22:30, 1시간 전 입장 마감 ❌ 셋째 수요일 ¥ 대중탕 일반 300엔, 초등학생 100엔, 모래찜질 1,500엔 ☎ +81-97-723-1585

가장 대중적인 벳푸 온천

카이몬지 온천 海門寺温泉 🔎 해문사온천

조용한 주택가에 위치한 온천이다. 벳푸의 온천탕은 평균 온도가 40℃ 이상일 정도로 뜨거운데, 이곳에는 비교적 덜 뜨거운 온탕도 있다. 열탕과 온탕, 2개의 온천탕과 샤워 시설을 갖추었으며 다른 곳에 비해 입욕 난이도가 낮아 관광객이 많이 찾는다. 입구 앞에는 보살상이 있는데, 바로 옆에 있는 뜨거운 물을 보살상에 부으며 건강을 기원한다. 온천 후에는 바로 앞 카이몬지 공원에서 쉬어 가기 좋다.

🚶 벳푸역에서 도보 5분 📍 別府市北浜2-3-2 🕐 06:30~22:30, 청소 시간(14:00~15:00) 이용 불가 ❌ 둘째 월요일
¥ 일반 250엔, 초등학생 100엔 ☎ +81-97-722-3625

고가 선로 아래 자리 잡은 재래시장
벳푸역 시장 べっぷ駅市場 ♀벳푸역 시장

벳푸역 남쪽에 위치한 시장으로 벳푸의 부엌이라 불리며 쇼와 시대부터 주민들에게 사랑받아왔다. 네온사인 간판이 눈에 띄는 입구로 들어가면 약국과 빵집, 생선 가게, 정육점, 건어물 가게, 튀김집 등 20여 개의 상점이 늘어서 있다. 시민들의 생활을 책임지는 저렴한 물가의 재래시장이다 보니 관광객은 간식을 사 먹으며 가벼운 마음으로 구경하기 위해 찾는다. 고가 선로 아래에 실내 형태로 자리 잡은 시설이어서 비가 오거나 햇볕이 뜨거운 날 편하게 방문할 수 있다. 시장 중앙 부근에 튀김, 초밥 등 시장에서 구입한 먹거리를 즐길 수 있는 좌석과 음료 자판기가 구비된 공용 휴식 공간이 마련되어 있다.

🚶 벳푸역에서 도보 5분 　♀ 別府市中央町6-22
🕐 08:00~18:00, 매장마다 다름 　📞 +81-97-722-1686
🏠 www.beppu-sc.jp/ichiba/

열차를 기다리며 즐기는 쇼핑과 식사
에키마치 잇초메 벳푸 えきマチ1丁目別府
♀ Ekimachi 1 Chomebeppu

벳푸역에 위치한 상점가로 역사 북쪽과 남쪽으로 구역이 나뉜다. 벳푸의 특산물과 향토 음식을 파는 가게, 기념품점, 카페 등 40여 개의 매장이 있어 쇼핑과 식사를 모두 해결할 수 있다. 역사 북쪽의 B-Passage에는 기념품점과 편의점, 카페 등이 있고, 남쪽의 BIS 남관南館에는 약국과 서점, 슈퍼마켓, 100엔 숍, 음식점 등이 있다. 열차를 기다리는 동안 구경하기 좋다.

🚶 벳푸역 앞 　♀ 別府市駅前町12-13 　🕐 B-Passage 09:00~20:00,
BIS 남관 10:00~20:00, 매장마다 다름 　📞 +81-97-722-1686
🏠 www.ekimachi1.com/beppu

지역 밀착형 백화점
토키와 벳푸점 トキハ 別府店 ♀토키와 백화점 벳푸점

1988년 오픈해 벳푸 시내 중심에서 자리를 지키는 백화점이다. 무인양품과 로손 편의점, 스타벅스 등의 편의 시설이 있다. 식당가로 이어지는 B1층에는 벳푸의 온천을 가볍게 즐길 수 있는 무료 족욕탕이 있으며 수건(100엔)도 대여해준다. 백화점 앞에는 시내와 칸나와, 주변 도시로 이동하는 시외·고속버스 정류장이 있어 버스를 기다리며 둘러보기 좋다.

🚶 벳푸역에서 도보 8분 ♀ 別府市北浜2-9-1 ⏰ 10:00~19:00, 매장마다 다름 ❌ 부정기 📞 +81-97-723-1111
🏠 www.tokiwa-dept.co.jp/beppu

바다를 접한 쇼핑센터
유메타운 벳푸 ゆめタウン別府 ♀유메타운 벳푸

2007년 구 벳푸항 부지에 오픈한 지상 5층 규모의 쇼핑센터다. 1층에는 식품관 및 식당가와 약국이 있고 2층에는 상점가, 3층에는 바다가 보이는 푸드코트, 4층부터는 주차장이 있다. 유니클로, GU 등 의류 브랜드나 다이소, 빌리지 뱅가드 같은 생활 잡화점, 가성비 좋은 프랜차이즈 음식점이 많다. 쇼핑과 식사를 한 번에 해결할 수 있어 편하다.

🚶 버스 20·23·24번 나가레카와유메타운마에流川ゆめタウン前 정류장 앞 ♀ 別府市楠町382-7 ⏰ 상점가 09:30~21:00, 식당가 11:00~21:00, 매장마다 다름 📞 +81-97-726-3333
🏠 www.izumi.jp/tenpo/beppu

쇼핑의 무난한 선택지
돈키호테 ドン・キホーテ ♀돈키호테 벳푸점

마토가하마 공원의 대로 맞은편에 위치한다. 5층 건물로 엄청난 규모처럼 보이지만 1층만 매장이고 2층부터는 주차장으로 이용된다. 일본에서 사야 할 쇼핑 리스트는 이곳에서 모두 살 수 있을 만큼 상품 종류가 다양하고 기념품과 간식, 의약품 모두 구비되어 있다. 도심에 있는 다른 매장보다 비교적 한산해 여유롭게 쇼핑을 즐길 수 있다.

🚶 버스 20·23·26번 마토가하마코엔마에的ヶ浜公園前 정류장에서 도보 1분 ♀ 別府市南のヶ浜町6-20 ⏰ 09:00~02:00
📞 +81-57-020-0465 🏠 www.donki.com

텐동의 끝판왕
토요츠네 とよ常 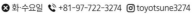 토요츠네 본점

벳푸에서 가장 유명한 식당으로 90년 넘는 역사를 자랑한다. 가게는 벳푸 키타하마 고속버스 정류장 근처에 위치한다. 현지 식료품을 이용한 생선회, 튀김, 조림 등 다양한 메뉴가 있지만, 새우와 채소가 푼짐하게 올라간 특상 텐동特上天丼(950엔)이 대표 메뉴다. 추가금을 내면 새우의 양을 더 늘릴 수 있다. 더할 나위 없이 바삭한 튀김 위로 짜지 않은 간장 소스를 뿌려 밥과 함께 먹기 좋고 된장국과 반찬이 함께 나온다. 식사 시간에는 대기가 있지만 회전율이 좋고 매장이 넓어 오래 기다리지 않아도 된다. 한국어 메뉴판도 제공한다.

🚶 벳푸역에서 도보 9분 📍 別府市北浜2-12-24 🕐 11:00~21:00, 1시간 전 주문 마감
❌ 화·수요일 📞 +81-97-722-3274 📷 toyotsune3274

현지인도 줄 서서 먹는 동네 빵집
토모나가 팡야 友永パン屋 📍 토모나가팡야

벳푸의 인기 빵집으로 갓 구운 빵을 저렴한 가격에 맛볼 수 있다. 번호표와 메뉴 종이를 받은 뒤 구매할 빵을 체크하는 방식이다. 단팥빵アンパン(110엔), 강아지빵ワンちゃん(130엔) 등이 있으며 빵이 이른 시간에 매진되기도 하니 되도록 일찍 방문하자. 한국어 메뉴판도 있다.

🚶 벳푸역에서 도보 11분 📍 別府市千代町2-29
🕐 08:30~18:00 ❌ 일요일, 공휴일 📞 +81-97-723-0969
🏠 tomonaga_panya

원조 돈코츠 라멘
타이호 라멘 大砲ラーメン 📍 타이호 라멘

규슈의 대표 음식인 돈코츠 라멘의 원조 브랜드다. 깊은 감칠맛을 내는 일반 라멘(820엔), 수제 돼지기름과 멘마(발효한 죽순), 차슈 토핑으로 옛날 포장마차 시절의 맛을 낸 무카시 라멘昔ラーメン(870엔)을 판매한다.

🚶 버스 20·23·24 나가레카와유메타운마에流川ゆめタウン前 정류장에서 도보 1분 📍 別府市浜町3-27 🕐 11:00~22:00
❌ 목요일, 1/1 📞 +81-97-725-7171 🏠 www.taiho.net

닭구이의 맛에 빠져들다
야키니쿠 본 焼き肉凡

벳푸역에서 걸어서 갈 수 있는 야키니쿠 전문점이다. 일본의 야키니쿠는 보통 소고기와 돼지고기 위주지만, 이곳은 닭고기가 주력 메뉴다. 다양한 닭고기 부위(680~880엔) 중 선택해 그릴에 바비큐처럼 구워 먹는 방식이다. 1인당 2~3가지를 주문하면 적당히 배가 찬다. 재료가 신선해 소금만 찍어 먹어도 맛있고 김치, 오이소박이 등의 한식 반찬도 있다. 저녁에만 영업하니 야식으로 술 한잔하며 먹기 딱 좋다.

🚶 벳푸역에서 도보 5분 📍別府市北浜1-1-6 🕐 17:30~24:00
❌ 수요일 📞 +81-97-723-5229 🏠 www.yakitoribon.com

가성비 좋은 장어덮밥
오타니 우나주 大谷うな重

여행자보다 현지인 사이에서 더 유명한 장어 요리 전문점으로 외관에서부터 오랜 역사가 느껴진다. 주인 할머니와 딸이 함께 운영하며 내부는 선술집 분위기다. 네모난 도시락에 밥을 담고 그 위에 숯불로 구운 장어를 얹은 장어덮밥 우나주鰻重가 메인 메뉴다. 장어 양에 따라 중中, 상上, 특特으로 나뉘는 정식定食(2,000~3,000엔)과 반찬, 장어국이 함께 나오는 우나기동うなぎ丼(2,200엔)이 인기 메뉴다. 양에 비해 가격이 저렴한 편이다.

🚶 벳푸역에서 도보 6분 📍別府市北浜1-2-20 🕐 11:00~18:00,
재료 소진 시 마감 ❌ 목요일, 부정기 📞 +81-97-724-1234

오래된 가정집에서 즐기는 오이타 음식
시나노야 信濃屋 🔍 시나노야

차량이 오가는 대로변에 위치한 카페로 오래된 민가를 개조해 만들었다. 외관부터 정원, 내부까지 일본 전통 가옥의 감성이 솔솔 풍긴다. 건강한 음식과 디저트를 판매하는데, 그중에서도 된장국에 푸짐한 채소와 수제비가 들어간 향토 음식 단고지루(850엔)와 오이타 특산품인 청귤이 들어간 빙수 카보스 카키고리カボスかき氷(850엔~)를 추천한다.

🚶 벳푸역에서 도보 7분 📍別府市西野口町
6-32 🕐 09:00~18:00, 30분 전 주문 마감
❌ 목요일 📞 +81-97-725-8728

벳푸에서 즐기는 타이완 요리
푸왕반점 府灣飯店 🔎 Puwang Hanten Taiwanese

타이완 포장마차가 콘셉트인 음식점 겸 술집이다. 오이타의 식료품을 사용한 타이완 요리를 맛볼 수 있다. 간장에 푹 조려낸 돼지고기덮밥 루로항ルーロー飯(680엔), 새우가 들어간 딤섬 하가우エビ蒸し餃子(320엔), 마파두부 소스로 볶은 마파가지麻婆茄子(870엔) 등을 저렴한 가격으로 맛볼 수 있다. 학생이나 20~30대의 젊은 세대가 많이 방문한다.

🚶 벳푸역에서 도보 5분 📍 別府市北浜1-2-28
🕐 17:00~23:00, 30분 전 주문 마감 ❌ 화요일
📞 +81-97-777-2782 🏠 puwanhanten.owst.jp

온천수로 내린 커피
킷사 나츠메 喫茶なつめ 🔎 카페 나츠메

1963년 오픈한 카페답게 세월의 흔적이 가게 곳곳에 고스란히 남아 있다. 내부는 고풍스럽고 차분한 분위기이며, 방문하는 사람 대부분이 단골이다. 온천수로 끓인 온천 커피温泉コーヒー(600엔)로 유명해졌지만, 토스트와 샌드위치 그리고 점심 한정으로 각각 10그릇씩만 판매하는 카레 등 식사를 목적으로 방문하는 사람도 많다.

🚶 벳푸역에서 도보 8분 📍 別府市北浜1-4-23 🕐 11:30~16:30, 30분 전 주문마감 ❌ 수요일 📞 +81-97-721-5713

구성이 알찬 모닝 세트
킷사 무무무 喫茶ムムム 🔎 Kissa Mumumu

주택가 뒷골목에 자리 잡은 커피숍으로 레트로한 감성이 묻어나는 곳이다. 나무의 온기가 가득한 내부에는 따뜻하고 편안한 분위기가 흐른다. 커피와 식사도 판매하는데 토스트, 커피, 샐러드, 달걀, 소시지가 함께 나오는 모닝 세트(950엔)는 오전 11시까지 맛볼 수 있다. 11시 이후부터 판매하는 나폴리탄 스파게티(850엔)도 인기 메뉴다.

🚶 벳푸역에서 도보 7분 📍 別府市中央町1-27
🕐 09:30~16:00(토요일 ~17:00) ❌ 일요일, 부정기
📞 +81-80-3119-5261 📷 kissa_mumumu

온천의 증기에 압도되는 마을

칸나와 鉄輪

온천의 도시 벳푸는 시내의 대표적인 온천지 8곳을 선정해 벳푸핫토別府八湯
(벳푸의 8가지 온천)라 부르는데, 그중 가장 온천다운 온천이 바로 칸나와 온천이다.
온천 근원지가 이 지역에 집중되어 있는데 온천의 온도가 100℃에 달해
거리 곳곳에서 증기가 피어오른다. 지하 200m 이상의 깊은 곳에서 솟아오르는
원천을 관광하는 지옥 순례地獄めぐり 투어를 비롯해 비누 향이 풍기고
보습 효과가 뛰어난 칸나와 온천을 마을 곳곳에서 쉽게 체험할 수 있다.

이동 방법

벳푸역 서쪽 출구 3번 승차장   칸나와
○---------------------------------------○
버스 ⓧ 20분 ¥ 390엔

벳푸 온천의 역사를 체험하는 시간
지옥 온천 뮤지엄 地獄温泉ミュージアム ♀Jigoku Onsen Museum

벳푸의 지옥 온천이 시작된 역사와 온천의 생성 과정 등을 소개하는데, 오감을 활용한 몰입형 전시로 재미있게 학습할 수 있다. 빗방울이 지층을 뚫고 들어가 그 빗물이 온천으로 거듭나는 과정을 온천수의 입장이 되어 4가지 테마로 체험한다. 관람 후에는 뮤지엄 내부 카페에서 증기가 피어오르는 온천을 바라보며 쉴 수도 있다. 2층 기획 전시실에서는 벳푸 시민들이 직접 참여한 작품들을 관람할 수 있다. 한국어 팸플릿도 있어서 관람에 도움이 된다.

🚶 버스 5·7·20번 칸나와鉄輪 정류장에서 도보 3분 ♀別府市鉄輪321-1 ⏰ 09:00~18:00, 30분 전 입장 마감 ❌ 부정기
¥ 일반 1,500엔, 초등·중학생 1,000엔, **지옥 순례 통합권 소지 시** 일반 1,050엔, 초등·중학생 700엔, 통합권(지옥 온천 뮤지엄 +바다 지옥+대머리 스님 지옥) 일반 1,900엔, 초등·중학생 1,120엔 📞 +81-97-784-7858
🏠 jigoku-museum.com

동전 하나의 행복
쇼닌유 上人湯 ♀Shouninyu

칸나와 중심가에 자리 잡은 대중탕으로 단돈 100엔에 온천을 체험할 수 있다. 작은 욕탕 1개뿐이라 온천을 간단하게 즐기고 싶은 사람에게 알맞다. 금룡 지옥金龍地獄에서 채취한 염화물천을 사용한다. 맞은편에 있는 마사 식당まさ食堂 혹은 호즈키保月에서 입장료를 낸다.

🚶 버스 5·7·20번 칸나와鉄輪 정류장에서 도보 1분
♀別府市鉄輪風呂本5 ⏰ 10:00~17:00 ¥ 100엔

온천 다양하게 즐기기!
효탄 온천 ひょうたん温泉 ♀효탄온천

칸나와 온천을 즐길 수 있는 가장 대중적인 곳이다. 대욕장을 비롯해 폭포탕, 노천탕, 찜질방 등이 있어 다양한 온천 체험이 가능하다. 건물 안에 식당이 여럿 모여 있어 온천을 즐긴 후 식사를 하기도 좋다. 각각 구조가 다른 14개의 가족탕도 운영하며 예약 없이 현장에서 접수할 수 있다.

🚶 버스 5·7·20번 칸나와鉄輪 정류장에서 도보 6분 ♀別府市鉄輪 159-2 ⏰ 09:00~01:00(대욕장 ~24:00, 모래찜질 ~23:00) ❌ 부정기 ¥ 대욕장 일반 1,020엔, 초등학생 400엔, 4~6세 280엔 📞 +81-97-766-0527 🏠 www.hyotan-onsen.com

●

벳푸 지옥 순롓길을 따라

벳푸를 대표하는 관광 상품은 단연 지옥 순례 투어로 색깔, 온도,
성분이 다른 7가지의 독특한 지옥 온천을 돌아본다. 이 지역에서는
1,000년도 전부터 화산 가스와 뜨거운 진흙, 100℃에 가까운 원천 등이
뿜어져 나왔고 그 모습이 감히 접근할 수 없을 만큼 험했기에
지옥이라는 이름이 붙었다. 지금은 관광지로 탈바꿈하여 해마다
많은 관광객이 벳푸를 찾는 가장 큰 이유가 되었다.

📍 벳푸지옥조합 別府市鉄輪559-1 🕐 08:00~17:00
💴 온천 개별 입장권 일반 450엔, 초등·중학생 200엔, 통합권 일반 2,200엔,
초등·중학생 1,000엔 ※통합권은 각 지옥 매표소에서 구입 가능
📞 +81-097-766-1577 🏠 www.beppu-jigoku.com

추천 코스

◯ 흰 연못 지옥
⋮ 도보 1분
◯ 귀산 지옥
⋮ 도보 1분
◯ 가마솥 지옥
⋮ 도보 7분
◯ 대머리 스님 지옥
⋮ 도보 3분
◯ 바다 지옥
⋮ 16번 버스 12분
◯ 혈지 지옥
⋮ 도보 2분
◯ 회오리 지옥

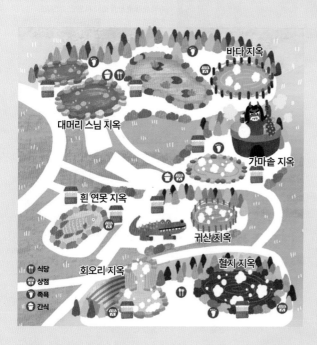

바다 지옥
대머리 스님 지옥
가마솥 지옥
흰 연못 지옥
귀산 지옥
혈지 지옥
회오리 지옥

🍴 식당
🏪 상점
♨ 족욕
🍡 간식

지옥 순례자의 발이 되어주는 정기 관광버스

도깨비가 그려진 버스를 타고 7가지 지옥을
순례하는 정기 관광버스가 있다. ①키타하
마 버스 센터(벳푸 키타하마 정류장)와 ②벳
푸역 동쪽 출구 4번 정류장에서 하루 2회
(①09:10·13:50, ②09:20·14:00) 출발한다.
3시간 정도가 소요되며 모든 지옥 온천의 입
장료까지 포함된 요금으로 편하게 온천을 순
례할 수 있다. 사전 예약제로 출발 2개월 전
오전 10시부터 예약이 가능하며 전화로 혹은
키타하마 버스 센터에서 예약할 수 있다. 당일
예약은 공석이 있는 경우에 가능하다.

💴 일반 4,000엔, 중학생 3,000엔, 초등학생
이하 1,950엔 🚶 코스 바다 지옥 → 대머리
스님 지옥 → 가마솥 지옥 → 귀산 지옥 →
흰 연못 지옥 → 혈지 지옥 → 회오리 지옥
📞 키타하마 버스 센터 +81-97-723-5170
🏠 kamenoibus.com/sightseeing_jigoku

지옥 온천 비교하기

	흰 연못 지옥	귀산 지옥	가마솥 지옥	대머리 스님 지옥	바다 지옥	혈지 지옥	회오리 지옥
온도	95℃	99.1℃	98℃	99℃	98℃	78℃	105℃
성분	규산염	염화나트륨	염화나트륨	염산	염산	산성	염산
색깔	투명	투명	코발트블루	회색	코발트블루	붉은색	투명

흰 연못 지옥 白池地獄

1931년 문을 연 온천으로 차분한 일본식 정원 분위기다. 무색투명한 온천이 특징이며 20여 종의 열대어를 만날 수 있는 박물관도 있다. 특히 최대 4m까지 자라는 피라루크ピラルク가 인기 어종이다.

📍 別府市鉄輪283-1 📞 +81-97-766-0530 🏠 shiraikejigoku.com

귀산 지옥 鬼山地獄

1923년 일본에서 처음으로 온천을 이용한 악어 사육을 시작해 악어 지옥이라고도 불린다. 70여 마리의 악어가 온천욕을 하는 모습을 볼 수 있다. 주말 오전 10시에는 악어에게 먹이를 주는 모습도 관람할 수 있다.

📍 別府市鉄輪625 📞 +81-97-767-1500

가마솥 지옥 かまど地獄

지옥 순례 중 가장 유명한 장소로 6개의 지옥을 만날 수 있다. 지옥 연기 실험, 발 찜질, 온천수 시음, 감기 예방 증기 체험, 무료 족욕 등 즐길거리가 다양하다. 지옥 푸딩, 라무네, 온천 달걀 등 간식도 맛볼 수 있다.

📍 別府市鉄輪621 📞 +81-97-766-0178 🏠 kamadojigoku.com

대머리 스님 지옥 鬼石坊主地獄

뜨거운 진흙이 잇달아 솟아오르는 풍경이 독특하다. 여러 구멍에서 잿빛의 진흙이 동그랗게 끓어오르는 모습이 마치 스님처럼 머리를 깎은 모양새여서 이런 이름이 붙었다. 내부에 무료 족욕탕과 오니이시노유鬼石の湯(일반 620엔, 초등학생 300엔, 미취학 아동 200엔) 온천도 있다.

📍 別府市鉄輪559-1 📞 +81-97-727-6655 🏠 oniishi.com/oniishi-bouzu-jigoku

바다 지옥 海地獄

1200년 전 츠루미다케(츠루미산)의 분화로 형성된 온천 중 하나로, 수면이 바다색을 띤다. 관광지 설비 후 지옥 온천 중 최초로 입장료를 받기 시작하면서 지옥 순례가 시작되었다. 봄의 철쭉, 여름의 수련, 가을의 단풍, 겨울의 설경 등 계절이 드러나는 조경이 아름답다.

📍 別府市大字鉄輪559-1 📞 +81-97-766-0121 🏠 www.umijigoku.co.jp

혈지 지옥 血の池地獄

일본에서 가장 오래된 천연 지옥이다. 산화마그네슘 성분 때문에 진흙이 붉게 보여 혈지 지옥이라 불린다. 내부에 무료 족욕탕이 있고 산책로 언덕 위에 전망대도 있다. 특히 100평 규모의 기념품점에서는 혈지 지옥의 진흙을 사용해 만든 연고를 판매하는데 기념품으로 인기다.

📍 別府市野田778 📞 +81-12-045-9554 🏠 chinoike.com

회오리 지옥 龍巻地獄

여느 지옥과 달리 물이 증기의 압력에 의해 지면 위로 솟아오르는 간헐천이 있다. 온천수가 일정한 간격으로 힘차게 뿜어져 나오는데, 최대 30m까지 되지만 안전상 너무 높이 솟지 못하게 막아두었다. 입구 앞의 빨간 불이 켜져 있으면 물이 곧 나오거나 현재 나오고 있다는 뜻이다.

📍 別府市野田782 📞 +81-97-766-1854

전망대 이상의 매력

키후네성 貴船城 ♀기후네 성

칸나와 온천 부근의 언덕에 위치한 요새로 헤이안 시대 말에 지어졌다. 흰 뱀을 보호하고 수호신으로 모시는데, 실제로 길이가 3m 가까이 되는 살아 있는 흰 뱀을 만져볼 수 있다. 성 정원에서 바라보는 경치도 좋지만 천수각 3층 전망대에서 증기가 피어나는 온천 마을과 벳푸만이 어우러진 풍경을 360도로 즐길 수 있다.

🏃 버스 5·7·20번 칸나와鉄輪 정류장에서 도보 17분
📍 別府市鉄輪926 🕐 08:00~17:00
¥ 일반 300엔, 초등·중학생 150엔 📞 +81-97-766-1181

유노하나가 만들어지는 과정

묘반 유노사토 みょうばん 湯の里 ♀유노하나 유황재배지

온천의 꽃이란 의미를 가진 '유노하나湯の花'는 온천 침전물을 가공해 만드는 천연 입욕제다. 이곳에서 성분을 직접 채취 및 가공해 만드는데, 일반 유노하나와 제조 방법이 달라 약용(의약외품)으로 취급된다. 300년 전 에도 시대부터 사용한 방법을 지금까지 고수한다. 일련의 과정을 직접 견학할 수 있으며 채취한 유노하나로 만든 입욕제와 화장품 등도 구입 가능하다. 노천탕과 가족탕이 있어 온천도 즐길 수 있다.

🏃 버스 5·24·41번 지조유마에地蔵湯前 정류장에서 도보 5분
📍 別府市明礬温泉6 🕐 상점 09:00~18:00, 온천 10:00~18:00
(주말 ~19:00), 1시간 전 입장 마감 📞 +81-97-766-8166
🏠 yuno-hana.jp

일본 야경 유산

유케무리 전망대 湯けむり展望台 ♀유케무리 전망대

2010년 일본 공영 방송 NHK가 뽑은 〈21세기에 보존하고 싶은 일본의 풍경〉에서 후지산에 이어 2위에 오른 전망대다. 하얀 증기가 피어오르는 온천 마을의 풍경을 즐길 수 있는데, 2010년 일본 야경 유산日本夜景遺産으로도 선정되었다. 주말과 공휴일에는 라이트 업이 진행된다. 명성에 비해 규모는 작은 편이고 주택가에 있어 주차 공간이 협소하니 평일 낮에 방문하는 것을 추천한다.

🏃 버스 5·7·20번 칸나와鉄輪 정류장에서 도보 18분
📍 別府市鉄輪東8 🕐 08:00~21:00, 라이트 업 19:00~21:00

온천 후 즐기는 프랑스 요리
레스토랑 미츠보시 レストラン三ツ星 ♀미츠보시 레스토랑

30년의 전통을 자랑하는 프렌치 레스토랑이다. 와규 안심과
버섯을 넣은 밥에 노란 달걀을 덮고 5일간 끓인 데미그라스
소스를 부은 오므라이스オムライス(1,430엔)가 대표 메뉴
다. 부드러운 햄버그스테이크ハンバーグ(1,980엔)는 런치
세트로 주문하면 밥 또는 빵과 샐러드, 커피가 포함되어
합리적인 가격에 즐길 수 있다. 칸나와 버스 정류장 앞에
위치해 지옥 순례 중 들르기 좋다.

🚶 버스 5·7·20번 칸나와鉄輪 정류장 앞　♀別府市鉄輪284みゆき坂
🕐 11:00~15:00, 17:00~21:00, 1시간 전 주문 마감　❌ 화요일
📞 +81-97-767-3536　🏠 mitsuboshi3.starfree.jp

온천 증기로 쪄낸 산해진미
지옥찜 공방 칸나와 地獄蒸し工房 鉄輪
♀ Jigokumushikobo Kannawa

에도 시대부터 사용해온 전통 조리법으로 온천에서 솟아나는
고온의 증기를 이용해 지옥찜 요리를 직접 체험하고 맛볼 수 있
다. 재료를 직접 골라 솥으로 쪄 먹는 방식인데, 솥 이용료는 별
도다. 재료는 낱개 혹은 세트로 구입할 수 있다. 해산물 세트
海鮮セット(1,800엔)와 모둠인 지옥찜 보물 상자地獄蒸し玉手箱
(2,200엔)가 인기 메뉴다. 항상 사람이 많아 대기가 필수인데,
기다리는 동안 온천 시음과 무료 족욕을 즐길 수 있다.

🚶 버스 5·7·20번 칸나와鉄輪 정류장에서 도보 1분　♀別府市風呂本5
🕐 10:00~19:00, 1시간 전 주문 마감　❌ 셋째 수요일, 부정기
📞 +81-97-766-3775　🏠 igokumushi.com

부드러운 온천수 푸딩
오카모토야 매점 岡本屋売店 ♀오카모토야 지옥찜푸딩

저렴한 가격에 푸짐한 식사를 즐길 수 있는 음식점인데, 온천수
를 이용해 만든 지옥찜 푸딩地獄蒸し®プリン(440엔)이 식사 메
뉴보다 더 유명하다. 쌉싸름한 캐러멜과 부드럽고 진한 푸딩은
남녀노소 누구나 좋아할 맛이다. 기본인 커스터드 맛 외에 바나
나, 커피, 말차 등이 있다. 향토 음식인 토리텐(715엔)과 온천 증
기로 찐 지옥찜 소금 달걀地獄蒸し塩たまご(143엔)도 인기다.

🚶 버스 5·24·41번 지조유마에地蔵湯前 정류장 앞　♀別府市明礬3
🕐 08:30~18:30(매장 ~18:00), 1시간 전 주문 마감
📞 +81-97-766-6115　🏠 jigoku-prin.com

동서양 문화의 조화

우스키 臼杵

오이타현 동부 해안가에 위치한 우스키는 간장과 된장 등의 양조업으로 유명한 도시다.
바닷가는 평지, 내륙은 산지로 이루어져 있으며, 시코쿠 에히메현의
야와타하마시를 잇는 여객선이 운행된다. 규슈에서 처음으로 국보로 지정된
우스키 마애불이 유명할 뿐만 아니라 신카이 마코토 감독의 애니메이션
〈스즈메의 문단속〉의 배경지로도 알려졌다. 일명 '스즈메 성지'로 불리며
작품 속 장소를 만나기 위해 해마다 많은 관광객이 찾는다.

이동 방법

오이타역   우스키역
○----------------------------------○
JR ⏱ 45분 ¥ 760엔

우스키 시내를 한눈에
우스키성 터 臼杵城跡 ♀ 우스키 성

1562년 우스키 중심에 세워진 우스키성은 여행의 시작점이다. 원래 바다에 둘러싸인 요새였지만, 주변을 매립하여 현재는 내륙에 위치한다. 기독교로 개종하여 세례를 받은 다이묘 오토모 소린大友宗麟의 저택이었으나, 이후 이나바稲葉 가문이 15대에 걸쳐 거주하며 우스키를 다스렸다. 번이 폐지된 후 1873년 철거되어 지금은 2개의 망루와 정원 일부 그리고 돌담만 남아 있다. 봄에는 약 1000그루의 벚꽃이 활짝 피어 꽃놀이 명소가 된다. 평소에는 공원으로 이용되어 산책과 게이트볼 등 문화생활을 즐기는 시민들의 모습을 쉽게 볼 수 있다. 2017년 재단법인 일본성곽협회가 선정한 일본 100대 성에도 선정되었다.

🚶 우스키역에서 도보 16분 ♀ 臼杵市臼杵丹生島91-1

우스키 속 작은 교토
니오자 역사 거리
二王座歴史の道 ♀ Nioza Historical Road

아소산의 화산재가 굳어 형성된 언덕으로, 바위를 이곳저곳 깎아 길을 만들었다. '우스키 성하 마을'로도 불리는데, 일본 국토교통부가 선정한 도시 경관 100선에 뽑히기도 했다. 옛 풍경을 고이 간직한 거리는 마치 시간을 거슬러 오른 듯한 느낌이다. 특히 비 오는 날에는 거리의 조약돌이 검게 빛나 더욱 운치 있는 풍경이 된다. 거리 주변에는 우스키의 대표 사원 중 하나이자 시내를 내려다볼 수 있는 겟케이지月桂寺, 독특한 외관이 눈에 띄는 지역 커뮤니티 공간 살라 데 우스키サーラ・デ・うすき 등이 자리해 산책하며 들르기 좋다.

🚶 우스키역에서 도보 16분
♀ 臼杵市臼杵192-6
🏠 oitaisan.com/heritage/二王座-歴史の道

〈스즈메의 문단속〉 배경지

오이타 현립 우스키 고등학교

大分県立臼杵高等学校 📍Usuki High School

일본 애니메이션 〈스즈메의 문단속〉에서 주인공 스즈메가 다니던 고등학교의 배경이 된 장소다. 영화 속 장면과 비교했을 때 외벽과 주변의 나무는 약간 다르지만, 대체로 애니메이션 속 풍경과 유사하다. 우스키 고등학교를 지나면 철도 건널목이 나오는데, 이 장소 또한 영화 초반에 등장한 배경과 비슷해서 많은 팬이 성지 순례를 위해 찾아온다.

🚶 우스키역에서 도보 7분 📍臼杵市大字海添2521-1
📞 +81-97-262-5145 🏠 kou.oita-ed.jp/usuki

시내 중심에 위치한 역사 깊은 신사

우스키 야사카 신사 臼杵八坂神社
📍Usukiyasaka Shrine

1,000년 이상의 역사를 지닌 신사로 우스키 성하 마을에 위치한다. 마을 입구에서 신사로 들어가는 길에 돌로 만든 도리이가 서 있는데 웅장한 모습이 멋지다. 시민들은 이곳에서 건강과 출산, 사업 번영을 위해 기도를 드린다. 매년 7월 중순 오이타현 3대 기온 마츠리 중 하나인 우스키 기온 마츠리臼杵祇園まつり가 열린다.

🚶 우스키역에서 도보 15분 📍臼杵市臼杵1
📞 +81-97-262-3673 🏠 usukiyasakajinnjya.jp

주인공들이 배를 타던 그곳

우스키항 臼杵港 📍Usuki Port

애니메이션 〈스즈메의 문단속〉에서 주인공 스즈메와 소타가 시코쿠 지역으로 넘어가기 위해 주황색 페리를 탔던 항구의 배경이다. 실제로 우스키항 페리터미널에서는 영화에 등장한 주황색 페리를 운항하며 우스키와 에히메현 야와타하마를 하루 4회 오간다. 페리터미널 앞 간판과 주변 분위기는 영화 속 장면과 자못 흡사하며, 우스키의 바다 풍경을 보는 것만으로도 방문할 가치가 있다.

🚶 우스키역에서 도보 12분 📍臼杵市板知屋1257-7
📞 +81-97-264-0631

철판에 구워 먹는 닭 요리
닭 요리 유후 鳥料理ゆふ 🔍 Yufu

1913년 문을 연 이래 110년이 넘도록 자리를 지켜온 음식점으로 건물의 외관에서부터 세월의 흔적이 느껴진다. 닭 요리 전문점이어서 다양한 부위를 이용한 음식을 맛볼 수 있다. 특히 영계의 허벅살에 칼집을 내고 철판에 구운 유후 정식(1,480엔)이 대표 메뉴다. 밥, 샐러드, 된장국, 반찬이 함께 나온다. 그 밖에도 오이타현 향토 음식인 토리텐 정식(950엔), 치킨난반 정식(950엔) 등이 있어 취향에 따라 맛있게 즐길 수 있다.

🚶 우스키역에서 도보 15분   📍 臼杵市唐人町573   🕐 11:30~14:00, 17:00~21:00, 30분 전 주문 마감   ✖ 화요일, 셋째 월요일   📞 +81-97-263-5393   🏠 yufu-usuki.jp

단짠단짠 된장 아이스크림
카페 카기야 カフェかぎや   🔍 Kagiya

우스키 성하 마을의 메인 거리 한가운데 자리한 가게로, 규슈에서 가장 오래된 양조장에서 함께 운영하는 카페다. 거리를 산책하다 가볍게 들러 디저트를 즐기기 좋다. 특히 된장 과자와 소스를 올린 미소 소프트みそソフト(400엔)는 양조업으로 유명한 우스키 지역을 상징하는 맛이라고 해도 과언이 아니다. 꽃게를 사용한 간장이 유명해 관련 상품 또한 매장에서 직접 구입할 수 있다. 내부는 갤러리 형태인데, 옛 분위기를 그대로 간직하고 있어 구경할 겸 들르기에도 좋다.

🚶 우스키역에서 도보 15분
📍 臼杵市臼杵218   🕐 11:00~17:00
✖ 화요일   📞 +81-97-263-1177
🏠 www.kagiya-1600.com

살아 있는 온천과 화산
가고시마 鹿児島

규슈 남부, 일본 본토를 기준으로 최남단에 위치한 가고시마는 다양한 자연 경관이 어우러진 도시다. 특히 도심 어디서든 만날 수 있는 사쿠라지마섬 화산의 웅장한 모습이 눈길을 사로잡는다. 시내 중심을 가로지르는 노면전차의 감성도 매력적이며, 관광객을 위한 교통 패스도 잘 마련되어 있다. 하카타와 가고시마추오를 빠르게 이동할 수 있는 규슈 신칸센의 종점으로 후쿠오카와 구마모토에서도 쉽게 접근할 수 있으며 규슈 남동쪽의 미야자키 등 주변 지역으로 이동하기도 편리하다. 최근 소도시에 대한 관심이 커지며 가고시마로 취항하는 항공사들이 늘어나 많은 주목을 받고 있다.

가고시마 공항
버스 40분
페리 15분
가고시마
사쿠라지마
버스 2시간
JR 1시간 15분
고속선 1시간 50분
이부스키
야쿠시마

관광안내소

가고시마추오역 종합관광안내소

🚶 가고시마추오역 내 　📍 鹿児島市中央町1-1 　🕐 08:00~17:00
📞 +81-99-253-2500 　🏠 www.kagoshima-yokanavi.jp

가고시마
이동 루트

대한항공과 제주항공에서 가고시마 직항 편을 운항하며, 가고시마 공항에서 시내까지는 공항버스로 약 40분이 소요된다. JR규슈 레일패스와 산큐패스의 남큐슈 티켓을 이용해 미야자키 혹은 구마모토에서 가고시마로도 많이 이동하며 후쿠오카에서도 신칸센으로 1시간 15분이면 도착한다.

이동 시간

 인천 국제공항

비행기 1시간 35분

가고시마 공항

버스 40분

가고시마추오역

가고시마
공항에서 이동

가고시마 공항은 3층 규모로 국내선과 국제선 건물이 거의 붙어 있지만 다른 건물을 사용한다. 국제선은 도착(1층)과 출발(2층), 대합실(3층)로 운영되며 국내선도 동일하다. 각 시내로 이동하는 버스와 택시 승차장은 국내선 터미널 쪽에 있다. 가고시마추오역을 포함해 시내로 이동할 때는 8번 승차장을 이용하며 가고시마교통鹿児島交通 또는 남국교통南国交通의 공항버스를 평균 15분 간격으로 운행한다. 이부스키행 공항버스는 7번 승차장을 이용하며 하루 4대를 운행한다. 야쿠시마로 갈 때는 국내선 항공편을 이용해 야쿠시마 공항으로 가며, 약 40분이 소요된다.

가고시마 공항 鹿児島空港 ♀ 霧島市溝辺町麓822
🕐 **공항버스** 가고시마 시내행 08:40~21:30, 15분 간격 운행, 이부스키행 11:30~17:00, 4대 운행
📞 +81-099-558-2110 🏠 www.koj-ab.co.jp

가고시마 공항 족욕탕

가고시마 공항 국내선 1층 2번과 3번 출구 사이에는 천연 온천 족욕탕인 오얏토사ぉやっとさぁ가 있다. 온천으로 유명한 가고시마를 홍보하기 위해 마련한 시설로 누구나 무료로 이용할 수 있다. 수건(300엔)은 자판기를 통해 구입할 수 있다.
🕐 09:00~19:30

공항 출발지	소요 시간 / 요금	도착지
8번 승차장	공항버스 40분 / 1,400엔	가고시마추오역
	공항버스 45분 / 1,400엔	텐몬칸
7번 승차장	공항버스 2시간 / 2,800엔	이부스키역 앞

주변 지역에서 JR로 이동

하카타역과 가고시마추오역을 오가는 규슈 신칸센이 운행된다. 총 3개의 열차 중 미즈호를 이용하면 구마모토에서 직통으로, 하카타에서는 구마모토 1회 정차로 가장 빠르게 이동할 수 있다. 하카타 혹은 구마모토에서 가고시마추오로 가는 JR 열차는 특급, 쾌속, 보통이 있지만 정차가 많고 최소 1회 이상 환승해야 해서 시간이 많이 소요된다. 미야자키에서 가고시마는 특급, 보통 열차가 오가지만, 대부분의 역에 정차하기 때문에 소요 시간이 크게 다르지 않다. 이부스키에서는 특급 혹은 보통 열차로 이동할 수 있다. 특히 특급 열차인 이부스키노 타마테바코(이부타마)는 관광 열차로 인기가 높아 예약이 필수다.

JR규슈 🏠 www.jrkyushu.co.jp

출발지	소요 시간 / 요금	도착지	JR규슈 레일패스
하카타	보통 7시간 20분(환승) / 6,740엔	가고시마추오	전규슈
	신칸센 1시간 15분 / 10,440엔		
구마모토	보통 4시간 15분(환승) / 4,350엔		남규슈
	신칸센 45분 / 6,870엔		
이부스키	보통 1시간 15분 / 1,020엔		
	이부타마 50분 / 2,800엔		
미야자키	보통 2시간 30분(환승) / 2,530엔		
	특급 2시간 15분 / 4,330엔		

주변 지역에서 버스로 이동

가고시마는 규슈 남쪽에 위치해 남큐슈 산큐패스를 사용할 수 있다. 가고시마교통은 시내버스와 현대를 오가는 버스 그리고 공항버스를 운영한다. 후쿠오카 하카타와 텐진에서 오가는 직행버스가 운행되며 구마모토역과 사쿠라마치 버스터미널에서도 직행버스가 운행된다. 단, 미야자키에서 가고시마로 가는 직행버스는 없고 규슈의 중심인 구마모토에서 환승해야 하므로 두 지역 간의 이동은 추천하지 않는다.

가고시마교통 🏠 www.iwasaki-corp.com

출발지	소요 시간 / 요금	도착지	산큐패스
하카타 버스터미널	4시간 35분 / 7,000엔	가고시마추오역 앞	전규슈
니시테츠 텐진 고속버스 터미널	4시간 55분 / 7,000엔		
구마모토역 앞	3시간 25분 / 4,100엔		남큐슈
사쿠라마치 버스터미널	3시간 15분 / 4,100엔		
이부스키역 앞	1시간 40분 / 1,210엔		

가고시마
시내 대중교통

가고시마의 시내 중심과 관광지는 노면전차와 관광버스 가고시마 시티뷰 버스로 편리하게 이동할 수 있다. 가고시마 시내를 돌아다니려면 노면전차를, 외곽의 센간엔과 시로야마 등으로 가려면 가고시마 시티뷰 버스를 이용하면 된다. 단, 가고시마현 내에서는 라피카로 불리는 교통카드나 현금만 이용할 수 있다.

노면전차 鹿児島市電

가고시마 시내를 가로지르는 가장 보편적인 교통수단이다. 가고시마추오역을 기준으로 남쪽의 마린포트, 북쪽의 가고시마역과 사쿠라지마 페리터미널 등 시내 중심부와 주요 명소까지 연결한다. 총 2개의 노선으로 운영되며 텐몬칸부터 가고시마역 사이는 1·2호선이 합쳐지는 구간이라 운행 간격도 짧아 편하게 이용할 수 있는 것이 장점이다. 요금은 거리와 상관없이 전 노선이 균일하다.

🕐 06:00~22:45, 1호선 5~8분, 2호선 6~7분, 1·2호선 공통 2~3분 간격 운행
¥ 일반 170엔, 초등학생 80엔　🏠 www.kotsu-city-kagoshima.jp

시내버스 市内バス

노면전차 정류장 주변과 시외 지역까지 폭넓게 이동할 수 있는 수단이다. 단, 노면전차보다 요금이 비싸기 때문에 시내 위주로 이동할 때는 물론이고 시외 지역 이동 또한 시티뷰 버스를 이용하면 돼서 탑승할 일이 거의 없다.

¥ 일반 230엔~, 초등학생 120엔~

가고시마
시티뷰 버스
鹿児島シティビュー

가고시마 시내의 주요 관광지를 오가는 관광버스다. 1일 승차권 혹은 큐트패스로 탑승이 가능하며 각 관광지 앞에서 하차하므로 알찬 일정을 보내기에 적합하다.

🕐 08:00~17:00, 하루 19대·30분 간격 운행　¥ 1일반 230엔, 초등학생 120엔
🏠 www.kotsu-city-kagoshima.jp/kr/k-sakurajima-tabi

버스 이용 시 추천 코스
텐몬칸 → 시로야마(전망대) → 사츠마의사비 앞(레이메이칸) → 센간엔 → 가고시마 수족관 앞

노면전차 노선도

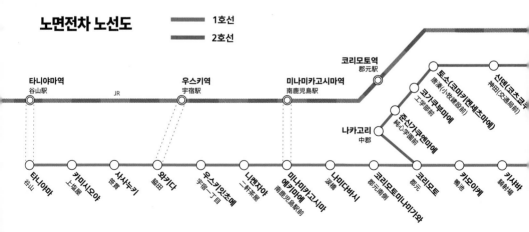

182

전차와 버스까지!
1일 승차권 一日乗車券

당일 기준으로 노면전차와 버스, 시티뷰 버스를 무제한 탑승할 수 있는 1일 승차권(1일권)이다. 하루 동안 노면전차 및 버스를 4회 이상 이용한다면 승차권을 구매하는 것이 이득이다. 'Japan Transit Planner' 앱을 통해서도 1일권 혹은 24시간권을 구매해 이용할 수 있다. 하차 시 앱을 열어 기사에게 모바일 티켓을 보여주면 된다.

¥ 1일권 일반 600엔, 초등학생 300엔, **24시간권(앱 전용)** 일반 800엔, 초등학생 400엔
※가고시마추오역 관광안내소, 노면전차와 가고시마 시티뷰 버스 운전기사에게 구매

페리 フェリー

가고시마 대표 관광지인 사쿠라지마와 태고의 섬 야쿠시마를 왕복하는 이동 수단이다. 사쿠라지마행은 주중 102편, 주말과 공휴일 112편을 24시간 운항하며 소요 시간은 약 15분이다. 산큐패스로도 사쿠라지마행 페리를 이용할 수 있다. 야쿠시마행은 가고시마 혼코 미나미 부두鹿児島本港南埠頭에서 고속선(1시간 50분 이상 소요) 또는 일반 페리(4시간 소요)를 이용해 야쿠시마 미야노우라항宮之浦港 혹은 안보항安房港으로 이동한다.

¥ 사쿠라지마행 일반 250엔, 초등학생 130엔, **야쿠시마행**(고속선/페리 왕복) 일반 22,300엔/6,000엔, 초등학생 11,150엔/3,000엔 **🏠 사쿠라지마행**(사쿠라지마페리) www.city.kagoshima.lg.jp/sakurajima-ferry/index.html, 야쿠시마행 고속선 www.tykousoku.jp, 페리 ferryyakusima2.com

가고시마 여행의
필수 패스, 큐트 CUTE

티켓 하나로 가고시마 시영 버스(가고시마 시티뷰 버스, 사쿠라지마 아일랜드뷰 버스 포함)와 노면전차, 사쿠라지마행 페리를 모두 이용할 수 있는 패스로 정해진 날짜에 무제한으로 탑승할 수 있다. 가고시마 시내와 사쿠라지마 관광에 최적화된 티켓이라 매우 편리하다. 종이 형태의 티켓은 당일 연월일 부분을 긁어서 사용하며 하차 시 직원에게 보여주면 된다. 대중교통뿐만 아니라 주요 관광 명소의 입장권도 할인되니 쓸수록 이득이다.

¥ 1일권 일반 1,300엔, 어린이 650엔 **2일권** 일반 1,900엔, 어린이 950엔
※가고시마추오역 관광안내소, 가고시마추오역 동쪽 출구 광장 관광안내소, 텐몬칸 관광안내소 등에서 구매 **🏠** www.kagoshima-yokanavi.jp/article/one-day-pass

가고시마 2박 3일 추천 코스

가고시마에는 관광지가 많아 시내에서만 시간을 보내도 충분히 알차다. 하지만 온천으로도 유명한 만큼 하루 정도 시간을 내서 근교를 다녀오는 것도 좋다. 대중교통을 이용해 충분히 여행을 즐길 수 있고 각 관광지 간의 거리도 멀지 않다.

💰 예상 경비

식비 13,000엔~ + 입장료 4,940엔 + 교통비 5,040엔 + 쇼핑 비용 = 총 22,980엔~

✅ 참고 사항

첫째 날과 둘째 날은 가고시마 시내와 사쿠라지마를 위주로 둘러보니 노면전차, 페리, 버스에 무제한 탑승 가능한 큐트패스 2일권을 구입하자. 첫날은 텐몬칸 주변과 시로야마 그리고 워터프런트 주변의 관광지를 한데 묶어 버스와 노면전차를 이용하며 일정을 보낸다. 패스가 있으니 식사는 편하게 텐몬칸으로 이동해 해결하는 것이 좋다. 큐트패스 특전으로 이오월드 가고시마 수족관과 레이메이칸의 입장료도 할인받을 수 있다.

둘째 날은 큐트패스의 활용도가 가장 높은 날로 페리와 아일랜드뷰 버스를 이용해 사쿠라지마를 둘러본다. 단, 식사할 곳이 마땅치 않으므로 시내로 돌아와 센간엔 안에서 간식을 사 먹거나 이동하면서 편의점을 이용하는 것을 추천한다.

셋째 날에는 온천을 즐길 수 있는 근교의 이부스키로 이동한다. 단, 버스가 자주 다니지 않으니 모래찜질과 노천 온천을 즐길 수 있는 장소만 방문하고 저녁에 가고시마로 복귀한다. 저녁 식사는 가고시마역 주변의 야타이무라에서 현지 감성을 느끼며 식사 겸 야식으로 즐겨보자.

Day 1

○ 가고시마성 터 P.204

도보 1분

○ 레이메이칸 P.204

가고시마 시티뷰 버스 5분

○ 시로야마 공원 전망대 P.203

가고시마 시티뷰 버스 16분

점심 아지노 롯파쿠 P.195

도보 2분

카페 라임 라이트 P.197

도보 5분

쇼핑 센테라스 텐몬칸 P.192

버스 8분

이오월드 가고시마 수족관 P.205

도보 5분

워터프런트 파크 P.205

도보 3분

저녁 멧케몬 P.209

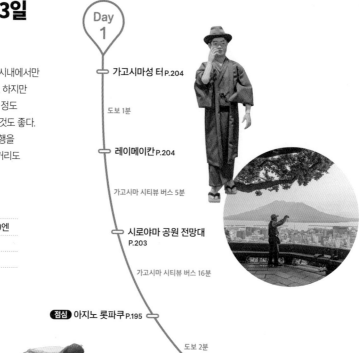

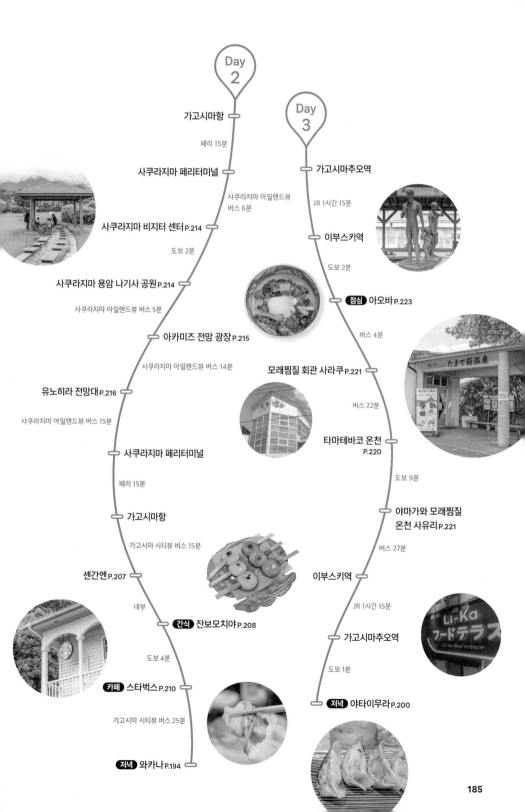

Day 2

가고시마항

페리 15분

사쿠라지마 페리터미널

사쿠라지마 아일랜드뷰
버스 6분

사쿠라지마 비지터 센터 P.214

도보 2분

사쿠라지마 용암 나기사 공원 P.214

사쿠라지마 아일랜드뷰 버스 5분

아카미즈 전망 광장 P.215

사쿠라지마 아일랜드뷰 버스 14분

유노히라 전망대 P.216

사쿠라지마 아일랜드뷰 버스 15분

사쿠라지마 페리터미널

페리 15분

가고시마항

가고시마 시티뷰 버스 15분

센간엔 P.207

내부

간식 잔보모치야 P.208

도보 4분

카페 스타벅스 P.210

가고시마 시티뷰 버스 25분

저녁 와카나 P.194

Day 3

가고시마추오역

JR 1시간 15분

이부스키역

도보 2분

점심 아오바 P.223

버스 4분

모래찜질 회관 사라쿠 P.221

버스 22분

타마테바코 온천
P.220

도보 9분

야마가와 모래찜질
온천 사유리 P.221

버스 27분

이부스키역

JR 1시간 15분

가고시마추오역

도보 1분

저녁 야타이무라 P.200

가고시마역 주변

센간엔

이소 해수욕장

JR 가고시마역

가고시마성 터

가고시마-사쿠라지마

가고시마항

시로야마 공원 전망대

이오월드 가고시마 수족관

워터프런트 파크

가고시마 혼코 미나미 부두

가고시마-아쿠시마

텐몬칸도리

유신 후루사토관

JR 가고시마추오역

가고시마추오역 주변

가고시마 전도

N
W   E
S

0   500m

🚢 사쿠라지마 페리터미널

🚶 사쿠라지마 용암 나기사 공원

유노히라 전망대 🚶

🚶 카라스지마 전망대

아카미즈 전망 광장 🚶

사쿠라지마

가고시마의 교통과 번화가의 중심

가고시마추오역
주변 鹿児島中央駅

#신칸센 #텐몬칸 #메이지 유신
#가고시마 흑돼지 #야타이무라

규슈 신칸센의 종착지인 가고시마추오역 주변에서는 교통의 허브답게
고속철도와 일반철도, 노면전차, 고속버스, 시내버스, 시외버스 및
공항버스를 모두 이용할 수 있다. 중심 중의 중심이어서 인프라가 풍부하며
대형 쇼핑몰과 저녁을 책임지는 포장마차촌이 있다. 강 주변으로는
메이지 유신의 역사를 따라 산책할 수 있는 길도 펼쳐진다.
텐몬칸은 가고시마에서 가장 번화한 지역으로 언제나 활기가 넘치고
수많은 상점이 즐비해 쇼핑과 식사를 책임진다.

가고시마추오역 주변
상세 지도

텐몬칸

이즈로도리

텐몬칸도리

타카미바바

카지야초

코토추갓코마에

타카미바시

① 아뮤플라자 가고시마
　카츠주
　자본 라멘

① 유신 후루사토관

가고시마추오역 JR

가고시마추오역
종합관광안내소

야타이무라 바스치카 구역　BUS 이신후루사토칸마에
가고시마추오에키마에

신야시키

야타이무라 라이카 구역

0　50m

② 이치니산

사비에르 공원

와카나　①

③

② 이치니산
① 와카나

⑦ 커피 이즈미
라임 라이트 ⑥

아지노 롯파쿠

코무라사키 ③

BUS 텐몬칸

마루야
가든즈 ④

④ 요시미야 라멘

사츠마 조키야 카가시요코초 ⑨

아게타테야 ⑩

BUS 텐몬칸

텐몬칸 마농 ⑧

텐몬칸도리

③ 센테라스 텐몬칸

② 텐몬칸도리

돈키호테 ⑤

쿠로부타

무자키 ⑤

아지노 톤카츠 마루이치

타카미바바

② 텐몬칸 공원

189

유신 후루사토관 維新ふるさと館 ♀카고시마시 유신후루사토관

19세기 후반 근대화를 위해 정치, 사회, 경제적 변혁이 이루어졌던 메이지 유신의 모든 것을 한눈에 살펴볼 수 있는 관광 시설로 한국어 음성 가이드를 지원한다. 메이지 유신의 주역이었던 사이고 타카모리西鄕隆盛와 오쿠보 토시미치大久保利通의 출신지에 위치해 유신의 고향으로 불린다. 주요 사건과 당시의 물건들이 전시된 1층, 영상을 상영하는 B1층으로 이루어져 있다. 건물 앞 강변을 따라 조성된 역사의 길 '이신후루사토노미치維新ふるさとの道'에는 에도 시대 말부터 메이지 유신까지의 궤적을 살펴볼 수 있는 유적지와 안내판 등이 설치되어 있다.

🚶 ① 가고시마추오역에서 도보 8분
② 시티뷰 버스 이신후루사토칸마에維新ふるさと館前 정류장에서 도보 3분
📍 鹿児島市加治屋町23-1
🕐 09:00~17:00, 30분 전 입장 마감
💴 일반 300엔, 초등·중학생 150엔
📞 +81-99-239-7700
🏠 ishinfurusatokan.info

텐몬칸 공원 天文館公園 ♀텐몬칸공원

번화가 텐몬칸의 중심에 자리 잡은 공원으로 아이들을 위한 놀이 시설과 음악 분수가 있다. 널따란 광장과 잔디밭이 있어 수시로 다양한 행사가 열린다. 겨울에는 공원 일대에 일루미네이션이 펼쳐져 텐몬칸의 밤을 밝힌다.

🚶 ① 노면전차 1·2호선 텐몬칸도리 정류장에서 도보 5분
② 시티뷰 버스 텐몬칸天文館 정류장에서 도보 5분
📍 鹿児島市千日町9-30

사비에르 공원 ザビエル公園 ♀자비에루 공원

16세기 중반 일본에 천주교를 처음으로 전파한 선교사 프란시스코 사비에르Francisco Xavier의 업적을 기리기 위해 지은 교회다. 제2차 세계대전 중 화재로 건물이 소실되어 석조 교회의 일부와 그의 흉상을 이 공원으로 옮겼다. 규모는 작지만 성지 순례로 많이 방문하는 공원이다.

🚶 ① 노면전차 1·2호선 타카미바바 정류장에서 도보 8분
② 시티뷰 버스 텐몬칸天文館 정류장에서 도보 7분
📍 鹿児島市東千石町4-1

쇼핑과 야경을 한 번에 ······ ①

아뮤플라자 가고시마

アミュプラザ鹿児島

📍 아뮤플라자 가고시마

주요 매장

6층	영화관, 아뮤란(관람차)
5층	식당가
3층	유니클로
2층	빅카메라, 산리오
1층	러쉬, 빔즈
B1층	무인양품

🚶 가고시마추오역과 연결 📍鹿児島市中央
町1-1 🕐 본관 10:00~20:00, 식당가 11:00
~22:00, WE 11:00~21:00, 아뮤란 12:00~
19:45(주말 10:00~), 매장마다 다름
¥ **아뮤란** 일반 500엔, 초등·중·고등학생
300엔 📞 +81-99-812-7700
🏠 amu.jrkagoshimacity.com

가고시마추오역 동쪽 출구 앞에 위치한 본관과 AMU WE로 구성되어 있다. 본관 1층부터 4층까지는 패션과 잡화, 5층은 식당가가 있으며, AMU WE 2층은 체인 음식점이 모여 있고 역과도 연결된다. 1층의 야외 광장 아뮤 스퀘어에서는 늘 다양한 이벤트가 펼쳐진다. 특히 본관 6층에 위치한 아뮤란アミュラン 관람차는 아뮤플라자의 상징으로 최대 91m의 상공에서 36개의 곤돌라가 매일 분주히 움직인다. 가고시마 시내와 사쿠라지마를 한눈에 담을 수 있으며 밤이 되면 조명을 밝혀 야경 명소로 탈바꿈한다. 아뮤플라자 앞은 교통의 중심으로 시내 및 시외 각지로 오가는 버스 정류장이 있다.

흑돼지 돈가스 전문점

카츠주 かつ寿

현지인도 줄서서 먹는 유명 가고시마산 흑돼지 돈가스 전문점. 돈가스를 가벼운 식감으로 튀겨내 겉은 바삭하고 속에는 육즙이 가득하다. 두껍게 썬 흑돼지 등심 돈가스 정식厚切りロース黒豚かつ定食(2,618엔)이 대표 메뉴다.

📍 본관 B1층 🕐 11:00~20:00(주말 10:00~), 30분 전 주문
마감 📞 +81-99-812-7127 🏠 www.jf-group.co.jp

담백한 돈코츠 라멘

자본 라멘 ざぼんラーメン

70여 년 전 문을 연 돈코츠 라멘 전문점이다. 대표 메뉴는 자본 라멘(900엔)으로 양배추, 숙주, 차슈 등 7가지의 재료를 사용한다. 면 아래 있는 간장 소스와 섞어 먹는데, 깔끔하고 담백한 육수가 특징이며 짜지 않아 한국인 입맛에 잘 맞는다.

📍 본관 B1층, WE 2층 🕐 본관 11:00~20:00(30분 전 주문
마감), WE 10:00~22:00(1시간 전 주문 마감)
📞 본관 +81-99-250-1600, WE +81-99-255-9395

미식과 쇼핑의 중심지 ⋯⋯ ②

텐몬칸도리 天文館通り ♀Tenmonkan Street

가고시마에서 가장 번화한 아케이드 거리로 미식과 쇼핑
의 중심지로 불린다. 흑돼지 돈가스와 가고시마 라멘 등
향토 음식 전문점과 아기자기한 카페가 골목골목마다 숨
어 있다. 아케이드 주변에 비즈니스호텔도 많아 가고시마
여행의 베이스캠프로 삼기 좋다. 특히 밤늦게까지 운영
하는 이자카야나 바가 즐비해 늦은 시간까지 분위기가
활기차다.

🚶 ① 노면전차 1·2호선 텐몬칸도리 정류장 앞 ② 시티뷰 버스
텐몬칸天文館 정류장 앞 ♀ 鹿児島市東千石町17-4
🏠 tenmonkan.info/tenmonkan-dori

쇼핑하고 휴식하고 ⋯⋯ ③

센테라스 텐몬칸 センテラス天文館 ♀CenTerrace TENMONKAN

2022년 텐몬칸도리 중심에 자리 잡은 15층 규모의 복합 쇼핑센터다. 1층부터
3층까지는 패션 및 잡화, 7층부터 14층까지는 호텔로 운영하며 15층에는 스카
이뷰 레스토랑이 자리한다. 4~5층에는 도서관과 카페가 있어 책을 보거나 휴식
을 취하기 좋으며, 6층의 야외 정원에서는 사쿠라지마의 풍경을 한눈에 담을 수
있다. 1층 입구에 관광안내소가 있어 여행 정보를 얻거나 티켓 구매도 가능하다.

🚶 ① 노면전차 1·2호선 텐몬칸도리 정류장 앞 ② 시티뷰 버스 텐몬칸天文館 정류장 앞
♀ 鹿児島市千日町1-1 🏬 매장 10:00~20:00, 식당가 11:00~23:00, 관광안내소
09:00~19:00 📞 +81-99-211-1001 🏠 centerrace.com

자연 친화적 쇼핑몰 ······ ④
마루야 가든즈 マルヤガーデンズ ♀마루야가든즈

텐몬칸에 위치한 8층 규모의 복합 상업 시설로 식물로 감싸인 세련된 외관이 눈길을 사로잡는다. 1~2층에는 패션 및 잡화, 3층에는 로프트, 5층에 무인양품, 6층에 서점이 있다. 특히 4층의 로컬 디자인 상품을 판매하는 편집 숍 디앤디파트먼트와 7층의 식당가 그리고 야외 정원 가든세븐garden7을 기억해두자. 5~10월에는 정원에서 비어 가든(18:00~22:00)을 운영해 도시의 야경을 감상하며 맥주 한잔을 즐길 수 있다.

🚶 ① 노면전차 1·2호선 이즈로도리 정류장에서 도보 2분 ② 시티뷰 버스 텐몬칸天文館 정류장에서 도보 3분 🅟 鹿児島市呉服町6-5 🕐 10:00~20:00, 매장마다 다름 📞 +81-99-813-8108 🏠 www.maruya-gardens.com

쇼핑의 근본 ······ ⑤
돈키호테 ドン・キホーテ ♀돈키호테 덴몬칸점

텐몬칸 번화가에 위치한 잡화점으로 좁고 높은 빌딩 외관에 풍차가 그려져 있다. 매장은 1층 식료품, 2층 화장품, 3층 캐릭터 상품 및 잡화, 4층 의약품으로 구성된다. 오전 6시까지 영업해 새벽에도 쇼핑을 즐길 수 있다. 한국인이 구입하는 대부분의 물품을 보유하고 있어 쇼핑을 한 번에 해결할 수 있다.

🚶 ① 노면전차 1·2호선 텐몬칸도리 정류장에서 도보 2분
② 시티뷰 버스 텐몬칸天文館 정류장에서 도보 2분
🅟 鹿児島市山之口町12-15-2 🕐 09:00~06:00
📞 +81-57-006-1301 🏠 www.donki.com

텐몬칸을 대표하는
흑돼지 맛집 ⋯⋯ ①

와카나 吾愛人 ♀텐몬칸 와카나 본점

70년 이상의 전통을 자랑하는 가고시마 흑돼지 전문점이다. 가고시마시에 총 4개의 점포가 있는데 이곳 본점이 가장 인기다. 얇게 썬 흑돼지를 채소와 함께 육수가 담긴 냄비에 데쳐 먹는 샤부샤부(2,035엔~)가 대표 메뉴이며 1인분도 판매한다. 구이, 튀김, 생선회 등 메뉴가 다양하며 오마카세 꼬치구이 모둠おまかせ串焼盛合せ(902엔)도 별미다. 영업시간 내내 붐비는 편이라 대기가 있을 수 있으며, 영어 메뉴판도 제공한다.

🚶 ① 노면전차 1·2호선 텐몬칸도리 정류장에서 도보 2분 ② 시티뷰 버스 텐몬칸天文館 정류장에서 도보 2분 📍 鹿児島市東千石町9-14 🕐 17:00~23:00, 1시간 전 주문 마감 📞 +81-99-222-5559 🏠 k-wakana.com

특제 메밀 소스에 풍덩 ⋯⋯ ②

이치니산 いちにいさん
♀Yushokutonsai Ichiniisan Tenmonkanten

가고시마에 4곳, 도쿄와 홋카이도에도 분점을 운영하는 흑돼지 샤부샤부 전문점이다. 이곳의 특별함은 샤부샤부의 고기와 채소를 찍어 먹는 메밀 소스에 있다. 짜지 않고 담백한 맛 덕에 깔끔한 흑돼지 샤부샤부 자체의 풍미를 깊이 느낄 수 있다. 흑돼지 샤부黑豚しゃぶ(3,000엔~)는 단품과 세트로 즐길 수 있는데, 단품을 시켜도 흑돼지와 채소, 메밀국수가 나오니 충분히 배부르게 먹을 수 있다. 매장은 넓지만 항상 붐비는 편이어서 대기가 있을 수 있다.

🚶 ① 노면전차 1·2호선 텐몬칸도리 정류장에서 도보 3분 ② 시티뷰 버스 텐몬칸天文館 정류장에서 도보 3분 📍 鹿児島市東千石町11-6 🕐 11:00~ 21:30(평일 15:00~17:00 브레이크타임), 30분 전 주문 마감 📞 +81-99-225-2123 🏠 ichiniisan.jp

가고시마 흑돼지 돈가스 대결

예로부터 축산업이 발달한 가고시마현은 생산과 품질을 철저하게 관리하는 흑돼지(쿠로부타)로 유명하다.
흑돼지는 여러 요리 중에서도 특히 일본의 대표 음식인 돈가스로 합리적인 가격에 즐길 수 있다.
텐몬칸 번화가 중심에 위치한 수많은 돈가스 전문점 중 대표 세 곳을 소개한다.

프리미엄 흑돼지의 맛
아지노 롯파쿠 味の六白 𝒫롯파쿠

400년 이상의 역사를 가진 롯파쿠六白라는 품종의 흑
돼지를 맛볼 수 있다. 롯파쿠는 네발부터 코끝 그리고
꼬리 끝까지 여섯 곳이 흰색을 띠는 것이 특징이다. 이곳
에서는 고기 본연의 맛에 집중한 돈가스를 맛볼 수 있다.

🚶 텐몬칸 아케이드 입구 근처   📍 鹿児島市東千石町14-5
🕐 11:00~15:00, 17:30~21:30   ✖ 수요일   📞 +81-99-222-8885
🏠 ajinoroppaku.com

롯파쿠 흑돼지 등심 런치
六白黒豚ロースランチ 1,460엔

쿠로 안심 돈가스黒ヒレカツ 2,140엔

등심 런치 정식ロースランチ定食 1,650엔

숯을 입힌 까만 돈가스
쿠로부타 黒福多 𝒫쿠로부타

흑돼지 돈가스와 샤부샤부 전문점이다. 이곳의 돈가스는
반죽에 숯을 섞어 튀겨내 검은색을 띠는 것이 특징이다.
내부는 협소한 편이므로 대기가 있을 수 있으며 영어 메
뉴판을 제공한다.

🚶 센테라스 텐몬칸 뒤편 골목   📍 鹿児島市千日町3-2
🕐 11:30~14:00, 17:30~22:00, 1시간 전 주문 마감   ✖ 월요일
📞 +81-50-5486-3758   🌐 satsumakurobuta.gorp.jp

입 안 가득 육즙이 팡팡
아지노 톤카츠 마루이치 味のとんかつ丸一
𝒫아지노 돈카츠 마루이치

1973년 오픈 이후 식지 않는 인기를 자랑하며, 현지인들
도 꾸준히 찾는 식당이다. 이곳의 돈가스는 큼직큼직한
크기로 잘라내는데 두툼한 고기 안에 육즙이 가득하다.

🚶 가고시마추오빌딩 B1층 푸드코트   📍 鹿児島市山之口町1-10
🕐 11:30~14:00, 17:30~21:00, 1시간 전 주문 마감
✖ 일요일   📞 +81-99-226-3351

가고시마 라멘의 정석 ······ ③

코무라사키 こむらさき ♀코무라사키

1950년 개업해 지금까지 대대로 이어져온 라멘 전문점이다. ㄷ자 모양의 바테이블이 있고 중앙에 개방형 주방이 있어 주문 즉시 만들어주는 과정을 직접 볼 수 있다. 가고시마 명물인 흑돼지를 오랜 시간 끓여 만든 라멘ラーメン이 대표 메뉴이며 보통(1,200엔)과 곱빼기(1,550엔) 중에서 고를 수 있다. 고소하고 담백한 맛이 특징이며 채 썬 양배추가 듬뿍 들어 있어 아삭한 식감이 좋다. 라멘과 함께 곁들여 먹을 수 있는 차슈덮밥チャーシュー丼(450엔)도 별미다. 매장에는 한국어 메뉴판도 준비되어 있다.

🚶 ① 노면전차 1·2호선 텐몬칸도리 정류장에서 도보 2분
② 시티뷰 버스 텐몬칸天文館 정류장에서 도보 2분
📍 鹿児島市東千石町11-19
🕐 11:00~18:00(목요일 ~16:00)
❌ 셋째 목요일
📞 +81-99-222-5707
🏠 www.kagoshimakomurasaki.com

맛으로 승부하는 현지인 맛집 ······ ④

요시미야 라멘 よしみ屋ラーメン ♀Yoshimiya Ramen Restaurant

현지인들이 줄을 서서 먹는 라멘 전문점으로 주메뉴는 라멘ラーメン(600엔~)과 차슈멘チャーシューメン(750엔~) 두 종류뿐이다. 면의 양에 따라 소·중·대 중 하나를 선택하면 된다. 육수가 담백해서 국물이 짜지 않고 면과 숙주나물, 파가 듬뿍 들어 있어 씹는 맛도 좋다. 기본 반찬으로 절임 무가 제공된다. 사이드 메뉴인 차슈덮밥チャーシュー丼(400엔~)과의 궁합도 좋다. 다만 내부가 협소해 언제 방문하든 기다려야 할 수도 있다.

🚶 ① 노면전차 1·2호선 타카미바바 정류장에서 도보 2분 ② 사비에르 공원 근처
📍 鹿児島市東千石町3-1
🕐 평일 11:00~14:00, 17:00~21:00, 토요일 18:00~23:00, 일요일 11:00~14:00
❌ 월·목요일 📞 +81-99-222-8728
🏠 x.com/4438yoshimiya

귀여운 백곰 빙수 ······ ⑤
무자키 むじゃき 🔍 텐몬칸 무쟈키

1949년 오픈해 현재까지 꾸준한 인기를 누리는 디저트 카페다. 초기에는 순백의 얼음 빙수에 건포도, 체리 등으로 눈, 코, 입을 얹어 백곰의 얼굴처럼 만든 시로쿠마白熊 빙수로 시작했다. 현재는 푸짐한 과일 토핑에 초콜릿, 딸기, 푸딩, 말차 등 취향에 따라 다양한 맛을 선택할 수 있다. 대표 메뉴 시로쿠마(950엔)는 1인분(650엔)도 판매한다. 입구 앞에 포장 전용 판매대가 있으며 1층은 카페, 2층은 음식점으로 운영된다. 흰곰 캐릭터를 이용한 다양한 상품도 구입할 수 있다.

🚶 ① 노면전차 1·2호선 텐몬칸도리 정류장에서 도보 2분
② 시티뷰 버스 텐몬칸天文館 정류장에서 도보 2분
📍 鹿児島市千日町5-8
🕐 11:00~19:00, 30분 전 주문 마감
❌ 부정기 📞 +81-99-222-6904
🏠 mujyaki.co.jp

앤티크 감성 가득 ······ ⑥
라임 라이트 ライムライト 🔍 라이무 라이토

가고시마 대표 맛집인 와카나 앞에 위치한 커피 전문점이다. 마치 유럽에 온 듯 이국적인 스타일로 꾸며놓아 아늑하면서 고풍스러운 분위기가 느껴진다. 원두의 양과 추출량에 따라 다양한 블렌딩 커피를 골라 마실 수 있다. 케이크와 함께 즐기는 케이크 세트ケーキセット(920엔~)가 인기이며 매장에서 사용하는 원두는 대략 10종류 이상으로 구입도 가능하다. 카운터석도 넉넉해 홀로 방문하는 사람이 많다. 단, 실내 흡연이 가능하다는 점이 장점이자 단점이다.

🚶 ① 노면전차 1·2호선 텐몬칸도리 정류장에서 도보 2분 ② 시티뷰 버스 텐몬칸 天文館 정류장에서 도보 2분
📍 鹿児島市東千石町11-3 🕐 09:30~23:30 (금·토요일 ~24:00), 30분 전 주문 마감
📞 +81-99-225-5411

커피 이즈미 珈琲いづみ

📍 Coffee Izumi Tenmonkan

가고시마 아라타에 본점을 둔 커피 전문점으로 텐몬칸은 2호점이다. 내부는 협소하지만 2층에도 테이블이 있어 좌석은 여유롭다. 주문 즉시 원두를 갈아 커피를 내려서 신선하고 풍부한 맛이 난다. 추천 메뉴는 블렌딩 커피ブレンド珈琲(580엔~)와 비엔나커피ウィンナーコーヒー(680엔)다. 매장에서 16종의 원두를 판매하며 원두 구매 시 오늘의 커피 1잔이 제공된다.

🚶 ① 노면전차 1·2호선 텐몬칸도리 정류장에서 도보 2분 ② 시티뷰 버스 텐몬칸天文館 정류장에서 도보 2분 📍 鹿児島市東千石町11-24 🕐 10:00~21:00 📞 +81-99-224-1141 🏠 www.coffee-izumi.jp

텐몬칸 마농 天文館マノン 📍 Cafe Manon

텐몬칸 아케이드 입구에 위치한 커피 전문점으로 40년 이상의 전통을 자랑한다. 가게는 지하에 있는데, 복고풍인 입구 안으로 들어가면 내부는 의외로 세련된 느낌이다. 커피숍이지만 식사 메뉴도 인기가 많다. 마농 빵&햄버그 세트マノンパン&ハンバーグセット(1,100엔)가 대표 식사 메뉴로 방문객 열에 일곱은 꼭 주문한다. 식사 후 방문한다면 디저트로 푹신한 식감의 팬케이크에 요거트, 생크림, 과일, 버터가 올라간 마농 핫케이크 세트マノンのホットケーキセット(930엔)를 주문하자. 커피가 포함된 세트라 합리적인 가격에 만족스럽게 즐길 수 있다. 단, 전 좌석이 흡연석이어서 비흡연자는 불편할 수 있다.

🚶 ① 노면전차 1·2호선 텐몬칸도리 정류장에서 도보 1분 ② 시티뷰 버스 텐몬칸天文館 정류장에서 도보 1분 📍 鹿児島市東千石町13-16 🕐 11:00~19:00(일요일 10:30~) 📞 +81-99-222-1688 📷 cafe__manon

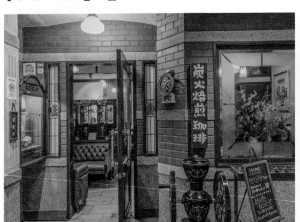

찜기에 구운 도너츠 ⑨
사츠마 조키야 카가시요코초
薩摩蒸氣屋 菓々子横丁 🎵 Satsuma Jokiya Kagashi Yokocho

가고시마에 본사를 둔 일본 과자 회사인 사츠마 조키야에서 1987년 오픈해 37년 넘게 사랑받아온 제과 전문점이다. 다양한 화과자와 양과자를 판매하는데, 폭포수가 있는 가게 중앙의 광장에서 차와 함께 즐길 수 있다. 대표 메뉴는 튀기지 않고 찜기에 찌듯이 구워 담백하고 부드러운 증기구이 도넛蒸氣屋焼どうなつ(110엔)이다. 즉석에서 구워낸 따뜻한 도넛을 바로 맛볼 수 있다. 다양한 맛이 있으며 5개 이상 구입 시 박스 포장도 가능하다. 가고시마현과 미야자키현, 후쿠오카 공항과 가고시마 공항 등지에서 20개가 넘는 점포를 운영한다.

🚶 ① 노면전차 1·2호선 텐몬칸도리 정류장에서 도보 1분 ② 시티뷰 버스 텐몬칸天文館 정류장에서 도보 1분 📍 鹿児島市東千石町13-14 🕐 09:00~20:00 📞 +81-99-222-0648 🎵 jokiya.com

갓 튀긴 어묵의 재발견 ⑩
아게타테야 あげたてや

가고시마 명물인 사츠마아게를 즉석에서 맛볼 수 있다. 보통은 보존을 위해 방부제를 넣지만, 이곳은 방부제를 쓰지 않아 신선한 어묵의 맛을 그대로 느낄 수 있다. 종류마다 가격이 다르며 치즈チーズ(170엔)와 옥수수とうもろこし(250엔)가 가장 인기다. 즉석에서 튀긴 어묵은 종이 박스에 포장해 간식으로 가볍게 즐기기 좋다. 가고시마 공항에도 입점해 있어 귀국 시 선물용으로 구입하기도 좋다.

🚶 ① 노면전차 1·2호선 텐몬칸도리 정류장에서 도보 1분 ② 시티뷰 버스 텐몬칸天文館 정류장에서 도보 1분
📍 鹿児島市東千石町13-16 🕐 10:00~19:00
📞 +81-99-219-3133
🏠 www.agetateya.com

밤의 맛, 야타이무라

해 질 녘이 되면 거리에 하나둘 나타나 불을 밝히는 포장마차. 일본에서는 이것을 야타이屋台라 부르고 포장마차가 모여 있는 곳은 마을(촌)이라는 뜻의 '무라村'를 덧붙여 야타이무라屋台村라고 일컫는다. 시민들의 퇴근길을 책임지며 지역의 대표 음식을 저렴하게 맛볼 수 있는 매력적인 장소다. 가고시마추오역 부근에 오랜 시간 형성되었던 가곳마 후루사토 야타이무라かごっまふるさと 屋台村('가곳마'는 가고시마 방언으로 가고시마라는 뜻)는 노후와 팬데믹 등을 이유로 2020년을 마지막으로 문을 닫았다. 이후 라이카 구역, 바스치카 구역이라 불리는 두 장소로 나누어 다시 문을 열었다. 이곳은 새로운 가고시마의 밤 문화로 자리 잡아 늘 인산인해를 이룬다.

🏠 www.kagoshima-yataimura.info

왁자지껄 활기찬 야타이
라이카 구역 ライカエリア 📍 가곳마 후루사토 야타이무라 라이카

가고시마추오역의 아뮤플라자와 바로 연결된 라이카1920Li-ka1920 빌딩 1층에 위치한다. 7개의 점포를 운영하며 해산물, 꼬치, 만두 등 다양한 음식을 저렴한 가격에 맛볼 수 있다. 규모는 작지만 1인 테이블도 마련되어 있어 혼자서도 편하게 들르기 좋다. 오후 6시 이후로는 사람이 붐벼 대기가 있을 수 있다. 언제나 활기찬 분위기로 관광객과 젊은 사람들이 많이 방문한다.

🚶 가고시마추오역에서 도보 1분, 라이카1920 1층 📍 鹿児島市中央町19-40
🕐 11:30~23:30, 매장마다 다름 📞 +81-99-204-0260

차분히 즐기는 야타이
바스치카 구역 バスチカエリア 📍 가곳마 후루사토 야타이무라 바스치카

총 18개의 점포를 운영하며 가고시마 흑돼지를 이용한 샤부샤부, 라멘, 돈가스 등 가고시마의 향토 음식도 판매해 메뉴 선택의 폭이 넓다. 라이카 지역보다 매장이 많아 한산한 편이고 차분한 분위기여서 단체 손님이나 회사원이 많이 방문한다.

🚶 가고시마추오역에서 도보 2분, 가고시마 중앙 터미널 빌딩 B1층
📍 鹿児島市中央町11 🕐 11:30~14:00, 17:00~23:30, 매장마다 다름
📞 +81-99-204-0260

산과 바다의 풍경을 따라

가고시마역 주변 鹿児島駅

#시로야마 #사쿠라지마 #가고시마 수족관
#센간엔 #이시바시 기념 공원

규슈 신칸센이 개통되기 전까지 키타큐슈에서 가고시마까지 운행하는
가고시마 본선과 오이타와 미야자키를 경유하는 닛포 본선의 종착지였다.
신칸센 개통 이후 가고시마추오역이 교통의 중심이 되어 상대적으로
이용할 일이 줄어들었다. 하지만 JR과 노면전차가 지나기 때문에 시내로
이동하기에는 편리하다. 주변에 가고시마의 전경을 내려다볼 수 있는
시로야마와 사쿠라지마, 야쿠시마 등 주변 섬으로 갈 수 있는 가고시마항이
있으며, 대표 관광지인 센간엔, 텐몬칸도리와도 가깝다.

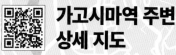

가고시마역 주변
상세 지도

시마즈노렌
잔보모치야
블루씰 아이스크림
센간엔 ⑧

센간엔마에(이소테이엔) BUS
스타벅스 ④

⑦ **이소 해수욕장**

이진칸마에
(이소카이스이요쿠조) BUS

⑥ **이시바시 기념 공원**
이시바시키넨코엔마에 BUS
이시바시 카페

가고시마역 JR
③ **후쿠후쿠**

가고시마에키마에
히코타로 ②
사쿠라지마산바시도리

사츠마거시히마에 BUS
레이메이칸 ③　② **가고시마성 터**
스이조쿠칸구치

① 시로야마 BUS
① **시로야마 공원 전망대**
시야쿠쇼마에
가고시마스이조쿠칸마에　④ **이오월드 가고시마 수족관**
가고시마항

사이고도조마에 BUS
야마가타야
아사히도리
① 킨세초
워터프런트파크마에 BUS
⑤ **워터프런트 파크**

이즈로도리

텐몬칸 BUS
텐몬칸도리 BUS **텐몬칸**
① **멧케몬**

가고시마 혼코 미나미 부두

타카미바바
카지야초

코토추갓코마에

이신후루사토칸마에 BUS

N
W　E
S

0　300m

가고시마를 한눈에 ······ ①

시로야마 공원 전망대

城山公園展望台 ♀ 시로야마공원 전망대

시로야마는 시내 중심에 위치한 해발 107m 높이의 산으로 정상에 전망대가 있다. 가고시마 시내와 사쿠라지마를 한눈에 내려다볼 수 있고 맑은 날에는 이부스키의 화산 카이몬다케開聞岳까지 내다보인다. 시로야마는 1877년 사츠마번薩摩藩의 무사들이 일으킨 무력 반란, 세이난 전쟁의 마지막 격전지로도 유명하다. 그래서 전망대 주변에 사이고 동굴, 사츠마군 본영 터薩軍本営跡, 사이고 동상 등 관련 장소들이 있다. 전망대 앞까지 운행하는 버스도 있지만 산책을 좋아한다면 테루쿠니 신사照國神社 서쪽 언덕길을 따라 전망대까지 이어지는 약 2km 길이의 시로야마 자연 산책로를 걸어 정상으로 가는 것도 좋다.

🚶 ① 노면전차 1·2호선 텐몬칸도리 정류장에서 도보 17분 ② 시티뷰 버스 시로야마城山 정류장에서 도보 2분 📍 鹿児島市城山町

일본 100대 명성 ...... ②

가고시마성 터 鹿児島城跡 ♀ 가고시마 성

1601년에 건설을 시작한 가고시마성은 산과 평야를 이어 쌓은 평산성이었으나, 1873년 화재로 소실되어 현재는 성터만 남았다. 1872년 촬영된 사진을 참고해 2020년 망루문(고로몬)御楼門과 석교를 복원했으며, 일본에서도 특히 크고 장엄한 성문 중 하나로 꼽힌다. 2006년 일본성곽협회가 선정한 일본 100대 명성 중 하나이며, 츠루마루성鶴丸城이라고도 불린다.

🚶 ① 노면전차 1·2호선 시야쿠쇼마에 정류장에서 도보 6분 ② 시티뷰 버스 사이고도조마에西郷銅像前 정류장에서 도보 7분 ♀ 鹿児島市城山町7-2 📞 +81-99-222-5100 🏠 www.pref.kagoshima.jp/ab24/cms/documents/kagosimajou/kagosimajou.html

가고시마의 모든 역사 ...... ③

레이메이칸 黎明館 ♀ 가고시마현 역사·미술 센터 레이메이칸

가고시마성 터 위에 자리한 센터로 1983년 개관했다. 가고시마의 역사와 문화를 전시하는데, 15만여 점의 문화유산을 보유한다. 3층 규모의 전시관은 가고시마의 고대부터 현대에 이르기까지 총 4개의 구역으로 나뉜다. 1층에서는 테마 전시를 통해 시대별로 거리 풍경을 실감나게 재현하고, 2층에서는 민속, 역사, 공예 등 가고시마의 문화를 보여준다. 3층은 특별 전시 공간이다. 에도 시대의 민가를 따라 산책할 수 있는 옥외 공간도 있다. 한국어 팸플릿과 오디오 가이드가 있어 편안하게 관람할 수 있다.

🚶 ① 노면전차 1·2호선 시야쿠쇼마에 정류장에서 도보 6분
② 시티뷰 버스 사이고도조마에西郷銅像前 정류장에서 도보 7분 ♀ 鹿児島市城山町7-2
🕐 09:00~18:00, 30분 전 입장 마감 ❌ 월요일, 매월 25일(주말인 경우 개관), 12/31~1/2
💴 일반 420엔, 고등·대학생 260엔, 초등·중학생 160엔 📞 +81-99-222-5100
🏠 www.pref.kagoshima.jp/reimeikan

이오월드 가고시마 수족관 いおワールドかごしま水族館

📍 가고시마 수족관

가고시마항 앞에 자리한 수족관이다. 가오리 모양의 외관 주변으로 가고시마만을 오가는 페리와 사쿠라지마의 풍경이 펼쳐진다. '이오'는 가고시마 지방의 사투리로 물고기를 뜻한다. 1,500m³ 규모의 대형 수조에서는 고래상어를 비롯해 가고시마 해안에 서식하는 다양한 해양 생물이 유유히 헤엄친다. 가장 인기 있는 구역은 돌고래 수영장イルカプール인데 평일 3회(11:00·13:30·16:00), 주말 4회(10:30·12:00·14:00·16:00) 돌고래 쇼를 진행한다. 이외에도 날짜와 시간대별로 다양한 해양 생물 이벤트가 열리며 사쿠라지마의 멋진 풍경을 감상할 수 있는 휴게실도 놓쳐서는 안 될 포인트다.

🚶 ① 노면전차 1·2호선 스이조쿠칸구치 정류장에서 도보 13분 ② 시티뷰 버스 가고시마스이조쿠칸마에かごしま水族館前 정류장에서 도보 5분 📍 鹿児島市本港新町 3-1 🕐 09:30~18:00, 1시간 전 입장 마감 ❌ 12월 첫째 월요일부터 4일간 ¥ 일반 1,500엔, 초등·중학생 750엔, 어린이 350엔, 4세 이하 무료 📞 +81-99-226-2233 🏠 www.ioworld.jp

워터프런트 파크 ウォーターフロントパーク

📍 워터프런트 파크

이오월드 가고시마 수족관 옆에 위치한 공원이다. 바다 너머로 사쿠라지마섬의 멋진 풍경이 펼쳐진다. 항구가 근처에 있어 수시로 주변을 오가는 배를 감상할 수 있다. 공원 곳곳에 쉴 수 있는 벤치가 있어 산책하며 느긋하게 풍경을 감상하기 좋다. 중앙 광장에서는 불꽃놀이 및 다양한 이벤트가 수시로 열린다.

🚶 ① 노면전차 1·2호선 아사히도리 정류장에서 도보 8분 ② 시티뷰 버스 워터프런트파크마에ウォーターフロントパーク前 정류장 앞 📍 鹿児島市本港新町5-4

여유로운 공원의 풍경 ⋯⋯⋯ ⑥

이시바시 기념 공원 石橋記念公園

📍이시바시 기념공원

가고시마역 근처에 위치한 공원으로 19세기 후반 사츠마번 8대 번주인 시마즈 시게히데島津重豪가 만든 5개의 돌다리 중 1993년 홍수로 무너진 2개를 제외하고 3개의 다리를 이곳으로 옮겼다. 옮긴 다리를 복원하고 주변을 공원으로 꾸민 뒤 2000년 문을 열었다. 아치 모양의 니시다바시西田橋를 중심으로 걷기 좋은 산책로가 형성되어 있다. 공원 중앙의 이시바시 기념관에서는 과거 유명했던 가고시마의 석공 기술과 그 기술로 만든 돌다리의 역사를 살펴볼 수 있다. 밤에는 니시다바시 주변으로 조명이 불을 밝혀 낮과는 또 다른 모습을 보여준다.

🚶 ① 노면전차 1·2호선 가고시마에키마에 정류장에서 도보 15분
② 시티뷰 버스 이시바시키넨코엔마에石橋記念公園前 정류장 앞
📍 鹿児島市浜町1-3 🕐 기념관 09:00~17:00(7~8월 ~19:00), 라이트 업 일몰~21:00 ❌ 월요일, 12/31~1/2
📞 +81-99-248-6661 🏠 ppp.seika-spc.co.jp/ishi

공원 속 휴식처
이시바시 카페 ISHIBASHI CAFE 📍ISHIBASHI CAFE

이시바시 기념관 내에 위치한 카페로 공원을 산책하다 잠시 쉬어 가기 좋다. 카페에서 여유롭게 니시다바시와 공원 주변의 풍경을 감상할 수 있다. 특히 니시다바시와 사쿠라지마가 함께 보이는 풍경이 특별해 포토존으로 인기가 높다. 커피コーヒー(500엔~)와 파운드케이크パウンドケーキ(200엔) 등을 판매한다. 영업시간과 휴무가 자주 바뀌니 방문 전 공지를 확인하자.

🚶 이시바시 기념관 2층 🕐 11:00~16:00 ❌ 월·화·금요일 📷 ishibashi.cafe

무더위를 날리자 ⋯⋯⋯ ⑦

이소 해수욕장 磯海水浴場 📍이소 해수욕장

가고시마 시내에서 가장 가까운 해변으로 사쿠라지마를 바라보며 해수욕을 즐길 수 있다. 여름이 되면 수영과 윈드서핑, 요트, 보트 등 해양 레저를 즐기는 사람으로 가득하다. 해수욕장 입구의 비치 하우스에서는 배와 튜브, 바나나 보트 등을 대여할 수 있다. 화장실, 샤워실, 탈의실도 운영한다.

🚶 ① 노면전차 1·2호선 가고시마에키마에 정류장에서 도보 34분
② 시티뷰 버스 이진칸마에(이소카이스이요쿠조)異人館前(磯海水浴場) 정류장에서 도보 2분 📍 鹿児島市吉野町9684-2
🕐 해수욕 7~8월 10:00~18:00, 비치 하우스 10:00~18:30, 악천후 시 수영 금지 📞 비치 하우스 +81-99-248-3006

센간엔 仙巌園 ♀ 센간엔

가마쿠라 시대부터 약 700년간 규슈 남부를 통치한 시마즈島
津 가문의 19대 가주 시마즈 미츠히사光久가 1658년에 지은 별
장이다. 정면에 보이는 사쿠라지마와 가고시마만이 풍경의 일
부가 되도록 약 15,000평의 드넓은 정원을 설계해 일본을 대표
하는 다이묘 정원으로 꼽힌다. 사계절 피어나는 꽃으로 언제나
다른 분위기를 느낄 수 있고 정원 산책로를 따라 저택, 공장, 신
사, 찻집, 기념품점 등이 자리한다. 시마즈가의 가주가 생활했던
저택 내부에서는 오래된 생활용품과 사진 등을 살펴볼 수 있다.
센간엔이 위치한 이소 주변은 '일본의 메이지 산업 혁명 유산'으
로 인정받아 2015년 유네스코 세계문화유산으로 등록되었다.

🚶 ① 노면전차 1·2호선 가고시마에키마에 정류장에서 도보 37분
② 시티뷰 버스 센간엔마에(이소테이엔)仙巌園前(磯庭園) 정류장 앞
📍 鹿児島市吉野町9700-1 🕘 09:00~17:00
💴 일반 1,600엔, 초등·중학생 800엔 📞 +81-99-247-1551
🏠 www.sengangen.jp

전통 술과 기념품
시마즈노렌 島津のれん
Shimadzu Gift Shops

시마즈 저택 부근에 위치한 기념품점으로 시마즈 가문이나 가고시마와 관련된 기념품과 과자류를 판매한다. 특히 가고시마의 대표 술인 고구마 소주가 다양하게 마련되어 있어 선물용으로 인기가 높다. 선물용 외에 소주 아이스크림과 구운 고구마 등 간식거리도 판매한다.

🏃 시마즈 저택 서쪽

사무라이를 본뜬 떡
잔보모치야 両棒餅屋 잔보모치야

동그란 떡을 2개의 대나무 꼬치에 꽂은 잔보모치ぢゃんぼもち를 맛볼 수 있다. 사무라이가 허리에 2개의 크고 작은 검을 차고 다니던 모습에서 따온 모양이다. 간장과 된장 소스를 뿌려 짭짤하고 쫄깃하다. 6개(500엔), 10개(800엔) 단위로 판매하며 잔보모치 3개에 녹차나 커피를 함께 즐길 수 있는 드링크 세트ドリンクセット(600엔)도 인기다.

🏃 출입구 동쪽

골라 먹는 재미
블루씰 아이스크림
ブルーシールアイスクリーム

오키나와를 대표하는 아이스크림 브랜드다. 스쿱으로 퍼낸 아이스크림(390엔)을 컵 또는 콘에 담아준다. 20여 가지의 맛이 있으며 자색고구마와 고구마 소주 맛 소프트아이스크림(480엔)도 판매한다.

🏃 잔보모치야 동쪽

100년의 세월이 담긴 백화점 ······ ①
야마가타야 山形屋 ♀야마가타야 백화점

1917년 건축되었으며 1998년 르네상스 양식으로 외벽을
공사해 현재까지 모습을 유지하고 있다. 총 4개의 관으로
구성되며 1·2호관은 명품, 패션 및 잡화, 3호관은 미술 공
예, 4호관은 랄프 로렌 매장으로 이루어져 있다. 보통 1호
관을 중심으로 방문하며 3·4호관은 1·2호관 건물과 이어
져 있어 연결 통로로 이동할 수 있다.

🚶 ① 노면전차 1·2호선 아사히도리 정류장에서 도보 3분
② 시티뷰 버스 텐몬칸天文館 정류장에서 도보 7분
📍 鹿児島市金生町3-1 🕙 10:00~19:00
📞 +81-99-227-6111 🏠 www.yamakataya.co.jp

회전초밥이 생각난다면 ······ ①
멧케몬 めっけもん ♀회전초밥 멧케몬 돌핀포트점

저렴한 가격에 회전초밥을 맛볼 수 있는 가게로 돌핀포트 지
점이 가장 넓고 유명하다. 가고시마추오 시장에서 당일
구입한 식재료를 사용해 신선한 초밥을 먹을 수 있
다. 제철 생선으로 만든 초밥이 특히 인기다. 회전초
밥(132~572엔)은 그릇의 색깔에 따라 가격이 책정
된다. 컨베이어 위의 초밥을 바로 가져다 먹어도 되
지만, 직원에게 주문해서 갓 만든 초밥을 먹는 것을 추천
한다. 평일, 주말 할 것 없이 언제나 사람들로 붐벼 대기가 있
을 수 있다.

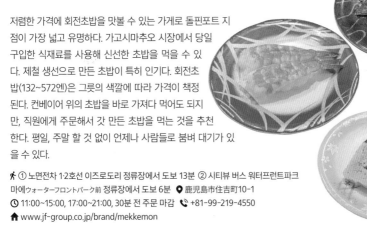

🚶 ① 노면전차 1·2호선 이즈로도리 정류장에서 도보 13분 ② 시티뷰 버스 워터프런트파크
마에ウォーターフロントパーク前 정류장에서 도보 6분 📍 鹿児島市住吉町10-1
🕙 11:00~15:00, 17:00~21:00, 30분 전 주문 마감 📞 +81-99-219-4550
🏠 www.jf-group.co.jp/brand/mekkemon

기본에 충실한 오코노미야키 ⋯⋯ ②

히코타로 彦太郎 📍Hikotaro

일본식 부침개인 오코노미야키ぉ好み焼き 전문점으로 관광객보다 현지인이 많이 찾는 음식점이다. 주문 즉시 각 테이블 위의 철판에서 직접 만들어야 하며 소스는 테이블마다 놓여 있어 원하는 만큼 뿌려 먹을 수 있다. 새우가 들어간 에비타마えび玉(750엔), 돼지고기가 들어간 부타타마豚玉(750엔)가 대표 메뉴다.

🚶 ① 노면전차 1·2호선 사쿠라지마산바시도리 정류장에서 도보 1분 ② 시티뷰 버스 가고시마에키마에鹿児島駅前 정류장에서 도보 4분 📍 鹿児島市小川町10-22 🕐 11:30~13:30, 18:00~24:00, 30분 전 주문 마감 ❌ 셋째 화요일 📞 +81-99-223-2118

일식 메뉴의 종합편 ⋯⋯ ③

후쿠후쿠 ふく福 📍Fukufuku Bayside

가고시마에 많은 매장이 있는 일식 체인점으로 이시바시 공원 부근에 위치한다. 조미료 없이 천연 재료로 만든 육수를 사용한 우동과 메밀국수가 대표 메뉴다. 튀김과 메밀국수를 함께 즐기는 텐자루소바天ざるそば(1,364엔)를 비롯해 우동, 카레, 돈가스 등 메뉴가 다양해 남녀노소 누구나 방문하기 좋다.

🚶 ① 노면전차 1·2호선 가고시마에키마에 정류장에서 도보 4분 ② 시티뷰 버스 가고시마에키마에鹿児島駅前 정류장에서 도보 5분 📍 鹿児島市浜町2 🕐 11:00~21:30, 30분 전 주문 마감 📞 +81-99-226-2920 🏠 www.jf-group.co.jp/brand/fukufuku

역사적 공간 속의 커피 브랜드 ⋯⋯ ④

스타벅스 スターバックス
📍스타벅스 커피 카고시마 센간엔점

일본 유형 문화재인 시마즈 가문의 금산광업사업소를 개조한 카페다. 메뉴는 다를 것이 없지만, 문화재를 개보수한 공간에서 사쿠라지마를 보며 커피를 즐길 수 있다는 점은 특별하다. 내부에 과거 건물의 모습이 담긴 사진을 전시해두었다. 역사 속 건물에서 즐기는 여유로움이 특별하다.

🚶 ① 노면전차 1·2호선 가고시마에키마에 정류장에서 도보 34분 ② 시티뷰 버스 센간엔마에(이소테이엔)仙巌園前(磯庭園) 정류장에서 도보 3분 📍 鹿児島市吉野町9688-1 🕐 08:00~21:00 ❌ 부정기 📞 +81-99-248-6551 🏠 www.starbucks.co.jp

산과 바다의 풍경을 따라

사쿠라지마 桜島

#활화산 #사쿠라지마 페리 #아일랜드뷰 버스
#유노히라 전망대 #용암 공원

사쿠라지마는 가고시마를 대표하는 명소로 2개의 커다란 화산체로
이루어져 있다. 과거에는 섬이었으나 1914년 대분화로 분출물이
퇴적되어 현재는 동쪽 오스미반도大隅半島와 이어져 있다.
가고시마 시내 어디서든 보일 정도로 강한 존재감을 내뿜는데,
소규모로 자주 분화해 하늘로 솟구치는 연기가 관찰되곤 한다.
사쿠라지마는 둘레 52km, 면적 80km²에 달할 정도로 넓지만
관광객은 보통 아일랜드뷰 버스를 타고 섬의 서쪽을 돌아본다.

사쿠라지마
상세 지도

가고시마항

사쿠라지마 페리터미널

0   1km

BUS 오슈쇼갓코마에

0   500m

레인보우 비치 ③

사쿠라지마 용암
나기사 공원 ①

사쿠라지마 페리터미널

② 미나토 카페

① 오후쿠로노아지 슌

② 사쿠라지마
비지터 센터

BUS 히노시마 메구미칸

유노히라 전망대 ⑥

④ 카라스지마 전망대

🚶 절규의 초상

⑤ 아카미즈 전망 광장

BUS 아카미즈유노히라구치

아카미즈후모토   BUS 아카미즈후모토

버스 타고 이동하는 사쿠라지마 뚜벅이 루트

사쿠라지마의 면적은 생각보다 넓다. 하지만 관광지가 서쪽에 모여 있고
여행자의 발이 되어주는 사쿠라지마 아일랜드뷰 버스가 있으니 걱정할 필요는 없다.
사쿠라지마 페리터미널에서 발착하는 이 버스를 이용하면 사쿠라지마의 관광지 대부분을 쉽게 둘러볼 수 있다.

사쿠라지마 아일랜드뷰 버스 サクラジマアイランドビュー

사쿠라지마 서쪽 관광지를 약 1시간 동안 일주하
는 버스다. A코스와 B코스로 나뉘는데 A코스는
모든 정류장에 정차하고 B코스는 7~9번 정류장을
건너뛴다. 보통 한 바퀴를 돌아보는 것이 일반적이
니 1일권 구입을 추천한다. 1일권은 버스에서 운전
기사를 통해 구입 가능하다. 단, 큐트패스를 소지
했다면 패스에 사쿠라지마 아일랜드뷰 버스 이용
이 포함되니 1일권을 따로 구매할 필요가 없다. 1일
권을 사용하지 않는다면 라피카 교통카드나 컨택
리스 카드를 이용해 탑승한다.

🕐 09:30~16:30, 하루 15대·30분 간격 운행
¥ 230엔, 1일권 500엔 🏠 www.kagoshima-yokanavi.jp/transportation/10415

버스와 도보를 효율적으로 활용하기

페리터미널 주변 관광지는 도보로 이동하며 풍경을 감상하기 좋다. 사쿠라지마를 더욱 효
율적으로 여행하려면 첫 일정으로 비지터 센터를 방문해 팸플릿 등 필요한 정보를 얻는 것을
추천한다. 버스는 운행 시간이 정해져 있으므로 노선에 포함된 관광지라도 걸어서 이동할
수 있는 장소는 시간 단축을 위해 도보로 이동하며 둘러보자.

추천 코스

🚌 사쿠라지마 페리터미널
　　도보 7분
🚌 레인보우 비치
　　도보 4분
🚌 사쿠라지마 비지터 센터
　　도보 2분
🚌 사쿠라지마 용암 나기사 공원 족욕탕
　　도보 2분
🚌 사쿠라지마 용암 나기사 공원
　　버스 3분
🚌 카라스지마 전망대
　　도보 10분
🚌 아카미즈 전망 광장
　　버스 14분
🚌 유노히라 전망대
　　버스 15분
🚌 카페 미나토 카페

① 족욕과 산책으로 힐링 ……… ①

사쿠라지마 용암 나기사 공원 桜島溶岩なぎさ公園

🔍 사쿠라지마 용암 나기사 공원

사쿠라지마 비지터 센터 앞의 해변 공원이다. 용암 지대 위에 만들어졌으며, 공원 앞에 펼쳐지는 멋진 바다 풍경이 매력이다. 공원에 용암 나기사 산책로溶岩なぎさ遊歩道가 조성되어 있는데, 약 3km 길이의 코스로 카라스지마 전망대까지 이어진다. 총 길이가 약 100m에 달하는 족욕탕은 일본에서 두 번째로 큰 규모로 사쿠라지마의 지하 1,000m에서 솟아나는 천연 온천수를 사용한다. 등 뒤로 펼쳐지는 사쿠라지마의 풍경 또한 압권이다.

🚶 비지터 센터ビジターセンター
정류장에서 도보 2분
📍 鹿児島市桜島横山町1722-3
🕐 족욕탕 09:00~일몰

사쿠라지마의 모든 정보 ……… ②

사쿠라지마 비지터 센터

桜島ビジターセンター 🔍 사쿠라지마 비지터 센터

사쿠라지마의 모든 여행 정보를 얻을 수 있는 장소다. 센터 안에는 사쿠라지마의 역사와 식물, 방재 활동 등을 살펴볼 수 있는 박물관도 있다. 입구 앞 기념품점에서는 사쿠라지마 특산품과 기념품을 판매해 선물용으로 구매하기 좋다.

🚶 비지터 센터ビジターセンター 정류장 앞
📍 鹿児島市桜島横山町1722-29 🕐 09:00~17:00
📞 +81-99-293-2443 🏠 www.sakurajima.gr.jp/svc

조용한 해변에서 즐기는 물놀이 ……… ③

레인보우 비치 レインボービーチ

🔍 Rainbow Beach

사쿠라지마 페리터미널 주변에 위치한 조용한 해변이다. 방파제로 막혀 있어 파도가 잔잔하고 넓은 모래사장이 있어 안전하게 물놀이를 즐길 수 있다. 7~8월에는 샤워실과 탈의실을 운영하며, 평소에도 산책을 하거나 풍경을 감상하기 좋은 곳이다.

🚶 레인보우 사쿠라지마レインボー桜島 정류장에서 도보 4분
📍 鹿児島市桜島横山町 🕐 7월 말~9월 초 10:00~18:00,
탈의실 10:00~18:30

용암으로 뒤덮인 섬 ④
카라스지마 전망대 烏島展望所
📍 가라스지마 전망대

카라스지마는 가고시마 해안에서 약 500m 떨어진 섬이었으나 100여 년 전 화산 폭발로 흘러간 용암이 바다를 메우면서 사쿠라지마와 합쳐졌다. 카라스지마 전망대는 용암이 굳어 생긴 언덕에 위치한 전망대로 가고시마만과 사쿠라지마의 풍경을 감상할 수 있다. 페리터미널과 가장 가까운 전망대로 용암 지대에 피어난 초목과 나무 사이에 짧은 산책로가 있다.

🚶 카라스지마텐보쇼烏島展望所 정류장 앞
📍 鹿児島市桜島赤水町3629-12

성공적인 공연을 기념한 장소 ⑤
아카미즈 전망 광장 赤水展望広場 📍 아카미즈전망광장

앞으로는 사쿠라지마의 넓은 초원과 가고시마만이 펼쳐지고 뒤로는 화산이 우뚝 서 있다. 초원을 따라 산책로가 조성되어 있으며, 광장 입구 쪽에는 사쿠라지마의 용암으로 조각한 작품 〈절규의 초상叫びの肖像〉이 있다. 2004년 8월 사쿠라지마에서는 일본의 가수 겸 배우인 나가부치 츠요시長渕剛의 밤샘 콘서트가 열려 75,000여 명의 관중이 모였는데, 당시 6,000여 명이었던 사쿠라지마의 인구를 훌쩍 뛰어넘을 만큼 대단한 일이었기에 이를 기념하기 위해 만들었다. 멋진 풍경도 감상하고 절규의 초상 앞에서 인증 사진을 남기기 위해 관광객이 자주 들르는 명소다.

🚶 아카미즈텐보히로바赤水展望広場 정류장 앞 📍 鹿児島市赤水町3629-3

유노히라 전망대 湯之平展望所

🔎 유노히라 전망대

사쿠라지마에서 일반인이 들어갈 수 있는 가장 높은 전망대로 해발 373m에 위치한다. 사쿠라지마를 가장 가까이서 관람할 수 있는 장소로 사쿠라지마의 분화구에서 뿜어져 나오는 연기가 풍경을 압도한다. 전망대에 올라 즐기는 360도 파노라마 뷰는 산비탈과 봉우리, 용암 지대, 가고시마 시내 풍경, 가고시마만 등 주변의 온갖 풍경이 어우러져 장관을 이룬다. 아일랜드뷰 버스가 유일하게 잠시 정차하는 장소라 여유롭게 관람할 수 있다. 해 질 녘에 방문하면 사쿠라지마와 가고시마만 너머로 가고시마 시내에 색색의 불이 들어와 멋진 야경도 감상할 수 있다.

🚶 유노히라텐보쇼湯之平展望所 정류장 앞
📍 鹿児島市桜島小池町1025 🕐 매점 09:00~17:00

어머니의 맛 ······ ①
오후쿠로노아지 슌 おふくろの味・旬

Ofukuronoaji shun

사쿠라지마의 휴게소인 히노시마 메구미칸火の島めぐみ館 안에 위치한 음식점이다. 사쿠라지마와 가고시마의 식재료로 만든 음식을 판매한다. 오후쿠로노아지(어머니의 맛)라는 가게 이름처럼 정갈한 일본 가정식을 내준다. 자판기로 결제해 음식 교환권을 받고 직원에게 건넨 뒤 음식을 받으면 된다. 잿방어회와 튀김 및 수프가 제공되는 최고급 잿방어회 정식極上カンパチ刺身定食 (1,300엔)과 사쿠라지마에서 나는 작은 굴의 껍질을 넣어 반죽한 코미칸 우동小みかんうどん, 튀김과 미니 잿방어덮밥이 포함된 사쿠라지마 만족 세트桜島満足セット (1,200엔)가 대표 메뉴다.

🚶 히노시마 메구미칸火の島めぐみ館 정류장 앞
📍 鹿児島市桜島横山町1722-48
🕐 11:00~14:30, 30분 전 주문 마감
❌ 월요일 📞 +81-99-293-3883
🏠 www.megumikan.jp/お食事処

사쿠라지마를 담은 디저트 ······ ②
미나토 카페 みなとカフェ Minato Cafe

사쿠라지마로 들어가는 관문인 페리터미널 3층에 위치한다. 사쿠라지마에는 카페가 거의 없어 가뭄에 단비 같은 장소다. 내부는 아늑한 분위기이며 특히 가고시마만이 내다보이는 바다 풍경이 압권이다. 창가 자리에 앉아 오가는 페리를 구경하는 재미도 있다. 사쿠라지마를 느낄 수 있는 예쁜 메뉴가 많은데, 사쿠라지마의 모양을 본뜬 사쿠라지마 카레 런치 세트桜島カレーランチセット(1,530엔)와 화산재를 뿌린 듯한 화산재 소프트크림降灰ソフトクリーム(600엔)을 추천한다.

🚶 사쿠라지마코桜島港 정류장에서 도보 1분
📍 鹿児島市桜島横山町61-4
🕐 11:00~16:00 ❌ 셋째 수요일
📞 +81-99-293-2550
🏠 note.com/minato_cafe

이색 온천을 만날 수 있는
이부스키 指宿

가고시마현 본토 최남단에 위치한 이부스키는 별 모양의 단면을 가진
채소 '오크라'의 산지이자 온천 마을로도 유명한 지역이다. 해안가를 중심으로
시가지가 형성되어 있으며 연평균 기온이 19℃로 대체로 따뜻하다.
규슈 최대의 호수인 이케다호, 후지산을 닮아 사츠마후지薩摩富士라 불리는
산 카이몬다케 등 매력적인 관광지가 많다. 특히 해변 주변의
모래를 파서 즐기는 모래찜질은 이부스키를 대표하는 관광 상품 중 하나다.

이동 방법

가고시마추오역	이부스키역	가고시마추오역 東16 정류장	이부스키역 앞
○————— JR ⏱ 1시간 15분 ¥ 1,020엔 —————○		○————— 버스 ⏱ 1시간 40분 ¥ 1,210엔 —————○	

이부스키노 타마테바코 타고
감성 기차 여행

일본의 용궁 신화,
우라시마 타로浦島太郎 이야기

어부인 우라시마 타로는 낚시를 하다가 작은 거북이 한 마리가 아이들에게 괴롭힘당하는 것을 보고 구한 뒤 바다로 보내준다. 다음 날 거대한 거북이가 나타나 그가 구해준 거북이가 사실 용왕의 딸 토요타마히메豐玉姬였으며 감사를 표하기 위해 타로를 용궁으로 초대하겠다고 말한다. 타로는 공주와 함께 용궁에 머무르다가 두고 온 부모님 생각에 마을로 돌아가고 싶다고 부탁한다. 공주는 타로에게 보물 상자 하나를 주며 절대 열어보지 말라고 당부한 뒤 그를 돌려보낸다. 하지만 집으로 돌아가보니 밖은 이미 300년이 지난 후였으며 그의 집과 어머니 또한 사라진 뒤였다. 슬픔에 빠진 타로는 공주의 당부를 잊고 상자를 열고 순식간에 노인이 된다.

특급 열차 이부스키노 타마테바코指宿のたまて箱는 보통 줄여서 '이부타마'라고 부른다. 하루 3회 가고시마추오역과 이부스키역을 오가는데, 해안가를 따라 달려 산과 바다의 경치를 만끽할 수 있다. 특급 열차지만 여유롭게 풍경을 감상하기 위해 천천히 달린다. 열차는 산 쪽은 검은색, 바다 쪽은 흰색으로 반반 다르게 칠한 모양새다. 일본의 신화인 우라시마 타로 이야기에서 주인공이 용궁에서 받은 보물 상자를 열었다가 백발의 노인이 된 모습을 모티프로 했다고 한다. 규슈산 삼나무, 요트와 여객선에도 사용되는 티크 나무로 꾸민 내부 또한 특별하다. 종점까지는 약 50분이 걸리며 정차하지 않고 목적지까지 간다. 모든 좌석이 지정석으로 운행되며 해변을 바라보는 카운터석은 한정되어 있어 예약 경쟁이 치열하다. 예약은 탑승일 기준 1개월 전 오전 10시부터 가능하다. 열차에서는 도시락, 샌드위치, 음료, 간식 및 열차 관련 상품을 판매한다. 열차 외관을 재현한 이부타마 푸딩いぶたまプリン(450엔)은 한정 판매로 인기가 많으니 꼭 먹어보자. 출발 전 열차를 배경으로 탑승 날짜가 적힌 판을 들고 사진 촬영도 진행하니 놓치지 말자.

🚶 가고시마추오역 출발 09:56·11:56·13:56, 이부스키역 출발 10:47·12:48·14:49, 50분 소요 ￥ 일반 2,800엔, 어린이 1,400엔 ※JR규슈 레일패스 사용 가능 (온라인 예약 시 수수료 일반 1,000엔, 어린이 500엔 발생)
🏠 www.jrkyushu.co.jp/trains/ibusukinotamatebako

족욕과 함께 시작하는 여행
이부스키역 指宿駅 ♀이부스키

이부타마 기차의 종점이자 여행의 시작점이다. 역 주변으로 맛
집이 모여 있으며 각 관광지로 가는 버스터미널이 있다. 역 앞
광장에는 2006년에 설치한 족욕탕이 있다. 테이블과 의자가
있어 누구나 편하게 족욕을 즐길 수 있으며, 여행의 시작과 함
께 이부스키 온천을 체험할 수 있다. 단, 수건은 판매하지 않으
니 따로 챙겨 가야 한다.

♀ 指宿市湊1-1-1 ⏰ 족욕탕 08:00~JR 열차 막차 시간대

이부스키 여행의 교통 패스,
놋타리 오리타리 마이 플랜のったりおりたりマイプラン

가고시마교통 버스를 자유롭게 이용할 수 있는 패스다. 1일권과
2일권이 있으며 1일권은 이부스키 시내를 무제한으로, 2일권은
이부스키에서 가고시마까지 적용된다. 단, 가고시마와 이부스키
이동 시 시외버스는 운행이 많지 않고 환승도 필요하니 1일권으
로 이부스키 시내에서만 사용하는 것을 추천한다.

¥ **1일권** 일반 1,100엔, 어린이 550엔, **2일권** 일반 2,200엔,
어린이 1,100엔 ※이부스키역 안(1·2일권), 야마가타야 티켓
센터·텐몬칸 티켓 센터(2일권)에서 구매
🏠 www.iwasaki-corp.com/bus/myplan_ibusuki

절경과 함께 즐기는 온천
타마테바코 온천 たまて箱温泉
♀ Tamatebako Open-air Onsen

카이몬다케와 바다의 아름다운 절경이 펼쳐지는 노천탕으로 이부스키를 대표
하는 온천 중 하나다. 일본식 노천탕 외에도 스누피 캐릭터가 누운 모습과 닮아
'스누피산スヌーピー山'이라고도 불리는 타케야마竹山와 바다를 바라볼 수 있는
서양식 노천탕이 있다. 각 노천탕은 남탕과 여탕으로 운영되며 매일 탕이 바뀐다.

★ 2025년 4월까지 대규모 리노베이션 공사로 휴관 중

🚶 타마테바코온센たまて箱温泉 정류장에서 도보 2분 ♀ 指宿市山川福元3292
⏰ 09:30~19:30, 30분 전 입장 마감 ❌ 목요일 ¥ 일반 510엔, 초등학생 260엔

특별한 경험을 원한다면
모래찜질 온천

이부스키는 온천이 흐르는 해안가 지역으로 바다를 따라 모래사장이 넓게 펼쳐진다. 그래서 이부스키 해변 주변의 지정된 장소에서는 천연 모래의 지열을 이용한 모래찜질을 체험할 수 있다.

모래찜질을 할 때 주의할 점

생각보다 지열이 높기 때문에 모래찜질은 한 번에 10~15분 이내로 즐기는 것을 권장한다. 지나치게 오래 하면 화상을 입을 수 있으므로 욕심 부리지 않고 적당히 즐기는 것이 좋다.

시내와 가까워 편리한
모래찜질 회관 사라쿠 砂むし会館砂楽

 사라쿠 모래찜질 회관

이부스키역에서 가장 가까운 모래찜질 온천으로 대욕장을 함께 운영한다. 건물 앞의 검은 모래 해변에서 모래찜질을 하는데, 지붕이 있어 비가 오거나 해가 뜨거운 날에도 여유롭게 즐길 수 있다. 수건은 제공되지 않으므로 직접 챙겨 가거나 대여해야 한다. 대욕장을 함께 즐길 수 있고 규모가 커서 어느 때에 가도 사람들로 북적인다.

🚶 스나무시카이칸마에砂むし会館前 정류장에서 도보 1분
📍 指宿市湯の浜5-25-18 🕐 08:30~21:00, 30분 전 입장 마감
❌ 부정기 💴 사라쿠 세트(모래찜질+대욕장+유카타+수건 대여) 일반 1,500엔, 초등학생 1,000엔, 모래찜질 세트(모래찜질+대욕장+유카타) 일반 1,100엔, 초등학생 600엔, 대욕장 일반 620엔, 초등학생 310엔 📞 +81-99-323-3900
🏠 ibusuki-saraku.jp

산과 바다의 절경
야마가와 모래찜질 온천 사유리

山川砂むし温泉 砂湯里 📍Ibusuki ONSEN BLACK SAND BATHE

뜨거운 온천이 솟아오르고 절벽에서 온천 폭포가 흐르는 것으로 유명한 후시메 해안伏目海岸에 자리한다. 시원한 파도 소리, 카이몬다케의 풍경과 함께 모래찜질 온천을 즐길 수 있다. 절경이 펼쳐지는 타마테바코 온천과 멀지 않아 함께 즐기기 좋다. 모래를 씻을 수 있는 간단한 샤워실도 있는데, 수건은 따로 제공하지 않는다. 입구 앞에서 온천의 열로 삶은 고구마와 달걀을 판매한다.

🚶 타마테바코온센たまて箱温泉 정류장에서 도보 10분
📍 指宿市山川福元3339-3 🕐 09:00~17:30(7·8월 ~18:00), 30분 전 입장 마감 💴 일반 830엔, 어린이 460엔
📞 +81-99-335-2669

반도 최남단의 곶
나가사키바나 長崎鼻
📍 나가사키바나

가고시마의 사츠마반도 최남단에 뾰족하게 돌출된 곶이다. 광활한 바다 너머로 카이몬다케가 보이고 날이 좋으면 야쿠시마까지 감상할 수 있다. 나가사키바나 입구에는 우라시마 타로와 거북이 동상이 있으며 정면을 기준으로 여자는 오른쪽, 남자는 왼쪽으로 두 바퀴를 돌면 소원이 이루어진다고 한다. 여름이 되면 길을 따라 펼쳐지는 해변으로 바다거북이 산란을 하러 온다. 곶의 끝에는 사츠마 나가사키바나 등대가 있고 맞은편에 화산암 지대가 형성되어 있다. 계단을 따라 지대 아래로 내려가면 바다와 파도, 산의 경치를 더욱 가까이에서 만끽할 수 있다.

🚶 나가사키바나長崎鼻 정류장에서 도보 7분 📍 指宿市山川岡児ヶ水長崎鼻

전설이 담긴 신사
용궁 신사 龍宮神社 📍용궁신사

우라시마 타로 이야기의 발상지인 나가사키바나에 위치해 용궁 신사라는 이름이 붙었다. 토요타마히메를 모시는 신사로 알려져 있다. 본전 안에는 소원을 적는 나무판인 에마 대신 굴 껍데기에 소원을 적어 항아리에 넣는다.

🚶 나가사키바나長崎鼻 정류장에서 도보 3분
📍 指宿市山川岡児ヶ水1581-34 🕐 08:00~17:00

규슈 최대의 칼데라호
이케다호 池田湖 📍이케다 호수

둘레 15km, 최대 수심 233m의 규슈 최대의 칼데라호다. 약 5,700년 전부터 총 6번의 분화가 일어나며 현재의 모습이 되었다. 이부스키시의 천연기념물인 무태장어가 서식하며 호숫가 주변으로 사계절 꽃이 피어나 계절을 만끽할 수 있다. 1월에는 유채꽃이 만개하고 마라톤 대회가 열리기도 한다.

🚶 이케다코池田湖 정류장 앞 📍 指宿市池田湖

이부스키 향토 음식
아오바 青葉 오사쓰마 향토요리 아오바

가고시마산 흑돼지와 토종닭을 이용한 향토 음식 전문
점이다. 저렴하고 푸짐한 양으로 현지인도 즐겨 찾는
다. 런치 메뉴를 이용하면 조금 더 저렴한 가격에 식
사할 수 있다. 흑돼지와 각종 채소, 온천 달걀이 올
라간 온타마란 덮밥温たまらん丼(980엔), 신선한 토
종닭의 쫄깃함이 살아 있는 쿠로사츠마 닭고기 회黒
さつま鶏の刺身(870엔)가 대표 메뉴다.

🚶 이부스키역에서 도보 2분 📍 指宿市湊1-2-11
🕐 11:00~15:00, 17:30~22:00, 30분 전 주문 마감
✖ 수요일 📞 +81-99-322-3356 🏠 aoba-ibusuki.com

갓 만든 메밀국수
초주안 長寿庵 오초주안 이부스키점

대표 일식인 메밀국수와 우동, 튀김을 맛볼 수 있는 음식
점이다. 넓고 쾌적한 실내와 차분한 분위기 덕에 여유로운
식사가 가능하다. 자루소바와 튀김, 다양한 반찬이 포함
된 텐자루젠天ざる膳(1,630엔)과 오늘의 추천 요리가 포함
된 오늘의 추천 밥상おすすめ日替わり膳(1,200엔)이 대표 메
뉴다.

🚶 이부스키역에서 도보 8분 📍 指宿市十二町大間瀬2167-1
🕐 11:00~14:00, 17:00~22:00, 1시간 전 주문 마감
✖ 부정기 📞 +81-99-322-5272
🏠 minamibussan.jp

회전식 소면의 발상지
토센쿄 소멘나가시 唐船峡そうめん流し
📍 도센쿄 소멘나가시

회전식 나가시소멘의 발상지로 연간 20만 명이 방문할 만
큼 인기 있는 음식점이다. 테이블마다 회전식 기기가 설치
되어 편리하게 식사를 즐길 수 있다. 빙글빙글 회전하는
물에 소면을 넣어 먹는데, 정식(1,600엔~) 또는 소면 단품
(700엔)으로 즐길 수 있다.

🚶 토센쿄唐船峡 정류장에서 도보 2분 📍 指宿市開聞十町5967
🕐 10:00~15:30(10~3월 11:00~), 30분 전 주문 마감
📞 +81-99-332-2143

태고의 섬이 간직한 신비로움
야쿠시마 屋久島

가고시마시에서 남쪽으로 135km 떨어진 야쿠시마는 제주도의 4분의 1 크기로 천혜의
자연 경관을 지닌 섬이다. 특히 비가 많이 내리는 기후로 연간 강수량이 저지대는 4,000mm,
고지대는 10,000mm를 기록해 한 달에 35일간 비가 온다는 말이 있을 정도다.
섬의 90%가 삼림이며 섬 중앙에서 서쪽 지역까지 섬의 약 20%가 유네스코
세계자연유산으로 지정되어 트레킹의 명소로 불린다. 이렇게 태고의 분위기를 간직해
일본 애니메이션 〈모노노케 히메〉의 배경이 되기도 했다. 또한 인구가 약 2만 명인데
원숭이와 사슴의 개체 수도 약 2만 마리로 동물과 사람이 공생하는 매력적인 섬이기도 하다.

이동 방법

가고시마 혼코 미나미 부두	미야노우라항/안보항	가고시마 공항	야쿠시마 공항
○ 페리 ⊙ 1시간 50분~ ¥ 12,200엔	○	○ 비행기 ⊙ 40분	○

태고의 섬, 야쿠시마 현명하게 돌아보기

야쿠시마는 여름에는 덥고 겨울에는 따뜻한 기후로 섬 곳곳이 오래된 거목과 울창한 숲으로 가득하다. 그만큼 교통편에 제약이 많아 공부가 필요한 지역이기도 하다. 야쿠시마를 좀 더 현명하게 둘러보기 위한 정보를 소개한다.

야쿠시마로 이동하기

야쿠시마는 가고시마에서도 꽤 멀리 떨어진 섬이어서 보통 항공편이나 배편으로 이동해야 한다. 비행기는 가고시마와 후쿠오카(1시간 10분 소요)에서 탑승할 수 있다. 배는 가고시마 여객터미널 남쪽에 있는 가고시마 혼코 미나미 부두 여객선 터미널에서 고속선을 이용하면 야쿠시마 미야노우라항 혹은 안보항까지 1시간 50분~2시간 45분이 소요된다.

야쿠시마 여행 시 주의 사항

날씨 확인은 필수! 악천후에 대비하기 야쿠시마는 연중 강수량이 일본에서 가장 높은 지역이므로 트레킹 등 야외활동을 하기 전 날씨 확인은 필수다. 악천후로 인한 산사태 또는 홍수, 쓰나미, 태풍, 폭설 등 날씨로 인해 어떤 상황이 발생할지 모르니 일정은 여유롭게 짜는 것을 추천한다.

언제 만날지 모르는 야생동물에 주의하자 태고의 섬이라 불리는 만큼 도로 곳곳에서 원숭이나 사슴을 만나는 경우가 많다. 야생동물과 마주쳤을 때는 절대 가까이 가지 말고 동물이 지나갈 때까지 기다리거나 돌아가자.

트레킹을 할 예정이라면

야쿠시마는 트레킹 장소로도 인기가 높아 등산 장비를 챙겨 오는 사람이 많다. 만약 장비가 없다면 야쿠시마 관광 센터를 비롯한 섬 곳곳의 등산복 매장 혹은 일부 숙박 시설에서 대여할 수 있다. 등산 초보자라면 가이드를 구해 함께 나서는 것도 괜찮은 방법이다. 트레킹을 떠날 때는 에너지를 보충할 수 있는 물과 간편식을 챙기고 컨디션과 체력에 맞게 코스의 난이도를 조절해야 한다. 또한 시내에서는 비가 안 오더라도 산에 들어가면 비가 내릴 때가 많으니 우비를 꼭 챙기자.

야쿠시마 돌아다니기

야쿠시마의 대중교통은 버스가 유일하다. 운행 간격이 워낙 길어 야쿠시마 관광 센터에서 버스 시간표를 미리 확인해야 한다. 구간별로 요금이 다르며(140엔~) 이와사키 IC카드를 제외하고는 현금만 사용 가능하다. 섬을 여유롭게 둘러보고 싶다면 렌터카를 빌리는 것을 추천한다. 항구와 공항 주변에 렌터카 업체가 있으며 현장 대여도 가능하지만 차가 없는 경우도 있으므로 미리 온라인 예약을 해두는 것이 좋다.

교통 패스 **야쿠시마 윳타리 만키츠 승차권** 屋久島ゆったり満喫乗車券 야쿠시마의 주요 관광지와 시내를 도는 야쿠시마교통의 노선버스를 모두 이용할 수 있다. 1일권부터 4일권까지 있으며 지정된 기간 내에 탑승 가능하다. 단, 버스 운행편이 그리 많지 않아 시간표를 잘 체크해야 한다.

¥ **1일권** 일반 2,000엔, 어린이 1,000엔,
2·3일권 일반 3,000엔, 어린이 1,500엔,
4일권 일반 4,000엔, 어린이 2,000엔
※미야노우라항, 안보항, 야쿠시마 공항 관광 센터에서 구매
☎ +81-99-746-2221 🏠 www.iwasaki-corp.com/bus

관광버스 **야쿠시마 주유 관광버스 야쿠자루호** 屋久島周遊観光バスやくざる号 짧은 시간에 여러 명소를 둘러보고 싶다면 마츠반다교통버스まつばんだ交通バス에서 운행하는 관광버스 상품을 추천한다. 반일 혹은 전일 투어로 진행되며 예약은 홈페이지 혹은 전화로 가능하다. 2인 이상 기준이어서 1인 예약 시에는 추가금이 붙으니 나 홀로 여행자에게는 추천하지 않는다.

¥ **A코스(전일+점심 식사)** 일반 5,500엔, 어린이 5,000엔,
B코스(오전) 일반 4,000엔, 어린이 3,500엔,
C코스(오후) 일반 3,000엔, 어린이 2,500엔
☎ +81-99-743-5000 🏠 yakushima.co.jp/tour_bus

〈모노노케 히메〉의 배경지

시라타니운스이쿄 白谷雲水峡

📍 시라타니운스이쿄

시라타니가와 상류에 개방된 자연 휴양림으로 트레킹의 성지라 불린다. 수령이 1,000년 이상인 야쿠스기 삼나무를 비롯해 태초의 원시림을 감상할 수 있는 명소로 일본 애니메이션 〈모노노케 히메〉의 배경이 된 이끼 숲이 펼쳐진다. 트레킹 코스는 난이도에 따라 야요이스기 코스(1시간), 부교스기 코스(3시간), 타이코이와 왕복 코스(4시간)로 나뉜다. 이끼 낀 바위와 수목, 맑은 물이 흐르는 계곡을 따라 기분 좋게 걸을 수 있으며 1시간 코스는 대체로 평탄한 길이라 등산 초보자도 안전하게 트레킹을 즐길 수 있다. 맑은 날도 좋지만 적당히 비가 내릴 때가 더욱 운치 있게 느껴진다.

🚶 시라타니운스이쿄白谷雲水峡 정류장 앞　📍 屋久島町宮之浦
💴 일반 500엔, 중학생 이하 무료　📞 +81-90-9615-8862
🏠 y-rekumori.com

깊은 원시림 속의 조몬스기

야쿠시마 숲의 주인이라 불리는 조몬스기는 수천 년에 걸쳐 자란 거대한 삼나무다. 그 웅장함만큼 시라타니운스이쿄 또는 아라카와 등산로를 온종일 걸어야 겨우 만날 수 있다. 시라타니운스이쿄에서도 갈 수 있지만 보통 아라카와 등산로를 이용하며, 야쿠스기 자연관 앞에서 출발하는 아라카와등산버스荒川登山バス를 이용한다. 조몬스기를 보는 코스의 예상 소요 시간은 왕복 8시간이지만, 초보자라면 10시간 정도로 생각하는 것이 좋다. 등산 시간이 긴 편이니 휴대용 화장실이나 간식, 물 등 만반의 준비가 필요하다.

아라카와 등산로 입구 荒川登山口
🚶 아라카와등산버스
아라카와토잔구치荒川登山口 정류장 앞
💴 **환경보전협력금** 일반 1,000엔, 초등학생 이하 무료, **등산버스** 일반 1,000엔, 초등학생 500엔 📞 +81-99-743-5900
🏠 등산버스 yakushima-tozan.com/bus

조몬스기 繩文杉 📍 조몬 삼나무

야쿠시마에서 자생하는 가장 오래된 삼나무로 야쿠시마 중앙에 위치한다. 수령은 약 2,170년부터 7,200년까지 다양하게 추정된다. 높이 25.3m, 둘레 16.4m로 등산 끝에 마주한 조몬스기의 웅장함은 자연에 대한 경외심을 불러일으킨다. 장시간 등반을 해야 만날 수 있지만, 보호를 위해 12m 떨어진 나무 데크 전망대에서 관찰해야 하며 조몬스기 주변으로는 들어갈 수 없다.

🚶 ① 아라카와 등산로에서 도보 4시간 ② 시라타니운스이쿄에서 도보 5시간

윌슨 그루터기 ウィルソン株 📍 윌슨 그루터기

등산로를 따라 조몬스기로 향하는 길에 위치한 야쿠기 삼나무의 그루터기로 야쿠시마를 처음 세계에 소개한 영국 식물학자의 이름을 붙였다. 나무 속이 텅 비어 있는데, 그 안에 작은 사당이 있다. 나무 안에서 고개를 들면 각도에 따라 하트 모양의 하늘을 볼 수 있어 포토존으로 인기가 높다.

🚶 ① 아라카와 등산로에서 도보 3시간 ② 시라타니운스이쿄에서 도보 4시간

야쿠스기 자연관 屋久杉自然館 📍 야쿠스기 자연관

야쿠스기는 야쿠시마의 해발 500m가 넘는 산지에서 자생하는 삼나무 중 1,000년 이상이 된 나무를 뜻한다. 수령 1,000년 미만의 삼나무는 주로 코스기こすぎ라 부른다. 야쿠스기 자연관은 섬 곳곳에 자생하는 야쿠스기의 모든 정보를 살펴볼 수 있는 박물관으로 야쿠스기와 야쿠시마에서 자라는 식물, 야쿠시마의 지리 등을 자세히 접할 수 있다. 내부에는 폭설의 무게로 부러진 길이 5m, 무게 12톤의 조몬스기 나뭇가지도 전시되어 있어 조몬스기의 웅장함을 간접적으로 체험할 수 있다.

🚶 야쿠스기시젠칸屋久杉自然館 정류장 앞
📍 屋久島町安房2739-343
🕐 09:00~17:00(별관 ~16:00), 30분 전 입장 마감 ❌ 첫째 화요일(5·8월 제외), 12/29~1/1 💴 일반 600엔, 고등·대학생 400엔, 초등·중학생 300엔
📞 +81-99-746-3113
🏠 www.yakusugi-museum.com

마을을 지키는 바니안나무

나카마 가주마루 中間ガジュマル

📍 나카마 가주마루

한적한 마을 입구에서 수호신처럼 마을을 지키는 바니안나무를 만나볼 수 있다. 뿌리가 밧줄처럼 촘촘히 엮인 거대한 나무로 500년 넘는 수명을 자랑한다. 터널 형태로 자란 바니안나무 사이로 차가 지나다니기도 하고 나무 중앙에서 멋진 사진을 남기기도 좋다.

🚶 나카마中間 정류장에서 도보 2분　📍 屋久島町中間86

'센'과 '치히로'라는 이름의 유래

센피로 폭포 千尋の滝 📍 센피로 폭포

야쿠시마를 대표하는 폭포 중 하나로 산기슭의 화강암 기둥과 V자 모양의 계곡을 따라 약 60m 높이에서 물줄기가 떨어진다. 일본 애니메이션 〈센과 치히로의 행방불명〉 속 주인공의 이름인 '센千'과 '치히로千尋'를 이 폭포에서 따왔다고 한다. 전망대에서 폭포까지의 거리가 멀어 생각보다 낙차가 크게 느껴지지는 않는다. 대중교통이 닿지 않는 곳에 있으니 버스보다는 렌터카 이용 시에 방문하는 것을 추천한다.

🚶 하라이리구치原入口 정류장에서 도보 55분

바다로 쏟아지는 폭포

토로키 폭포 トローキの滝

📍 Torokino Falls

공항에서 가장 가까이 있는 폭포로 물줄기가 바다로 직접 떨어진다. 전망대에서 폭포 위로 펼쳐지는 붉은 다리와 웅장한 산 그리고 6m의 낙차로 떨어지는 토로키 폭포의 특별한 풍광을 감상할 수 있다.

🚶 타이노카와鯛ノ川 정류장에서 도보 5분

서부임도 西部林道 🔍World Heritage Listed Coastal Road with Wildlife

민가가 전혀 없는 원생림 지역을 통과하는 유일한 도로로 총 길이 20km 중 15km가 유네스코 세계자연유산에 포함된다. 소형차만 겨우 지나다닐 수 있는 구불구불한 길을 따라 원시림과 활엽수가 웅장한 녹색 터널이 이어지며, 길 곳 곳에서 원숭이와 사슴이 출몰하는 진귀한 광경을 마주할 수 있다. 단, 사람이 거 주하지 않는 지역이라 버스를 운행하지 않으며 일반 차량 혹은 택시로 접근해야 한다. 야쿠시마의 관광버스인 야쿠자루호에 서부임도 도보 관광이 포함되어 있 으니 참고하자.

🏃 야쿠시마 서쪽

오코 폭포 大川の滝 🔍오코노타키 폭포

1990년 일본 환경부에서 선정한 '일본의 100대 폭포' 중 하나다. 야쿠시마에서 가장 낙차가 큰 폭포로 88m의 높 이에서 강렬한 물보라를 일으키며 물이 쏟아진다. 폭포 가까이 다가갈 수 있어 박력 있는 모습과 폭포수의 물방 울을 피부로 직접 느낄 수 있다.

🏃 오코노타키大川の滝 정류장에서 도보 5분

야쿠시마 관광 센터 屋久島観光センター
🔍야쿠시마 관광센터

미야노우라항에서 멀지 않은 곳에 위치한 관광 센터로 여 행 팸플릿을 비롯해 기념품 판매, 등산 장비 대여 등 다양 한 서비스와 여행 정보를 제공한다. 2층은 음식점으로 운 영되는데, 야쿠시마 향토 음식 중 하나인 날치가 들어간 토비우오 라멘飛魚ラーメン(980엔)을 맛볼 수 있다.

🏃 미야노우라코이리구치宮之浦港入口 정류장 앞
📍 屋久島町宮之浦799　🕘 09:00~18:00
📞 +81-99-742-0091　🏠 yksm.com

야자수 가득한 남국의 매력
미야자키 宮崎

규슈 동남부에 위치한 미야자키는 공항에서부터 야자수가 눈에 띈다. 일조량과 강수량 모두 일본에서 상위권을 차지할 만큼 휴양지다운 기후를 보이기 때문이다. 또한 여름에는 골프와 서핑을 즐기고 겨울에는 천연 스키장을 운영하는 활기찬 도시다. 투박한 해안선을 따라 남쪽 니치난까지 이어지는 드라이브 코스를 즐길 수 있고 바닷가 신사에서 바라보는 일출 또한 굉장한 비경이다. 팬데믹으로 잠시 중단되었던 미야자키 노선이 다시 운항을 시작하면서 골프와 관광을 즐기기 위한 여행자가 점차 늘고 있다.

타카치호

버스 2시간 40분

미야자키 · JR 15분
· 미야자키 공항
JR 30분
· 아오시마
JR 1시간 10분
JR 45분

니치난

관광안내소

미야자키역 종합관광안내소

🚶 미야자키역 1층 시애틀 베스트 커피 옆　📍 宮崎市錦町1-8　🕐 09:00~18:00

📞 +81-98-522-6469　🏠 www.miyazaki-city.tourism.or.jp

미야자키
이동 루트

아시아나항공에서 미야자키 직항 편을 운항한다. 미야자키 공항에서 시내까지는 JR 열차로 15분이면 도착하는 가까운 거리다. JR규슈 레일패스, 산큐패스의 남큐슈 티켓을 이용해 구마모토, 오이타, 가고시마에서도 이동할 수 있다. 대중교통이 많지 않아 주변 도시에서 오갈 때는 렌터카를 이용하는 것이 가장 편리하다.

 이동 시간

🚇 인천 국제공항

⎯ 비행기 1시간 40분

🚇 미야자키 공항

⎯ JR 15분

🚇 미야자키역

미야자키
공항에서 이동

✈

미야자키 공항은 국제선·국내선 도착(1층)과 출발(2층), 식당가(3층) 구역으로 이루어져 있다. 출구 밖으로 나오면 버스와 택시 승차장이 있고 출구 오른쪽으로 가면 JR 미야자키공항선宮崎空港線의 미야자키 공항역과 이어진다. 공항에서 미야자키 시내로 갈 때에는 열차와 버스 모두 편리한데, 열차가 더 저렴하고 빠른 대신 운행 횟수가 적으니 도착 시간에 맞는 교통수단을 이용하자. 미야자키교통宮崎交通에서 운행하는 미야자키 시내행 버스는 국제선·국내선 비행기 도착 시간에 맞춰 평균 25분 간격으로 운행하며, 1번 승차장에서 탑승한다. 아오시마와 니치난행 버스는 2번 승차장을 이용하며 하루 6대(주말 5대)를 운행한다. 공항에서 타카치호로 바로 가는 버스는 없고 미야자키역에서 이동해야 한다.

여러 명이라면
택시 이동도 고려하자

미야자키 공항에서 미야자키역까지는 7.4km로 거리가 가깝기 때문에 여러 명인 경우 택시 이동을 추천한다. 택시는 공항 1층 중앙 출구 앞에서 탑승하며 보통 차 기준으로 평균 20분이 소요된다. 요금은 교통 상황에 따라 최저 2,020엔부터 최대 2,180엔까지 나온다.

미야자키 공항 宮崎空港
📍 宮崎市大字赤江 🕐 **공항버스** 미야자키 시내행 06:34~21:20, 25분 간격 운행, 아오시마·니치난행 10:09~19:24, 6대(주말 5대) 운행 📞 +81-098-551-5111 🏠 www.miyazaki-airport.co.jp

공항 출발지	소요 시간 / 요금	도착지
미야자키 공항역	JR 15분 / 360엔	미야자키역
1번 승차장	공항버스 25분 / 490엔	미야자키역 앞
2번 승차장	공항버스 1시간 25분 / 1,850엔	니치난역 앞

주변 지역에서 JR로 이동

미야자키는 신칸센 노선을 운행하지 않는 지역이다. 후쿠오카 하카타에서 신칸센과 특급 키리시마きりしま를 이용해 1회 환승하거나 특급 니치린 시가이아にちりんシーガイア로 한 번에 미야자키로 이동할 수 있다. 하카타, 구마모토, 오이타에서 미야자키로 가는 보통 열차는 시간이 굉장히 오래 걸리거나 여러 번 갈아타야 해 추천하지 않는다. 오이타에서 특급 니치린을 타면 미

야자키까지 한 번에 이동한다. 가고시마에서 이동하는 경우에는 특급과 보통 열차의 시간 차이가 거의 없으므로 어느 것을 타도 좋다.

JR규슈 🏠 www.jrkyushu.co.jp

출발지	소요 시간 / 요금	도착지	JR규슈 레일패스
하카타	쾌속+보통 9시간 10분(환승) / 7,810엔	미야자키	전큐슈
	특급 5시간 35분 / 9,970엔		
	신칸센+특급 3시간 45분(환승) / 14,530엔		
구마모토	보통 7시간 50분(환승) / 7,370엔		남큐슈
	신칸센+특급 3시간 10분(환승) / 11,510엔		
오이타	보통 4시간 55분(환승) / 4,070엔		
	특급 3시간 15분 / 6,470엔		
가고시마추오	보통 2시간 30분(환승) / 2,530엔		
	특급 2시간 15분 / 4,330엔		
아오시마	보통 30분 / 380엔		
니치난	보통 1시간 10분 / 1,130엔		

주변 지역에서 버스로 이동

미야자키는 규슈 남동부에 위치하는 도시로 산큐패스 남큐슈 티켓을 이용할 수 있다. 미야자키 주변 지역으로 이동할 때는 보통 미야자키교통에서 운행하는 버스를 탄다. 오이타, 가고시마와 미야자키를 연결하는 직행 버스는 없고 환승은 물론 구마모토 방면으로 돌아가야 하므로 추천하지 않는다. 또한 버스는 도로 상황 및 교통에 따라 시간이 지체될 수 있기 때문에 JR 노선을 이용할 수 있는 지역은 열차 이용을 추천한다.

미야자키교통 🏠 www.miyakoh.co.jp

출발지	소요 시간 / 요금	도착지	산큐패스
하카타 버스터미널	4시간 30분 / 7,000엔	미야자키역	전큐슈
니시테츠 텐진 고속버스 터미널	4시간 50분 / 7,000엔		
구마모토역 앞	3시간 45분 / 4,720엔		남큐슈
타카치호 버스 센터	2시간 40분 / 3,000엔		
아오시마	55분 / 790엔		
니치난역 앞	1시간 55분 / 2,020엔		

미야자키
시내 대중교통

미야자키는 시내 중심을 제외하면 관광지가 대부분 멀리 떨어져 있기 때문에 JR 열차와 버스 이용이 필수다. 미야자키역과 타치바나도리를 중심으로 버스가 각 관광지로 이어지는데, 이동 시간도 긴 편이고 운행 횟수가 많지 않으니 사전에 시간을 잘 체크해야 한다.

시내버스 市内バス

시내 중심과 시외 지역까지 다양한 노선이 운행된다. 명소들 사이의 거리가 멀기 때문에 가장 편리한 대중교통이다. 특히 아오시마나 니치난 등 외곽으로 나갈 때는 거리에 따라 요금이 부과되므로 비지트 미야자키 버스 패스를 사는 것이 이득이다. 단, 미야자키역 주변과 번화가인 타치바나도리 주변만 다닐 예정이라면 저탄소형 전기버스 구룻피를 이용하자.

¥ 200엔~ 🏠 미야자키교통 www.miyakoh.co.jp

비지트 미야자키 버스 패스
VISIT MIYAZAKI Bus Pass

미야자키현을 여행하는 외국인 관광객 전용 패스로 미야자키교통이 운행하는 버스를 당일 하루 동안 무제한으로 이용할 수 있다. 미야자키 시내와 남부의 아오시마, 니치난까지 이동하는 버스를 이용할 수 있어 편리하다. 미야자키 공항 안내소, 미야자키역의 버스 센터와 역내 관광안내소에서 구입 가능하다. 단, 미야자키 북부의 노베오카, 타카치호 노선은 제외된다.

버스 965번을 타고 이동하는 추천 코스
미야자키역 ▶ 아오시마 ▶ 미치노에키 피닉스(호리키리 고개) ▶ 선멧세 니치난 ▶ 우도 신궁

¥ 2,000엔 🏠 www.visit-bus-pass.com

구룻피 ぐるっぴー

미야자키역과 시내 번화가를 편하게 오갈 수 있는 교통수단이다. 시내 5개 정류장을 순환하는 미니 전기버스로 시속 20km 미만으로 주행한다. 교통카드로도 탑승이 가능하다.

노선 미야자키역 앞 → NTT 앞 → 야마카타야 앞 → 와카쿠사도리니시 → 아미로드(야마관 옆)
🕐 10:30~17:06, 12분 간격 운행 ¥ 일반 100엔, 초등학생 이하 무료
🏠 www.city.miyazaki.miyazaki.jp/city/policy/tourism/259243.html 📷 greslo_miyazaki

미야자키 2박 3일
추천 코스

미야자키는 시내와 남쪽에 관광지가 여기저기 흩어져 있어 렌터카로 둘러보는 것이 가장 좋다. 하지만 해외에서 운전을 하기란 쉽지 않은 데다 렌트비나 기타 경비도 추가로 들어 부담이 될 수 있다. 뚜벅이 여행자를 위해 대중교통을 이용한 효율적인 코스를 소개한다.

예상 경비

식비 13,500엔~ + 입장료 1,900엔
+ 교통비 3,930엔 + 쇼핑 비용
= 총 19,330엔~

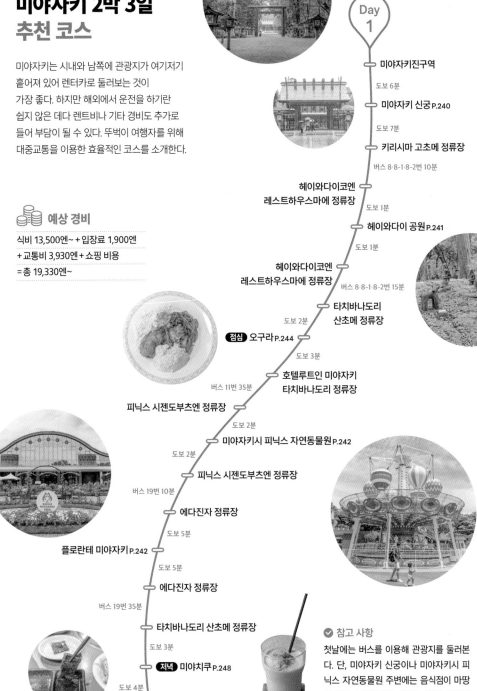

Day 1

미야자키진구역

도보 6분

미야자키 신궁 P.240

도보 7분

키리시마 고초메 정류장

버스 8·8-1·8-2번 10분

헤이와다이코엔 레스트하우스마에 정류장

도보 1분

헤이와다이 공원 P.241

도보 1분

헤이와다이코엔 레스트하우스마에 정류장

버스 8·8-1·8-2번 15분

타치바나도리 산초메 정류장

도보 2분

점심 오구라 P.244

도보 3분

호텔루트인 미야자키 타치바나도리 정류장

버스 11번 35분

피닉스 시젠도부츠엔 정류장

도보 2분

미야자키시 피닉스 자연동물원 P.242

도보 2분

피닉스 시젠도부츠엔 정류장

버스 19번 10분

에다진자 정류장

도보 5분

플로란테 미야자키 P.242

도보 5분

에다진자 정류장

버스 19번 35분

타치바나도리 산초메 정류장

도보 3분

저녁 미야치쿠 P.248

도보 4분

카페 렌시로 커피 P.246

✅ 참고 사항

첫날에는 버스를 이용해 관광지를 둘러본다. 단, 미야자키 신궁이나 미야자키시 피닉스 자연동물원 주변에는 음식점이 마땅치 않으니 번화가인 타치바나도리 주변에서 식사를 하자.

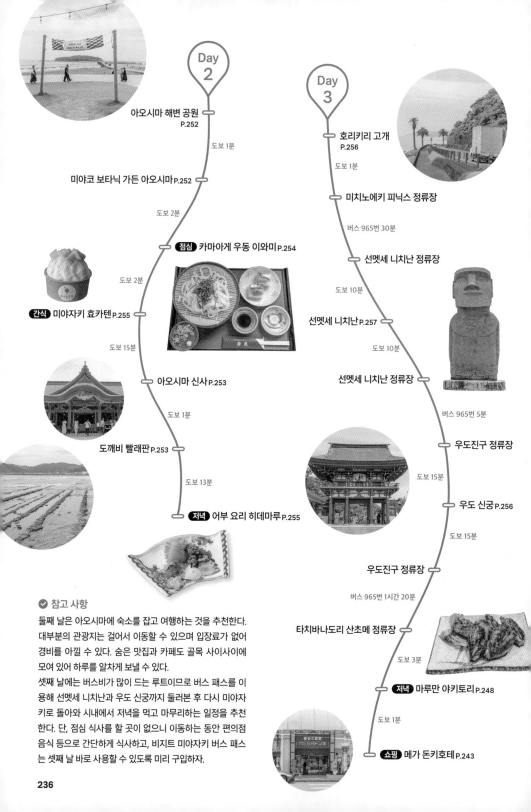

Day 2

아오시마 해변 공원 P.252

도보 1분

미야코 보타닉 가든 아오시마 P.252

도보 2분

점심 카마아게 우동 이와미 P.254

도보 2분

간식 미야자키 효카텐 P.255

도보 15분

아오시마 신사 P.253

도보 1분

도깨비 빨래판 P.253

도보 13분

저녁 어부 요리 히데마루 P.255

Day 3

호리키리 고개 P.256

도보 1분

미치노에키 피닉스 정류장

버스 965번 30분

선멧세 니치난 정류장

도보 10분

선멧세 니치난 P.257

도보 10분

선멧세 니치난 정류장

버스 965번 5분

우도진구 정류장

도보 15분

우도 신궁 P.256

도보 15분

우도진구 정류장

버스 965번 1시간 20분

타치바나도리 산초메 정류장

도보 3분

저녁 마루만 야키토리 P.248

도보 1분

쇼핑 메가 돈키호테 P.243

✔ **참고 사항**

둘째 날은 아오시마에 숙소를 잡고 여행하는 것을 추천한다.
대부분의 관광지는 걸어서 이동할 수 있으며 입장료가 없어
경비를 아낄 수 있다. 숨은 맛집과 카페도 골목 사이사이에
모여 있어 하루를 알차게 보낼 수 있다.
셋째 날에는 버스비가 많이 드는 루트이므로 버스 패스를 이
용해 선멧세 니치난과 우도 신궁까지 둘러본 후 다시 미야자
키로 돌아와 시내에서 저녁을 먹고 마무리하는 일정을 추천
한다. 단, 점심 식사를 할 곳이 없으니 이동하는 동안 편의점
음식 등으로 간단하게 식사하고, 비지트 미야자키 버스 패스
는 셋째 날 바로 사용할 수 있도록 미리 구입하자.

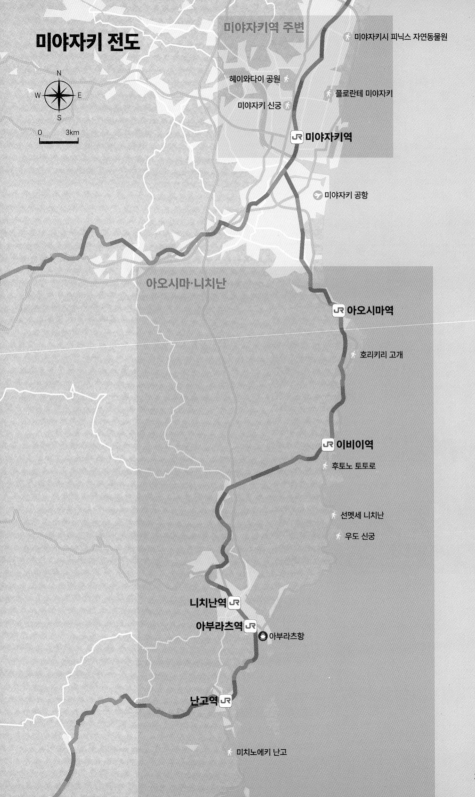

미야자키 전도

N
W ⊹ E
S

0 ___ 3km

🐾 미야자키시 피닉스 자연동물원

헤이와다이 공원 🚶

🍴 플로란테 미야자키

미야자키 신궁 🐾

JR **미야자키역**

🛫 미야자키 공항

아오시마·니치난

JR **아오시마역**

🚶 호리키리 고개

JR **이비이역**

후토노 토토로

🚶 선멧세 니치난

🐾 우도 신궁

니치난역 JR

아부라츠역 JR ⚓ 아부라츠항

난고역 JR

🚶 미치노에키 난고

237

남국 여행의 중심

미야자키역 주변 宮崎駅

**#치킨난반 #야자수 #타치바나도리
#미야자키규 #미야자키 신궁**

시내의 중심이자 미야자키를 오가는 모든 열차가 정차하는 미야자키역
주변은 차분하고 깔끔한 분위기다. 미야자키 공항까지 네 정거장이면
도착하는 공항선이 다니고, 역 앞에는 식사와 쇼핑을 모두 즐길 수 있는
쇼핑몰도 있다. 번화가인 타치바나도리를 비롯해 미야자키 외곽과 근교인
아오시마, 니치난 등으로 향하는 버스와 열차를 이용할 수 있다.
대중교통의 운행 횟수가 많지 않은 편이어서 편하게 이동할 수 있도록
대부분 렌터카를 대여하는 편이며, 역 주변에 렌터카 업체가 여럿 모여 있다.

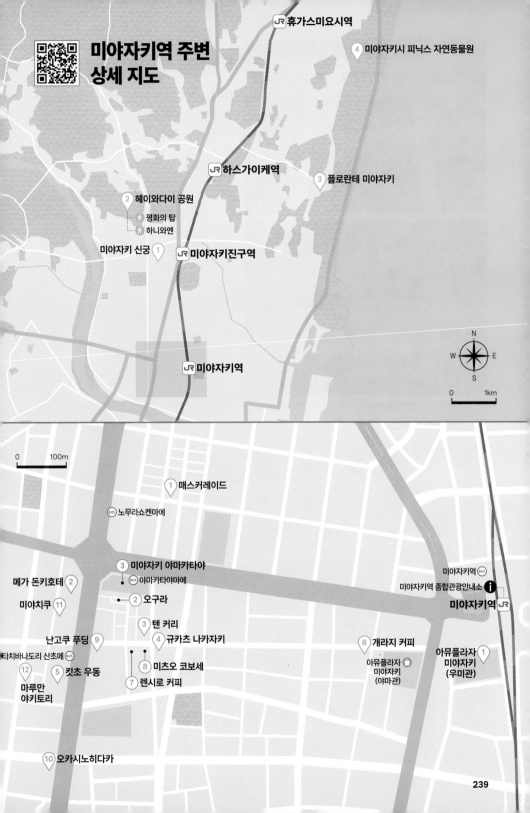

미야자키역 주변
상세 지도

JR 휴가스미요시역

④ 미야자키시 피닉스 자연동물원

JR 하스가이케역

③ 플로란테 미야자키

② 헤이와다이 공원
　평화의 탑
　하니와엔

미야자키 신궁 ①
JR 미야자키진구역

JR 미야자키역

N
W　　E
S

0　　1km

0　100m

① 매스커레이드

BUS 노무라쇼켄마에

③ 미야자키 야마카타야
BUS 야마카타야마에

메가 돈키호테 ②
② 오구라

미야치쿠 ⑪

③ 텐 커리
난고쿠 푸딩 ⑨
④ 규카츠 나카자키

타치바나도리 산초메 BUS
⑫
⑤ 킷초 우동
⑧ 미츠오 코보세
마루만
야키토리
⑦ 렌시로 커피

미야자키역 BUS
미야자키역 종합관광안내소 ⓘ
미야자키역 JR

⑥ 개라지 커피

아뮤플라자
미야자키
(야마관)

아뮤플라자
미야자키
(우미관) ①

⑩ 오카시노히다카

미야자키 신궁 宮崎神宮 ♀미야자키 신궁

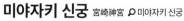

일본의 초대 천황이라 불리는 진무神武 천황을 위해 세운 신사로 일본 문명의 출발점으로 여겨지며 일본 고대사에서 중요한 의미를 지닌다. 신궁으로 향하는 길은 사계절 내내 푸르른 나무가 우거져 걷기만 해도 기분이 좋아진다. 신궁은 3개의 건물로 구성되며, 수령이 100년 이상 된 삼나무로 만든 중심부의 신전社殿 건물은 일본 유형 문화재로 지정되었다. 매년 10월 마지막 주 토요일과 일요일 이틀간 미야자키 신궁을 중심으로 진무 천황의 업적을 기리고 풍년을 기원하는 미야자키 신궁 대제宮崎神宮大祭가 열린다. 지역에서는 이 축제를 '진무사마神武さま'라는 애칭으로 부른다. 1년 365일 언제나 방문객이 있는 미야자키의 몇 안 되는 대표 관광지 중 하나다.

🚶 버스 1번 미야자키진구宮崎神宮 정류장 앞
📍 宮崎市神宮2-4-1 🕐 06:00~17:30
📞 +81-98-527-4004
🏠 miyazakijingu.or.jp

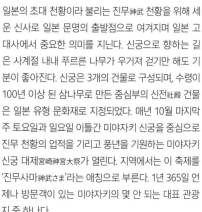
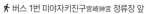

시내 전망을 품은 휴식처 ········ ②

헤이와다이 공원 平和台公園

🔍 미야자키 헤이와다이 공원

자연림에 둘러싸인 언덕 위 공원으로 미야자키 시내를 한눈에 내려다볼 수 있다. 광대한 부지에는 잔디 광장을 비롯해 다양한 휴식처가 마련되어 있고 연못 주변과 구릉 곳곳으로 이어지는 자연 산책로와 스포츠 시설도 있다. 입구 주차장 앞 휴게소 레스트하우스レストハウス에는 기념품점과 음식점도 있어 많은 사람의 여가와 관광을 책임진다.

🚶 버스 8·8-1·8-2번 헤이와다이코엔 레스트하우스마에平和台公園レストハウス前 정류장 앞
📍 宮崎市下北方町越ケ迫6146 📞 +81-98-535-3181 🏠 h.park-miyazaki.jp

공원의 하이라이트
평화의 탑 平和の塔

1940년 진무 천왕의 즉위 2,600년을 기념하여 공원 중앙에 36.4m의 높이로 세운 탑이다. 1,789개의 돌을 초석으로 사용했는데, 보는 위치와 시간에 따라 햇빛의 각도가 바뀌어 탑의 모양이 다르게 느껴진다. 탑 앞쪽 작은 바위에 올라 박수를 치면 탑에서 신기한 소리가 울린다.

일본식 토기 정원
하니와엔 はにわ園

1962년에 만들어진 정원으로 일본 고훈 시대(3세기 말~8세기 초)의 유물인 토기(하니와)를 본뜬 작품들이 정원 곳곳에 배치되어 있다. 집, 그릇, 동물, 인간의 형태를 한 토기를 통해 당시의 의복과 머리 스타일, 갑옷, 농기구 등의 모습을 가늠할 수 있다.

사계절 화려한 꽃동산 ······ ③

플로란테 미야자키 フローランテ宮崎
 🔍후로란테 미야자키

세계 각국의 다양한 식물을 만날 수 있는 식물원이다. 돔형 유리 지붕이 있는 건물의 입구로 들어가면 사계절이 담긴 정원을 가장 먼저 마주하게 된다. 넓은 잔디 광장은 1년 내내 푸르고 광장 주변 산책로를 따라 핀 꽃을 자세히 감상할 수 있다. 일본식과 서양식 등 다양한 양식으로 꾸며진 각 정원과 집은 전원주택살이를 꿈꾸는 이들에게 대리 만족을 선사한다. 식물원 한편에는 식물을 재배하고 꺾꽂이를 하는 온실이 있다. 계절마다 축제와 이벤트가 열리는데, 겨울에 화려하게 불을 밝히는 일루미네이션 플라워 가든 축제가 단연 인기다.

🚶 버스 18번 플로란테 미야자키フローランテ宮崎 정류장 앞 　📍 宮崎市山崎町浜山414-16
🕐 09:00~17:00 　❌ 화요일, 12/31
💴 일반 310엔, 초등·중학생 150엔
📞 +81-98-523-1510
🏠 www.florante.or.jp

볼거리, 놀거리가 한가득 ······ ④

미야자키시 피닉스 자연동물원
宮崎市フェニックス自然動物園 　🔍미야자키 시 피닉스 동물원

자연에 가까운 환경에서 동물을 사육하는 일본 최초의 생태 동물원으로 1971년 오픈했다. 태평양이 보이는 소나무 언덕에 위치해 경치가 좋고 100여 종의 동물들이 살고 있다. 아시아코끼리 전시관, 아프리카 정원, 침팬지 숲, 어린이 동물 마을 등 다양한 전시관으로 구성된다. 안쪽에 위치한 유원지는 사계절 내내 운영하며 여름철에는 유수풀도 개장한다. 곳곳에 상점과 음식점, 광장이 있어 하루 종일 동물원에 머무르며 놀거나 쉬기도 좋다. 동물원에서 열리는 이벤트 중에서 수많은 플라밍고가 사육사의 구령에 맞춰 날아오르는 '플라잉 플라밍고 쇼'와 주말 한정으로 산책하는 코끼리의 바로 옆에서 100m가량 함께 걸으며 사진 촬영을 할 수 있는 '코끼리의 산책'이 단연 인기다.

🚶 버스 11·19번 피닉스 시젠도부츠엔フェニックス自然動物園 정류장에서 도보 2분 　📍 宮崎市大字塩路字浜山3083-42
🕐 09:00~17:00, 30분 전 입장 마감 　❌ 수요일, 12/31
💴 일반 840엔, 중학생 420엔, 초등학생 310엔
📞 +81-98-539-1306 　🏠 www.miyazaki-city-zoo.jp

통합권이 있어요!

미야자키시 피닉스 자연동물원과 플로란테 미야자키를 모두 방문할 예정이라면 통합권을 구입하는 것이 더 저렴하다.

💴 일반 900엔, 중·고등학생 360엔

여행에 빠질 수 없는 쇼핑 ······ ①

아뮤플라자 미야자키 アミュプラザ宮崎 🔎 아뮤플라자 미야자키 우미관·야마관

지역 교통의 중심인 미야자키역 앞에 아뮤플라자가 자리 잡고 있다. 우미관うみ館과 야마관ゃま館 건물로 나뉘는데, 건널목 하나를 사이에 두고 있어 편하게 왕래할 수 있다. 우미관에는 패션 및 잡화와 음식점, 영화관이 있고, 야마관에는 슈퍼마켓과 서점 등이 있다. 두 건물 외에 역사 1층에 위치한 히무카키라메키 시장ひむかきらめき市場에는 향토 음식과 패스트푸드 등 30여 가지 음식점과 카페가 모여 있다. 열차를 기다리며 쇼핑하기 좋은 기념품 및 특산품 상점도 있으며, 열차에서 먹기 좋은 도시락도 판매한다.

🚶 미야자키역 앞 　♥ **우미관** 宮崎市老松 2-2-22, **야마관** 宮崎市老松2-11-11　🕐 상점 10:00~20:00, 식당가 11:00~21:00, 매장마다 다름 　📞 +81-98-544-5111　🏠 www.amu-miyazaki.com

주요 매장

우미관

5층	영화관
4층	게임 센터, 식당가
2층	ABC마트, 화장품 매장

야마관

5층	Can★Do(100엔 숍)
4층	키노쿠니야 서점
1층	마츠노まつの(슈퍼마켓)

쇼핑은 이곳에서 한 번에 ······ ②

메가 돈키호테 MEGAドン・キホーテ
🔎 MEGA Don Quijote

미야자키의 번화가인 타치바나도리 중심에 있으며 새벽까지 영업해 언제든 쇼핑을 즐기기 좋다. 메가라는 이름이 붙은 만큼 기존의 돈키호테보다 훨씬 규모가 크고 품목도 다양하다. 1층에는 식당가, B1층에는 슈퍼마켓이 있어 식사와 마트 쇼핑도 가능하다.

🚶 ① 버스 44·50·88번 타치바나도리 산초메橘通り3丁目 정류장에서 도보 2분 ② 미야자키역에서 도보 15분
♥ 宮崎市橘通西3-10-32 　🕐 09:00~03:00
📞 +81-57-066-6809 　🏠 www.donki.com

중장년층의 핫 플레이스 ······ ③

미야자키 야마카타야
宮崎山形屋 🔎 야마카타야 미야자키

1936년 오픈해 약 90년의 전통을 이어오고 있다. 미야자키시 중심에 위치한 백화점으로 특히 중장년층을 대상으로 한 명품 브랜드가 많다. 2006년 오픈한 신관과 내부 연결 통로로 이어져 있다. 주요 매장으로 1층의 스타벅스와 코치 등이 있다.

🚶 ① 버스 44·50·88번 야마카타야마에山形屋前 정류장 앞 ② 미야자키역에서 도보 12분 　♥ 宮崎市橘通東3-4-12
🕐 10:00~19:00 　📞 +81-98-531-3111
🏠 www.yamakataya.co.jp/miyazaki

매스커레이드 マスカレード ♀마스카레도

1977년에 문을 열어 50년 가까이 사랑받아온 카페 겸 음식점이다. 노부부가 운영하는데 빈티지한 옛 다방 분위기에서 세월의 흔적을 느낄 수 있다. 매장 이용은 점심시간에만 가능해 주변에서 근무하는 회사원이 주요 고객이다. 요일별로 식사 메뉴가 다르며, 월·토요일 한정으로 판매되는 치킨난반(세트 1,000엔)이 가장 인기 있다. 세트에는 음료, 샐러드, 수프가 포함된다. 가격에 비해 양이 푸짐해서 든든하게 배를 채울 수 있으며, 저녁에는 포장만 가능하다.

🚶 ① 버스 1·2번 노무라쇼켄마에野村證券前 정류장에서 도보 2분 ② 메가 돈키호테에서 도보 5분 ♀宮崎市橘通東4-10-29
🕐 매장 11:00~15:00, 포장 17:30~20:00
❌ 일요일, 공휴일 📞 +81-98-526-0133

오구라 おぐら ♀오구라 본점

미야자키의 향토 음식인 치킨난반을 처음으로 만든 음식점으로 1956년에 개업했다. 1965년 치킨난반을 팔기 시작하며 소위 대박을 터뜨렸고 닭고기 위에 올라가는 타르타르소스 또한 이곳의 작품이다. 가게는 시내 한복판의 숨은 골목에 자리하며 2층에도 좌석이 있다. 회전율이 높아 대기가 길지 않은 편이다. 치킨난반(1,300엔)을 시키면 치킨과 스파게티, 샐러드가 한 접시에 나오고 밥도 함께 나온다. 햄버그ハンバーグ(1,300엔) 또한 인기가 많고 2가지 맛을 모두 즐길 수 있는 비즈니스 세트ビジネスセット(1,300엔)도 있으니 취향에 따라 고르면 된다.

🚶 ① 버스 44·50·88번 타치바나도리 산초메橘通り3丁目 정류장에서 도보 2분 ② 미야자키 야마카타야에서 도보 1분
♀宮崎市橘通東3-4-24 🕐 11:00~15:00, 17:00~20:30, 30분 전 주문 마감 ❌ 일요일 📞 +81-98-522-2296
🏠 www.ogurachain.com

정통 인도 커리 전문점 ……③

텐 커리 テンカリー

점심시간에 딱 3시간만 오픈하는 인도 커리 전문점이다. 자리가 5~6석 정도로 적은 편이라 항상 사람들이 줄을 서 있다. 메뉴는 오로지 정통 인도 커리(1,400엔)뿐이며 3가지 맛 중 고르면 된다. 주기에 따라 종류가 바뀌며 맛보기를 선택할 수 있다. 메뉴를 시키면 커리와 밥, 인도의 요구르트 음료인 라씨를 함께 제공한다. 인도에서 직접 공수해 온 식기에 음식을 담아내 이국적인 느낌이 가득하다. 커리가 대부분 매운 편이라 한국인 입맛에도 잘 맞는다.

🚶 ① 버스 44·50·88번 타치바나도리 산초메橘通り3丁目 정류장에서 도보 2분 ② 미야자키 야마카타야에서 도보 2분 📍 宮崎市橘通東3-5-29 🕐 11:30~14:30 ❌ 일·월요일 📷 ten_curry

풍미 가득한 규카츠 ……④

규카츠 나카자키 牛かつ なかざき

와카쿠사도리若草通 상점가에 위치한 규카츠 전문점이다. 합리적인 가격대의 미야자키 규카츠 정식(100g 2,464엔)을 주문하면 규카츠와 밥, 수프, 샐러드가 함께 나온다. 빠르게 튀겨 썰어낸 소고기를 1인용 화로에 직접 올려 구워 먹는다. 굽기에 따라 맛이 미세하게 달라져 다양한 맛을 음미하며 먹을 수 있다. 소금, 특제 소스, 와사비 등을 취향에 맞게 찍어 먹으면 된다.

🚶 ① 버스 44·50·88번 타치바나도리 산초메橘通り3丁目 정류장에서 도보 2분 ② 미야자키 야마카타야에서 도보 2분 📍 宮崎市橘通東 3-7-11 🕐 11:00~15:00, 17:00~20:00(일요일 11:00~20:00), 30분 전 주문 마감 📞 +81-98-564-8833 🏠 akr7340243365.owst.jp

주문하면 바로 나오는 초고속 음식 ……⑤

킷초 우동 きっちょううどん 📍Kitchou Udon

우동과 소바를 저렴한 가격에 맛볼 수 있다. 패스트푸드처럼 빠른 속도가 장점으로 주문 후 5분 이내에 음식이 나온다. 이른 아침부터 늦은 저녁까지 영업해 언제든 찾을 수 있고 큰길과 가까워 접근성도 좋다. 300엔 언저리부터 시작하는 우동과 소바로 부담 없이 한 끼를 해결할 수 있다. 특별한 맛은 아니지만 기본에 충실하며, 소고기와 매운 우엉볶음인 킨피라きんぴら가 올라간 스태미너 우동スタミナうどん(759엔)이 대표 메뉴다.

🚶 ① 버스 44·50·88번 타치바나도리 산초메橘通り3丁目 정류장 바로 앞 ② 메가 돈키호테에서 도보 2분 📍 宮崎市橘通西3-3-27 🕐 06:00~21:00 (금·토요일 ~24:00) 📞 +81-98-526-8889 🏠 www.kitchouudon.com

갓 로스팅한 원두를
즉석에서 맛보다 ······⑥
개라지 커피
Garage Coffee 🔍 Garage Coffee

미야자키역 근처에 위치한 커피숍으로 2017년에 문을 열었다. 매장에서 매일 직접 원두를 로스팅해 신선한 커피를 맛볼 수 있다. 커피와 잘 어울리는 수제 디저트도 판매한다. 로스팅한 원두는 매장과 온라인에서도 판매하며 선물용 포장도 가능하다. 흰색 톤의 차분한 카페 안에서 여유로운 골목 풍경을 감상하며 편안하게 쉬기 좋다. 드립으로 내려주는 싱글 오리진シングルオリジン(600엔~)이나 진한 에스프레소 샷과 부드러운 우유가 들어간 플랫화이트フラットホワイト(650엔)를 추천한다.

🚶 미야자키역에서 도보 4분 📍 宮崎市広島2-6-14 🕐 11:00~19:00 ❌ 부정기
📞 +81-70-8439-3571 🏠 garagecoffee.official.ec

과일 향 가득한 향긋한 커피 ······⑦
렌시로 커피 恋史郎コーヒー 🔍 Renshiro Coffee

2015년 개업한 스페셜티 커피 전문점이다. 가게 이름은 오픈 6개월 전 태어난 주인장 아들의 이름에서 따왔다고 한다. 카페는 타치바나도리 안쪽의 시키도리四季通り 입구에 위치하며, 내부는 아늑한 분위기에 커피 향이 가득하다. 매장에 항상 6가지 이상의 원두를 보유하며 원두를 가볍게 볶아 내리는 필터커피(500엔~)를 맛볼 수 있다. 라이트 로스팅의 대표 카페로 과일 맛이 나는 커피가 특징이다. 추천 메뉴는 에스프레소 셰이크エスプレッソシェイク(650엔)로 커피와 우유의 균형이 훌륭하다.

🚶 ① 버스 44·50·88번 타치바나도리 산초메
橘通り3丁目 정류장에서 도보 2분
② 미야자키 야마카타야에서 도보 2분
📍 宮崎市橘通東3-3-8
🕐 12:00~19:00(일요일 ~18:00)
❌ 부정기 📞 +81-98-571-0684
🏠 www.renshirocoffee.com

미츠오 코보세 みつをこぼせ

미야자키에서 처음으로 천연 얼음을 사용해 빙수를 만든 곳이다. 추운 겨울에 자연스레 만들어지는 천연 얼음은 물이 맑기로 이름난 야마나시현에서 가져온다. 불순물 없이 투명한 것이 천연 얼음의 특징이며 이를 얇게 깎아 푹신한 식감으로 빙수를 만든다. 계절에 따라 제철 과일을 사용한 다양한 빙수를 맛볼 수 있고 하나만 시켜도 둘이 먹기에 충분할 정도로 양이 푸짐하다. 가장 인기가 많은 메뉴는 딸기를 사용한 이치고카키고리いちごかき氷(1,500엔)이며 천연 얼음을 선택하면 300엔이 추가된다.

🚶 ① 버스 44·50·88번 타치바나도리 산초메通り3丁目 정류장에서 도보 2분
② 미야자키 야마카타야에서 도보 2분
📍 宮崎市橘通東3-3-15
🕐 11:00~18:00(재료 소진 시까지)
❌ 부정기 📞 +81-98-541-6748

난고쿠 푸딩 南国プリン

일본 신혼부부의 3분의 1이 미야자키로 신혼여행을 오던 1960~70년대의 넘치는 행복과 감성을 '난고쿠 푸딩'이라는 디저트로 형상화해 판매한 것이 시초다. 아래쪽은 부드럽고 달콤한 커스터드로, 위쪽은 미야자키의 하늘과 석양 등을 표현한 젤리와 제철 과일로 채웠다.

🚶 ① 버스 44·50·88번 타치바나도리 산초메橘通り3丁目 정류장 앞
② 미야자키 야마카타야에서 도보 2분 📍 宮崎市橘通東3-2-10
🕐 10:00~22:00 ❌ 부정기 📞 +81-98-522-5668
🏠 nangoku-purin.com

오카시노히다카 お菓子の日高
📍 Hidaka Confectionery Main Store

미야자키시에 총 7개의 점포가 있는 일본식 디저트 전문점의 본점이다. 찹쌀떡 속에 팥 앙금, 딸기, 크림치즈, 밤이 들어간 난쟈코라다이후쿠なんじゃこら大福(520엔)가 간판 메뉴다. 주먹만 한 크기라 하나만 먹어도 배가 부르다.

🚶 ① 버스 44·50·88번 타치바나도리 니초메橘通り2丁目 정류장에서 도보 1분 ② 메가 돈키호테에서 도보 6분
📍 宮崎市橘通西2-7-25 🕐 09:00~21:00 ❌ 1/1
📞 +81-98-525-5300 🏠 hidaka.p1.bindsite.jp

살살 녹는 미야자키규 ······ ⑪
미야치쿠 ミヤチク ♀미야치쿠

미야자키를 중심으로 체인점이 있으며 번화가에 위치한 타치바나도리점이 가장 유명하다. 미야자키현에서 나고 자란 흑우인 '미야자키규'를 다양한 요리로 선보인다. 좌석이 대부분 룸 형태여서 조용하게 식사할 수 있다. 런치 코스 (2,480엔~)와 디너 코스(5,500엔~)로 운영되며 부위별 소고기와 함께 샐러드와 밥, 수프, 채소, 디저트를 내준다. 도축장과 가공 공장을 직접 운영하는 미야치쿠의 직영점이어서 고기의 질이 좋고 신선하다. 점심시간에 방문하면 미야자키규를 합리적인 가격에 즐길 수 있다.

🚶 ① 버스 44·50·88번 타치바나도리 산초메橘通り3丁目 정류장에서 도보 1분
② 메가 돈키호테에서 도보 1분 ♀ 宮崎市橘通西3-10-36 🕐 11:30~14:30,
17:00~22:00, 30분 전 주문 마감 📞 +81-98-531-8929 🏠 rest.miyachiku.jp

미야자키 대표 향토 요리 ······ ⑫
마루만 야키토리 丸万焼鳥 ♀마루만 야키토리 본점

1954년 개업해 4대에 걸쳐 운영해온 닭꼬치 전문 이자카야다. 여러 메뉴가 있지만 단연 최고는 닭의 허벅지 살을 발라내 구운 미야자키의 향토 음식 모모야키もも焼き(1,400엔)다. 모모야키를 주문하면 생오이와 닭 수프가 함께 나온다. 모모야키는 강한 불에 초벌구이하듯 굽기 때문에 겉은 검고 속은 덜 익은 상태다. 고기를 씹으면 씹을수록 닭의 고소한 풍미가 더해지며 육즙이 입 안 가득 퍼진다. 닭 날개를 소금이나 타레タレ(양념)로 구워낸 테바야키手羽焼き(700엔)도 별미다. 항상 대기가 많기 때문에 오픈 10분 전에는 가야 바로 입장할 수 있다.

🚶 ① 버스 44·50·88번 타치바나도리 산초메
橘通り3丁目 정류장에서 도보 2분
② 메가 돈키호테에서 도보 3분
♀ 宮崎市橘通西3-6-7 🕐 17:00~23:00
❌ 일요일 📞 +81-98-522-6068

경이로운 해변의 풍경

아오시마 青島
니치난 日南

#서핑 명소 #망고 #선멧세 니치난
#우도 신궁 #아오시마 신사

미야자키현 남부의 대표 도시인 아오시마와 니치난 지역은
서핑과 골프 같은 액티비티를 즐기고 멋진 바다 풍경을 볼 수 있는
명소로 가득하다. 미야자키에서 열차나 버스를 타고 이동할 수 있지만
운행 횟수가 적어서 구석구석 살펴보려면 렌터카가 필수다.
미야자키에서 아오시마까지 25분, 니치난까지 40분이면 도착하므로
운전의 난이도도 낮은 편이다. 특히 이동하는 동안 펼쳐지는
야자수와 해안 도로는 아름다움을 넘어 경이롭기까지 하다.

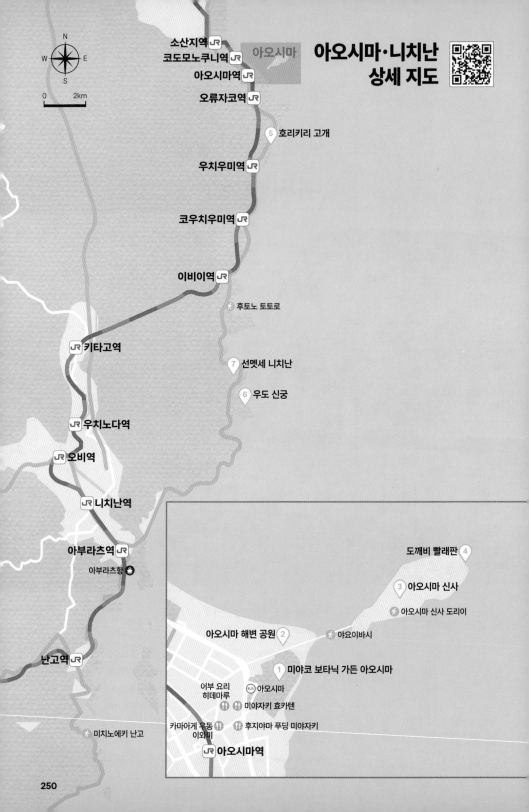

아오시마

아오시마·니치난
상세 지도

소산지역 JR
코도모노쿠니역 JR
아오시마역 JR
오류자코역 JR

⑤ 호리키리 고개

우치우미역 JR

코우치우미역 JR

이비이역 JR

🚶 후토노 토토로

JR 키타고역

⑦ 선멧세 니치난

⑥ 우도 신궁

JR 우치노다역

JR 오비역

JR 니치난역

아부라츠역 JR

아부라츠항 ⚓

난고역 JR

🚶 미치노에키 난고

도깨비 빨래판 ④

③ 아오시마 신사

🚶 아오시마 신사 도리이

아오시마 해변 공원 ②

🚶 야요이바시

① 미야코 보타닉 가든 아오시마

어부 요리   🚌 아오시마
히데마루
🍴 미야자키 효카텐

카마아게 우동 🍴 후지야마 푸딩 미야자키
이와미

JR 아오시마역

250

우미사치 야마사치 타고 대자연 감상

우미사치 야마사치海幸山幸 열차는 미야자키역에서 아오시마를 거쳐 난고역南郷駅까지 주말에만 운행하는 2량짜리 관광 열차다. 일본어로 산 해진미를 야마사치 우미사치라 부르기도 하는데, 이 열차의 이름은 순서가 반대이지만 니치난 해안을 따라 달리며 산과 바다의 경치를 만끽할 수 있다는 점에서 일맥상통하는 면이 있다. 특급 열차지만 전혀 빠르지 않고 정차하는 역도 많다. 그럼에도 인기가 많은 이유는 외관의 특별함과 바깥 풍경을 여유롭게 감상할 수 있는 느린 감성 때문이다. 미야자키현에서 자란 삼나무를 이용한 차체와 내부는 분위기가 아늑해 단순한 이동 수단이 아닌 작품을 보는 느낌이다. 경치가 좋은 장소에서는 열차가 서행하며 창밖 풍경을 만끽할 수 있게 해준다. 열차 안에서 한정 도시락, 과일 박스, 음료, 간식 및 열차 관련 상품을 구입할 수 있다. 운행하는 동안 열차 이름의 유래인 일본의 신화를 그림 동화 형식으로 소개해주며 오비역에서는 전통 의상을 입은 직원과 사진 촬영도 할 수 있다. 또한 탑승객에게는 열차 내 사진 촬영 서비스와 기념 스탬프 엽서가 제공된다.

🕐 난고행 주말 10:28, 미야자키행 주말 13:52, 1시간 45분 소요
¥ **지정석** 일반 2,940엔, 초등학생 1,460엔,
자유석 일반 1,910엔, 초등학생 950엔 ※JR규슈 레일패스(자유석) 사용 가능
🏠 www.jrkyushu.co.jp/trains/umisachiyamasachi

야자수 가득한 열대 풍경 ······· ①

미야코 보타닉 가든 아오시마

宮交ボタニックガーデン青島 🔍 아오시마 미야코 식물원

아오시마 해변 앞에 위치한 식물원으로 다양한 열대 식물을 만날 수 있다. 온실에는 180여 종, 실외 정원에는 150여 종의 식물이 있으며 규모가 큰 만큼 입구만 총 3곳이 있다. 넓은 잔디 광장을 따라 야자수 군락지가 펼쳐져 있어 남국의 날씨와 기후에 맞는 청량한 분위기가 느껴진다. 온실에서는 구아바, 코코넛, 파파야 등의 열대 과일이 자라는 모습도 살펴볼 수 있다. 식물원은 해변과 이어져 있으며 해안 산책로를 따라 아오시마 신사로 갈 수 있다. 식물원 정문 앞으로 상점가가 이어져 있어 쇼핑을 즐기기도 좋다.

🚶 버스 965번 아오시마青島 정류장 앞
📍 宮崎市青島2-12-1 🕐 08:30~17:00(온실 09:00~)
📞 +81-98-565-1042
🏠 mppf.or.jp/aoshima

해변에서 보내는 느긋한 시간 ······· ②

아오시마 해변 공원 AOSHIMA BEACH PARK 🔍 아오시마해변공원

관광객을 유치하기 위해 2015년 아오시마 해변에 조성한 공원이다. 지금은 가족, 친구 등 사랑하는 이들과 함께 바다를 보며 여유롭게 쉴 수 있는 명소로 사랑받고 있다. 카페와 푸드 트럭이 있어 간단히 요기할 수 있으며, 특히 여름철에는 서핑과 해수욕을 즐긴 후 휴식을 취하기 위해 많은 사람이 모여든다. 이국적인 분위기 속에서 느긋하게 시간을 보내기 좋다.

🚶 버스 965번 아오시마青島 정류장에서 도보 5분 📍 宮崎市青島2-233
🕐 11:00~18:00(주말 ~19:00), 시기에 따라 다름 ❌ 수요일 📞 +81-98-565-1055
🏠 aoshimabeachpark.com

인연을 맺어주는 신사 ········ ③

아오시마 신사 青島神社 ♀ 아오시마 신사

1.5km 크기의 작은 섬, 아오시마섬 중앙에 자리한 신사다. 섬 전체가 국가 천연
기념물로 지정된 '도깨비 빨래판'이라 불리는 기암으로 둘러싸여 있다. 아오시
마 신사는 특히 인연을 맺어주는 신사로 유명해 전국 각지에서 소원을 빌러 많은
사람이 방문한다. 아오시마 해변과 섬을 연결하는 다리 야요이바시弥生橋를 건너
면 신사의 입구이자 관문인 붉은 도리이가 보인다. 섬 안에 서식하는 야자수와
아열대 식물을 포함한 200여 종의 식물도 만날 수 있다. 경내에는 소원을 적는
나무판 에마絵馬가 잔뜩 달린 곳, 소원의 종류에 따라 각기 다른 색깔의 끈을 나
무에 묶고 토기 접시를 던져 행운을 비는 장소 등 작은 구경거리도 있다.

🚶 버스 965번 아오시마青島 정류장에서 도보 13분　🏢 宮崎市青島2-13-1
🕐 06:00~일몰, 계절에 따라 다름　📞 +81-98-565-1262　🏠 aoshima-jinja.jp

자연이 만든 빨래터 ········ ④

도깨비 빨래판 鬼の洗濯板 ♀ 도깨비 빨래판

아오시마섬을 둘러싸듯이 바다를 향해 펼쳐진 기암들
을 가리킨다. 아오시마부터 남쪽 아부라츠油津에 이르
는 지역에 파상암이 형성되어 있는데 그중 이곳이 가
장 유명하다. 수백만 년 전부터 파도의 침식 작용에 의
해 만들어졌으며 멀리서 보면 거대한 빨래판처럼 보여
도깨비 빨래판이라 불린다. 실제로 이러한 지형은 과
거 빨래터로 이용되었다고 전해지며, 썰물로 물이 빠지
면 직접 들어가볼 수 있다.

🚶 버스 965번 아오시마青島 정류장에서 도보 14분
📍 宮崎市青島2-13-1

●

아오시마에서 식사 해결!

평범한 일본의 작은 시골 마을인 아오시마는 보통 경유지로 많이 들르는 지역이지만,
해마다 방문객이 늘어나면서 최근 아오시마역과 해안 주변으로 맛집과 카페가 많이 생겼다.
아오시마에서 1박을 하거나 하루를 보낼 때 부담 없이 들르기 좋은 음식점과 카페를 소개한다.

맛있는 우동과 고등어 초밥

카마아게 우동 이와미 釜揚うどん岩見 ♀ Iwami

아오시마역 앞에 위치한 우동 전문점이다. 우동과 소바를
판매하며 솥에 삶은 면을 면수와 함께 주는 카마아게 우
동(650엔)이 대표 메뉴다. 보통은 초절임한 고등어로 만
든 초밥인 시메사바즈시しめさばずし(130엔)와 함께 먹는
다. 주문 즉시 면을 삶아 면발이 쫄깃하다. 그 밖에 소고
기나 닭고기를 올린 덮밥도 판매한다. 주문은 입구 앞
자동 발매기를 통해 식권을 구입한 후 직원에게 전달하
는 방식이다.

🚶 아오시마역 앞 📍 宮崎市青島2-9-5 🕐 11:00~18:00
❌ 화요일 📞 +81-98-565-1218 🏠 udon-iwami.com

당일 가져온 신선한 해산물 요리

어부 요리 히데마루 漁師料理 ひで丸 📍 Hidemaru

신선한 해산물을 저렴하게 맛볼 수 있는 음식점이다.
어부였던 주인장의 아버지가 개업했으며 현재는
아들 부부가 운영한다. 당일 아침 시장에서 직
접 해산물을 가져와 만들어서 매우 신선하고
가성비가 좋아 현지인도 많이 방문한다. 대표
메뉴는 생선회와 생선구이, 생선찜, 밥, 된장국
이 나오는 히데마루 정식ひで丸定食(1,800엔)과 생선
구이 대신 튀김이 나오는 사시미텐푸라 정식刺身天ぷ
ら定食(1,800엔)이다. 한국어 메뉴판이 있으며 계산
은 현금으로만 가능하다.

🚶 버스 965번 아오시마青島 정류장에서 도보 2분
📍 宮崎市青島2-8-34 🕐 11:00~14:00, 17:00~20:00,
30분 전 주문 마감 ❌ 수요일 📞 +81-98-565-2967

달콤하고 부드러운 푸딩

후지야마 푸딩 미야자키 フジヤマプリン宮崎
📍 후지야마 푸딩 미야자키

부드러운 푸딩과 카레가 모두 인기 있는
음식점이다. 카레를 주문하면 내부 테이
블에서 식사할 수 있으며 푸딩은 포장만
가능하다. 그 밖에 커피와 음료, 케이크
같은 디저트도 판매한다. 가장 인기 많은

메뉴는 오키나와 흑설탕 푸딩沖縄産黒糖プリン(350엔)과
카페라테 푸딩カフェラテプリン(350엔)이다. 가게 밖에는
영업시간 외에도 이용할 수 있는 푸딩과 케이크 자판기가
설치되어 있다.

🚶 버스 965번 아오시마青島 정류장에서 도보 2분
📍 宮崎市青島2-11-1 🕐 11:30~16:00, 30분 전 주문 마감
❌ 부정기 📞 +81-70-5502-5670
🏠 so1320.wixsite.com/fujipurimiyazaki

100% 수제 디저트

미야자키 효카텐 宮崎氷果店
📍 Miyazaki Ice (cream) Shop

아오시마에서 가장 인기 있는 빙수와
아이스크림 전문점이다. 토핑과 시
럽, 연유 등 재료를 모두 수제로 만
든다. 대부분 미야자키에서 자란 제

철 과일과 식재료를 사용해 계절에
따라 메뉴가 바뀐다. 100% 수작업으로 만든 아이스크림
은 종류가 20여 가지이며 컵(550엔~)과 콘(600엔~) 중
에 선택할 수 있다. 빙수(1,280엔~)는 1~2인 기준으로 푸
짐한 토핑과 수제 시럽을 얹어준다. 채식주의자를 위한
비건 디저트도 판매한다.

🚶 버스 965번 아오시마青島 정류장에서 도보 1분
📍 宮崎市青島2-8-1 🕐 11:00~17:00 ❌ 부정기
📞 +81-98-582-6367 🏠 chillchillkitchen.com/aoshima-2

호리키리 고개 堀切峠

📍 Horikiri Pass

휴양지 분위기의 야자수와 푸른 바다 그리고 드넓은 하늘이 펼쳐지는 해안 도로다. 니치난 해안 중 최고의 전망을 자랑하며 해안을 따라 산책로도 형성되어 있다. 전망이 좋은 장소마다 휴게소와 주차장, 쉼터가 있어 잠시 정차해 쉬어 가기도 좋다. 특히 니치난 해안의 도깨비 빨래판이 펼쳐지는 절경을 한눈에 담을 수 있어 더욱 특별하다. 고갯길 곳곳에는 히비스커스, 포인세티아 등이 사계절 내내 피어 있어 해안 도로를 드라이브하는 것만으로도 멋진 추억이 된다.

🚶 버스 965번 호리키리토게堀切峠 정류장 앞 📍 宮崎市内海984

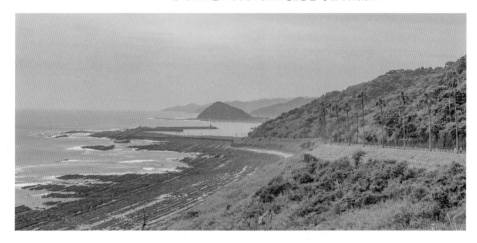

우도 신궁 鵜戸神宮 📍 우도신궁

니치난 해안가의 기암절벽 위에 지어진 신사다. 입구에서 본전까지 펼쳐지는 해안 풍경이 압권이다. 천연 동굴 안에는 주홍색의 본전御本殿과 출산 및 육아와 관련된 우유바위お乳岩, 우유물お乳水이 있다. 또한 신사 앞에 위치한 거북이돌亀石에 남자는 왼손, 여자는 오른손으로 행운의 돌을 던져 구멍에 들어가면 소원이 이루어진다고 한다. 자연이 만든 바위 동굴 속 신사라 존재 자체만으로도 신비로운 분위기를 풍긴다.

🚶 버스 965번 우도진구鵜戸神宮 정류장에서 도보 15분
📍 日南市大字宮浦3232 🕐 06:00~18:00
📞 +81-98-729-1001 🏠 www.udojingu.or.jp

일본의 이스터섬 ⋯⋯ ⑦

선멧세 니치난

サンメッセ日南 ♀ 산멧세 니치난

칠레 대지진과 부족 분쟁 등으로 쓰러진 채 방치되던 이스터섬의 모아이Moai 석상을 일본의 크레인 회사인 타다노タダノ와 아스카건설飛鳥建設의 석공 사노左野, 나라국립문화재연구소奈良国立文化財研究所가 중심이 되어 복원했는데, 도움에 대한 보답으로 일본에 모아이 석상을 복각할 수 있게 되었다. 복각 장소가 이곳 니치난 해안으로 결정되어 7개의 모아이 석상을 완벽하게 재현해 1995년 문을 열었다. 7개의 석상은 이스터섬 장로회의 허가를 받은 세계 최초의 모아이 석상이라는 점에서 더욱 특별하다. 왼쪽부터 일, 건강, 연애, 종합, 결혼, 금전, 학업 운을 나타내며 석상을 만지면 그에 해당하는 소원이 이루어진다고 한다. 니치난 해안의 절경을 내려볼 수 있는 공원과 언덕 주변으로 산책로가 있으며, 3개의 다른 모아이 석상을 만날 수 있다. 또한 〈보는 사람Voyant Statue〉이라는 이름을 가진 7가지 색의 조형물과 바다로 빨려 들어갈 것처럼 그네가 놓여 있는 포토 스폿도 인기다.

🚶 버스 965번 선멧세 니치난サンメッセ日南 정류장에서 도보 10분 📍 日南市大字宮浦2650
🕘 09:30~17:00 ✖ 수요일 ¥ 일반 1,000엔, 중·고등학생 700엔, 4세 이상 500엔
📞 +81-98-729-1900 🏠 www.sun-messe.co.jp

일본 애니메이션 속 장면을 만나다

20세기 후반부터 극장과 TV, 인터넷을 통해 급속도로 발달한 일본 애니메이션은 전 세계 애니메이션의 60% 이상을 차지할 정도로 중요한 일본의 주요 산업이자 하나의 문화로 자리 잡았다. 실제로 미국과 아시아 등 외국어 문화 콘텐츠 수요 부문에서 매년 상위권을 차지하며 우리나라에도 고정 마니아층이 있을 만큼 유명한 작품이 많다. 그중 미야자키에서 만날 수 있는 일본 애니메이션 관련 명소를 소개한다.

〈스즈메의 문단속〉
미치노에키 난고 道の駅なんごう

미야자키현 남부의 니치난 해안 국정공원日南海岸国定公園 중심에 위치한 휴게소로 일본의 유일한 자카란다 군락림과 일종의 식물원인 아열대 작물 지장亜熱帯作物支場이 있다. 휴게소 안에는 일본 애니메이션 〈스즈메의 문단속〉에 나왔던 재난의 문과 의자로 변한 소타가 놓인 포토존이 있다. 재난의 문 주변으로 푸른 하늘과 바다가 펼쳐지고 저 멀리 크고 작은 섬도 보인다. 또한 난고의 대표 명물인 망고를 시중보다 저렴하게 구매할 수 있다. 이곳에서는 미야자키 망고를 사용한 망고 아이스크림マンゴーアイスクリーム(400엔)을 꼭 먹어 봐야 한다.

🏃 난고역에서 차로 7분 📍 日南市南郷町大字贄波 3220-24 🕐 상점 08:30~18:00(10~3月 ~17:00), 음식점 11:00~15:00, 30분 전 주문 마감
📞 +81-98-764-3055
🏠 www.michinoeki-nango.jp

〈스즈메의 문단속〉

아부라츠항 油津漁港

〈스즈메의 문단속〉의 주인공인 스즈메의 고향은 니치난이다. 애니메이션 초반에 소타와 언덕에서 처음 만나는 장면에서 뒤로 보이는 배경이 아부라츠항 주변의 방파제와 비슷하다. 항구 주변으로 7개의 크고 작은 섬을 볼 수 있으며 차로 8분 거리의 이자키바나 공원猪崎鼻公園에서는 아부라츠항의 전경을 내려다볼 수 있다.

🚶 아부라츠역에서 도보 15분　📍 日南市油津4-12-16

〈이웃집 토토로〉

후토노 토토로 富士のトトロ

니치난 해안 도로 부근에 위치한 포토존으로 이비이역 부근의 터널을 지나 마을 초입에 자리한다. 일본 애니메이션 〈이웃집 토토로〉의 명장면을 개인이 꾸며놓은 곳이다. 주인공 사츠키가 되어 토토로와 함께 버스를 기다리는 애니메이션 속 장면을 재현할 수 있다. 또한 차고 셔터에는 고양이 버스와 사츠키, 메이의 그림이 그려져 있으며 주변에서 〈센과 치히로의 행방불명〉에도 나온 먼지 캐릭터인 맛쿠로쿠로스케まっくろくろすけ도 만날 수 있다. 민가를 개조한 사유지라서 조용히 관람하는 매너가 필요하다. 토토로 포토존을 지나 50m 떨어진 길에 주차 공간이 있다.

🚶 이비이역에서 도보 20분　📍 日南市富士3561

오랜 자연의 산물
타카치호 高千穂

미야자키현 북부, 규슈 산지의 중심에 자리 잡은 타카치호는 풍부한 자연으로 가득한
신비한 지역이다. 구마모토현, 오이타현과 인접해 주변 도시로 이동하기도 편리하다.
약 12만 년 전과 9만 년 전 2회에 걸친 아소산의 화산 활동으로 용암이 분출되고
강으로 흐른 용암류가 급격히 냉각되면서 타카치호 협곡이 형성되었다.
협곡의 아름다운 자연 경관으로 이 지역의 대표 관광지가 되었다. 사계절 언제나
방문하기 좋은데, 특히 가을철에 단풍 명소로 불리며 많은 관광객이 몰린다.

이동 방법

미야자키역   타카치호 버스 센터
ο————————————————————ο
　　　버스 ⏱ 2시간 40분 ¥ 3,000엔

화산 활동이 빚은 신비한 장소

타카치호 협곡 高千穂峡

<svg>🔍</svg> 타카치호 계곡

아소산의 화산 활동과 고카세가와五ヶ瀬川라는 강의 침식으로 생긴 협곡으로 일본의 명승지로 손꼽힌다. 고카세가와 자락에 평균 80m, 최대 100m 높이의 절벽이 동서로 약 7km에 걸쳐 펼쳐진다. 일본의 100대 폭포로 선정된 마나이노타키真名井の滝 근처부터 제3주차장까지 강을 따라 산책로가 형성되어 있으며, 17m 높이에서 떨어지는 강물은 에메랄드그린색을 띤다. 특히 7월 중순부터 9월 중순까지는 오후 10시까지 폭포 주변을 일루미네이션으로 꾸며 밤에도 화려한 풍경을 자랑한다. 산책로는 약 1km로 평지와 계단식 산길로 이루어져 있으며, 연결된 길을 따라 타카치호 신사까지 걸어갈 수도 있다. 산책로 중심에는 마나이노타키를 옆에서 가까이 감상할 수 있는 전망대도 있다.

🚶 호텔타카치호마에ホテル高千穂前 정류장에서 도보 16분 📍高千穂町向山

🏠 타카치호 관광협회 takachiho-kanko.info

타카치호 협곡 이동 방법

타카치호 버스 센터에서 협곡까지 버스로 이동하는 경우 호텔타카치호마에 정류장이 가장 가깝다. 고카세선五ヶ瀬線 버스에서 하차 후 협곡 이정표를 따라 산책로에 진입하면 길이 계곡까지 이어진다. 렌터카 이용 시에는 타카치호 협곡 및 마나이노타키와 가장 가까운 제1오시오이주차장第1御塩井駐車場과 제2아라라기주차장第2あららぎ駐車場에 주차 후 산책로를 따라 이동하면 된다. 단, 주차비(제1주차장 500엔, 제2주차장 300엔)가 있고 공간이 협소해 만차인 경우가 많으니 무료 주차장인 제3오오하시주차장第3大橋駐車場을 이용해 산책로와 등산로를 번갈아 걸으며 이동하는 방법도 좋다.

보트 타고 타카치호로 깊숙이 들어가자!

일본의 명승지로 손꼽히는 곳답게 타카치호 협곡은 규모만큼이나 볼거리가 다양하다. 단순히 산책로를 걷는 것도 좋지만, V자 협곡과 압도적인 규모의 주상절리를 더욱 가까이에서 즐길 수 있는 보트 체험도 추천한다.

타카치호 협곡 보트 高千穂峡ボート

보트를 대여해 직접 노를 저으며 V자 협곡의 골짜기를 따라 타카치호 협곡의 일부를 둘러본다. 강을 따라 이동하며 마나이노타키 아래까지 갈 수 있어 위에서 걸으며 본 모습과는 또 다른 풍경이 펼쳐진다. 이용 시간은 약 30분이며 보트 하나에 최대 3인까지 탑승 가능하다. 제1주차장 바로 옆에 위치한 대여 보트 접수 센터에서 접수한 후 이용 가능하다. 보트를 탈 때는 접수 센터 앞 계단을 따라 내려가면 된다. 현장 접수도 가능하지만 보트 수가 제한되어 있어 온라인 예약을 해야 원하는 시간에 이용할 수 있다. 온라인 예약은 승선 예정일 2주 전부터 가능하다. 강물이 불어났을 때나 정기 안전 점검 기간에는 운행하지 않는다.

📍 高千穂町向山204　🕐 08:30~17:00, 30분 전 매표 마감
💴 평일 4,100엔, 주말 5,100엔, 30분 대여
📞 +81-98-282-2140　🌐 takachiho-kanko.info/boat

한 프레임에 담기는 3개의 다리
타카치호 산다이바시 高千穂三代橋

타카치호 협곡의 제2주차장 부근에 위치한 3개의 다리를 말한다. 첫 번째가 1947년에 만들어진 돌다리 신바시神橋, 두 번째가 1955년에 강철로 만든 아치교인 타카치호 대교高千穂大橋, 나무에 많이 가려진 세 번째가 2003년 콘크리트로 지은 기다란 아치교인 신토 타카치호 대교神都高千穂大橋다. 옛것과 새것의 조화로 일본에서 유일하게 하나의 협곡에서 총 3개의 아치교를 볼 수 있는 장소다. 아라라기노차야 음식점에서 마나이노타키로 이어지는 산책로의 시작점에서 이 풍경을 만나볼 수 있으며, 한 컷에 3개의 다리를 모두 담을 수 있어 포토존으로도 인기가 높다.

🚶 호텔타카치호마에ホテル高千穂前 정류장에서 도보 11분
📍 高千穂町大字向山

타카치호 대교

신토 타카치호 대교

신바시

행복을 가져다주는 신사
타카치호 신사 高千穂神社 📍 타카치호 신사(Takachiho Shrine)

약 1,900년 전 일본 11대 천황인 스이닌垂仁 천황 시절에 지어진 유서 깊은 신사다. 신사에는 수령 800년 이상의 치치부 삼나무秩父杉와 줄기가 하나로 이어진 부부 삼나무夫婦杉가 있다. 사랑하는 사람과 손을 잡고 부부 삼나무 주위를 세 번 돌면 행복이 찾아온다고 한다. 매일 오후 8시에는 경내 카구라덴神楽殿에서 일본 중요 무형 민속 문화재로 지정된 타카치호 카구라高千穂神楽를 관람할 수 있다. 공연은 1시간 동안 이어지며 4개의 대표 카구라가 공개된다.

🚶 호텔타카치호마에ホテル高千穂前 정류장에서 도보 5분 📍 高千穂町大字三田井1037
💴 일반 1,000엔, 초등학생 이하 무료
📞 +81-98-272-2413
🏠 x.com/takachihojinja

계곡 소리를 벗 삼다
아라라기노차야 あららぎ乃茶屋 ♀Araragi-no-chaya

타카치호 협곡 산책로의 산다이바시 부근에 위치한 음식점이다. 200명을 수용할 수 있을 만큼 규모가 크며 야외석에서는 고카세가와와 신바시 다리 등 타카치호의 자연을 감상할 수 있어 더욱 특별하다. 음식을 주문하면 대나무 통에 차를 내어준다. 일본 가정식 스타일의 정갈한 아라라기 정식あららぎ定食(1,650엔)과 가볍게 먹을 수 있는 자루소바ざるそば(750엔)가 대표 메뉴. 시원한 계곡물 소리를 들으며 식사할 수 있는 싱그러운 분위기의 음식점이다.

🏃 호텔타카치호마에ホテル高千穂前 정류장에서 도보 11분
📍 高千穂町大字押方1245-1 🕐 08:30~17:00, 30분 전 주문 마감
📞 +81-98-272-2201

나가시소멘의 원조
치호노이에 간소 나가시소멘 千穂の家元祖流しそうめん ♀치호노이에 간소 나가시소멘

나가시소멘의 발상지인 타카치호에서 1955년 운영을 시작한 원조 나가시소멘 가게다. 소면을 흘려보내는 대나무 수로가 주방에서부터 테이블까지 이어져 있고 수로 주변에 앉아 소면을 건져 먹으며 이용하는 시스템이다. 나가시소멘이 흐르는 물은 타카치호의 폭포에서 끌어다 쓴다. 가게 이름처럼 나가시소멘(700엔)이 기본 메뉴이며 생선구이焼き魚, 주먹밥おにぎり, 소면そうめん 세트(1,500엔)가 대표 메뉴. 주방에서 소면 주인에게 신호를 준 뒤 면을 흘려보내주기 때문에 자신의 차례에만 면을 가져갈 수 있으며 1인분은 대략 5회 정도가 반복된다. 타이밍을 놓쳐 젓가락으로 면을 집지 못하더라도 수로 끝에 채반을 놓아두므로 못 먹을 걱정은 없다.

🏃 호텔타카치호마에ホテル高千穂前 정류장에서 도보 12분
📍 高千穂町三田井御塩井 🕐 10:00~16:00
📞 +81-98-272-2115 🏠 chihonoie.jp/soumen

아늑하고 세련된 카페
카페 테라스 타카치호야 カフェテラス タカチホヤ
🔍 Cafe terrace Takachihoya

2017년 오픈한 카페로 입구에서는 일본 신사에서 자주 보는 조각상 코마이누狛犬가 손님을 맞이한다. 실내는 아늑하고 신사의 경내 분위기를 옮겨놓은 듯 차분함이 느껴진다. 커피 외에도 차와 스무디 종류를 판매하며 카레나 팬케이크 등 가벼운 식사와 디저트도 함께 즐길 수 있다. 대표 메뉴로는 코마이누 아이스크림(550엔)과 티 마키아토ティーマキアート(730엔)가 있다.

🚶 타카치호 버스 센터高千穂バスセンター에서 도보 3분 📍 高千穂町大字三田井1171-4 🕐 11:00~17:00, 30분 전 주문 마감 ❌ 부정기
📞 +81-98-282-2006 🏠 www.takachiho-shinsen.co.jp/cafe

맛있는 장어구이
식당 노부 食堂のぶ 🔍 노부 장어집

타카치호 중심에 위치한 장어 전문점이다. 국과 반찬이 포함된 우나기 정식うなぎ定食(2,500엔~)을 비롯해 장어구이(2,000엔~), 장어덮밥(1,100엔~)도 판매한다. 추천 조합은 장어구이를 주문하고 치킨볶음밥(500엔)이나 새우볶음밥(600엔)을 추가로 곁들이는 것이다. 양도 푸짐해 든든하게 배를 채울 수 있다. 관광지임에도 저렴한 가격에 식사할 수 있어 현지인도 많이 방문하며 현금만 사용 가능하다.

🚶 타카치호 버스 센터高千穂バスセンター에서 도보 4분
📍 高千穂町三田井1178-2 🕐 11:30~14:00, 17:00~20:00
❌ 부정기 📞 +81-98-272-4686 🏠 shokudo_nobu

든든한 아침의 빵집
마츠노팡 松のパン 🔍 Matsuno Bakery

타카치호의 음식점은 대부분 점심 이후에 문을 열기 때문에 오전 7시에 문을 여는 마츠노팡은 아주 귀한 곳이다. 당일 새벽부터 갓 만든 신선한 빵을 판매하며 대부분 100~200엔 대로 저렴하다. 기본 베이커리 외에 샌드위치, 햄버거 등도 있으며 우유와 음료도 함께 판매해 아침 식사용으로 구입하기 좋다. 가격에 비해 양이 푸짐하고 맛도 훌륭하다.

🚶 타카치호 버스 센터高千穂バスセンター에서 도보 4분
📍 高千穂町三田井10-5 🕐 07:00~18:30 ❌ 일요일
📞 +81-98-272-5004 🏠 www3.hp-ez.com/hp/matupan

이국적 풍경의 항구 도시
나가사키 長崎

규슈 북서쪽에 위치한 나가사키는 지리적으로 서양과 중국에서 접근하기 좋은 도시였다. 쇄국정책을 고수하던 에도 시대부터 서양 문물을 받아들이는 유일한 창구였기에 서양 문화를 가장 빠르게 접했다. 나가사키 곳곳에서는 서양인들이 정착하면서 지은 양옥도 만날 수 있다. 일본에서 기독교(그리스도교)가 가장 먼저 전파되었고 관련 유적도 많아 신자들이 성지 순례를 하러 오기도 한다. 음식 또한 영향을 받아 나가사키 카스텔라와 나가사키 짬뽕은 지역의 대표 음식이자 고유명사가 되었다.

관광안내소

나가사키역 종합관광안내소

🚶 나가사키역 1층 신칸센 개찰구 옆　📍 長崎市尾上町1-60
🕐 08:00~19:00　📞 +81-95-823-3631　🏠 www.at-nagasaki.jp

나가사키
이동 루트

나가사키 직항 편은 현재 대한항공에서 운항한다. 나가사키 공항에서 시내까지는 버스로 이동 가능하며, 장소에 따라 35분에서 55분 정도가 걸린다. JR규슈 레일패스와 산큐패스의 북큐슈 티켓을 사용해 후쿠오카, 구마모토, 오이타에서 이동할 수도 있다.

 이동 시간

○ 인천 국제공항

    비행기 1시간 30분

○ 나가사키 공항

    공항버스 45분

○ 나가사키역

나가사키
공항에서 이동
✈

나가사키 공항은 국제선과 국내선을 한 터미널에서 운영할 만큼 규모가 크지 않아 출구 밖으로 나오면 버스 정류장을 쉽게 찾을 수 있다. 나가사키 시내로 갈 때는 공항버스가 가장 편리하다. 나가사키현영버스長崎県営バス, 나가사키버스長崎バス에서 공항버스를 비행기 도착 시간에 맞춰 운행한다. 5번 승차장에서 탑승하면 나가사키 신치 차이나타운을 거쳐 나가사키역으로 이동하고, 4번 승차장에서 탑승하면 평화 공원과 미라이 나가사키 코코워크를 통해 나가사키역으로 이동한다.

공항에서 나가사키 근교인 하우스텐보스나 사세보로 갈 때는 사이히버스西肥バス에서 운영하는 공항버스를 이용한다. 운행 시각은 조금씩 변동되니 홈페이지를 확인하자. 시내와 근교로 가는 공항버스 모두 산큐패스로 이용이 가능하다. 나가사키 공항은 인공섬 위에 자리해서 하우스텐보스까지 바로 가는 페리도 운영한다. 출구 밖으로 나와 연결 통로(도보 7분)를 따라가면 선착장이 나온다.

나가사키 공항 長崎空港
📍 大村市箕島町593 🕐 **공항버스** 나가사키 시내행 09:05~21:40,
하우스텐보스·사세보행 09:35~21:40, 14대 운행, **페리** 주말 10:10·15:20
📞 +81-095-752-5555 🏠 nagasaki-airport.jp

공항 출발지	소요 시간 / 요금	도착지
4·5번 승차장	공항버스 35분 / 1,200엔	나가사키 신치 차이나타운, 평화 공원
	공항버스 45~55분 / 1,200엔	나가사키역 앞, 코코워크 모리마치
2번 승차장	공항버스 55분 / 1,500엔	하우스텐보스
	공항버스 1시간 30분 / 1,500엔	사세보역 앞
선착장	페리 50분 / 2,200엔	하우스텐보스 마린 터미널

주변 지역에서 JR로 이동

현재 나가사키를 오가는 신칸센은 2022년 개통된 타케오온센-나가사키 구간의 니시큐슈 신칸센西九州新幹線인 카모메かもめ가 유일하다. 후쿠오카 하카타에서 특급 릴레이 카모메リレーかもめ에 탑승한 뒤 타케오온센역에서 신칸센 카모메로 환승하는 방식으로 이용할 수 있다. JR 열차는 특급, 쾌속, 보통 등을 이용하며 최소 1회 이상 환승해야 한다. 구마모토에서 나가사키로 가는 특급 및 신칸센은 2번 환승(신토스新鳥栖-타케오온센武雄温泉), JR 열차는 보통을 이용해 최소 3회 환승한다. 사세보에서 나가사키로 갈 때는 보통 열차로 환승 없이 이동할 수 있다.

JR규슈 🏠 www.jrkyushu.co.jp

출발지	소요 시간 / 요금	도착지	JR규슈 레일패스
하카타	쾌속 3시간 35분(환승) / 2,860엔	나가사키	북큐슈
	특급+신칸센 1시간 40분(환승) / 6,050엔		
사세보	보통 2시간 / 1,680엔		
	특급+신칸센 1시간 30분(환승) / 3,470엔		
구마모토	보통 4시간 50분(환승) / 4,070엔		
	특급+신칸센 1시간 50분(환승) / 9,170엔		

주변 지역에서 버스로 이동

나가사키는 산큐패스 중 북큐슈 티켓으로 이동할 수 있다. 주로 나가사키현영버스와 니시테츠에서 운영하는 버스가 나가사키와 근교 및 규슈의 주요 도시를 연결한다. 사세보와 하우스텐보스를 오갈 때는 사이히버스를 이용한다. 가고시마에서 나가사키로 가는 직행 버스는 없어서 1회 환승을 해야 한다. 단, 버스는 도로 상황 및 교통에 따라 시간이 지체될 수 있으므로 JR 열차나 신칸센을 이용할 수 있는 지역은 열차 이용을 추천한다.

🏠 나가사키현영버스 www.keneibus.jp, 니시테츠 www.nishitetsu.jp, 사이히버스 www.bus.saihigroup.co.jp

출발지	소요 시간 / 요금	도착지	산큐패스
후쿠오카 공항 국제선	2시간 20분 / 2,900엔	나가사키역 앞	북큐슈
하카타 버스터미널	2시간 25분 / 2,900엔		
니시테츠 텐진 고속버스 터미널	2시간 10분 / 2,900엔		
사세보역 앞	1시간 30분 / 1,550엔		
하우스텐보스	1시간 15분 / 1,450엔		
추오도리(오이타)	4시간 20분 / 4,720엔		
벳푸 키타하마	3시간 55분 / 4,720엔		
구마모토역 앞	3시간 40분 / 4,200엔		
미야자키역	5시간 30분 / 6,810엔		남큐슈

나가사키
시내 대중교통

JR, 버스 등 여러 선택지가 있지만 노면전차 이용을 추천한다. 시내와 각 관광지를 지나기 때문에 여행자가 가장 편하게 이용할 수 있으며 가격 또한 거리와 상관없이 균일하다. 그 밖에 택시를 비롯해 케이블카, 슬로프카 같은 관광형 교통수단도 있다.

노면전차 長崎電気軌道

1915년 개통해 110년에 가까운 역사를 자랑하는 도시의 상징 같은 존재다. 관광객에게는 나가사키 시내의 주요 명소를 연결하는 편리한 교통수단이다. 나가사키역을 기준으로 북쪽으로는 평화 공원, 남쪽으로는 나가사키 신치 차이나타운과 글로버 가든 등 주요 명소까지 모두 연결해준다. 다양하게 꾸민 전차의 모습을 보는 것도 하나의 재미다.

나가사키 노면전차는 총 5개의 노선이 있으나 2호선은 사실상 없는 셈이나 마찬가지여서 4개라고 생각하면 된다. 노란색 4호선은 아침저녁에만 운영하며, 파란색 1호선과 초록색 5호선으로 주요 관광지를 모두 둘러볼 수 있다. 요금은 거리와 상관없이 모든 노

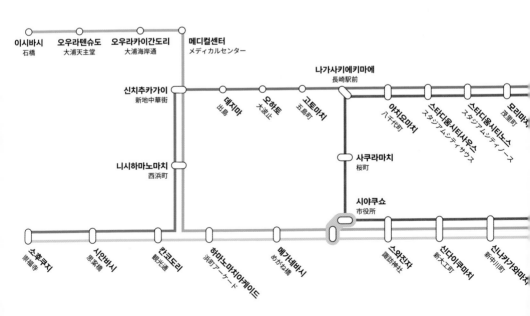

선이 동일하다. 당일 하루 동안 무제한 탑승 가능한 1일 승차권(1일권)도 있으니 노면전차를 하루 5회 이상 이용할 예정이라면 1일권을 추천한다. 1일권은 나가사키역 종합관광안내소 혹은 일부 주요 호텔 프런트에서 판매한다. 'Japan Transit Planner' 앱에서도 1일권이나 24시간권을 구매할 수 있으며 하차 시 기사에게 앱을 열어 모바일 티켓을 보여주면 된다.

신치추카가이·시야쿠쇼·나가사키에키마에·니시하마노마치 정류장 하차 후 30분 이내에 다른 노선에 탑승할 경우 무료 환승이 가능하다. 단, 승하차 시 교통카드를 태그해야 하며 현금 결제일 때는 환승이 불가능하다.

🕐 06:10~22:50, 1호선 8~10분, 3호선 6~12분, 1·3호선 공통 5~10분, 4호선 20~25분, 5호선 15~20분, 4·5호선 공통 10~15분 간격 운행 ¥ 일반 140엔, 초등학생 70엔, **1일권** 일반 600엔, 초등학생 300엔, **24시간권(앱 전용)** 일반 700엔, 초등학생 350엔 🏠 www.naga-den.com

시내버스 市内バス

노면전차 정류장은 물론 시외까지 더욱 다양한 루트로 운행한다. 다만 나가사키 관광지의 대부분은 노면전차로 다닐 수 있어서 여행자가 시내버스를 이용할 일은 많지 않다. 나가사키 로프웨이로 가는 3·4번, 이나사야마 전망대가 위치한 이나사야마 공원으로 가는 5번 버스 정도만 알아두면 된다.

만약 주로 버스를 타고 이동할 예정이라면 당일 무제한으로 탑승 가능한 1일권(일반 500엔, 초등학생 250엔) 이용을 추천한다. 1일권은 나가사키역 종합관광안내소 혹은 코코워크 버스 센터에서 구입할 수 있다.

¥ 160엔~, 1일권 500엔 🏠 나가사키버스 www.nagasaki-bus.co.jp

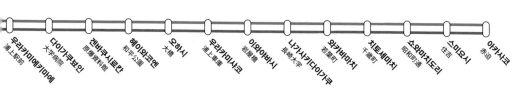

우라카미에키마에 浦上駅前 · 다이가쿠뵤인 大学病院 · 겐바쿠시료칸 原爆資料館 · 헤이와코엔 和平公園 · 오하시 大橋 · 우라카미시코 浦上車庫 · 이오야바시 岩屋橋 · 나가사키다이가쿠 長崎大学 · 와카바마치 若葉町 · 치토세마치 千歳町 · 쇼와마치도리 昭和町通 · 스미요시 住吉 · 아카사코 赤迫

오타룬자야 岩屋橋

━━ 1호선   ━━ 3호선   ━━ 4호선   ━━ 5호선

나가사키 2박 3일 추천 코스

나가사키는 대부분의 관광지를 노면전차를 타고 방문할 수 있어서 여행하기 어렵지 않다. 나가사키역을 기준으로 크게 중부와 북부, 남부로 나눌 수 있어 하루에 한 지역씩 둘러보면 좋다. 원자 폭탄 피해의 역사를 따라가거나, 천주교 신자라면 순롓길을 따라 둘러보는 테마 여행도 가능하다.

예상 경비

식비 12,000엔~ + 입장료 4,090엔
+ 교통비 840엔 + 쇼핑 비용
= 총 16,930엔~

Day 1

○ 나가사키역

　도보 6분

○ 일본 26성인 기념관 P.278

　노면전차 1·3호선 15분

○ 평화 공원 P.283

　도보 2분

○ 폭심지 공원 P.283

　도보 3분

○ 나가사키 원폭 자료관 P.282

　도보 1분

○ **점심** 호라이켄 P.288

　노면전차 1·3호선 5분

○ **쇼핑** 미라이 나가사키 코코워크 P.284

　도보 1분

○ **저녁** 후쿠마루 P.285

　도보 5분

○ **카페** NGS 커피 P.285

　노면전차 1·3호선 10분

○ 나가사키역

　셔틀버스 10분

○ 나가사키 로프웨이 P.280

　로프웨이 5분

○ 이나사야마 전망대 P.281

✅ 참고 사항

첫째 날은 노면전차로 이동해 나가사키역 북쪽, 우라카미 지역의 여러 장소를 방문하며 느긋하게 움직이는 것을 추천한다. 나가사키 로프웨이 무료 셔틀버스는 시간이 정해져 있어 늦지 않게 정류장에 가야 하며, 예약제라 당일 정오 이후에 미리 예약해야 한다.

둘째 날은 노면전차를 타기 애매한 거리에 있는 장소가 많으므로 걷는 일정이 많다. 체력 안배를 위해 시간이 날 때마다 틈틈이 휴식을 취하자.

셋째 날에는 글로버 가든을 중심으로 돌아보고 오후에는 여유롭게 시간을 보내는 것을 추천한다. 밤늦게까지 운영하는 음식점은 대부분 하마마치 지역의 상점가 주변에 모여 있으니 숙소를 이 부근으로 잡으면 야식을 즐기기 좋다.

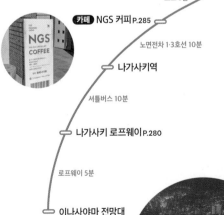

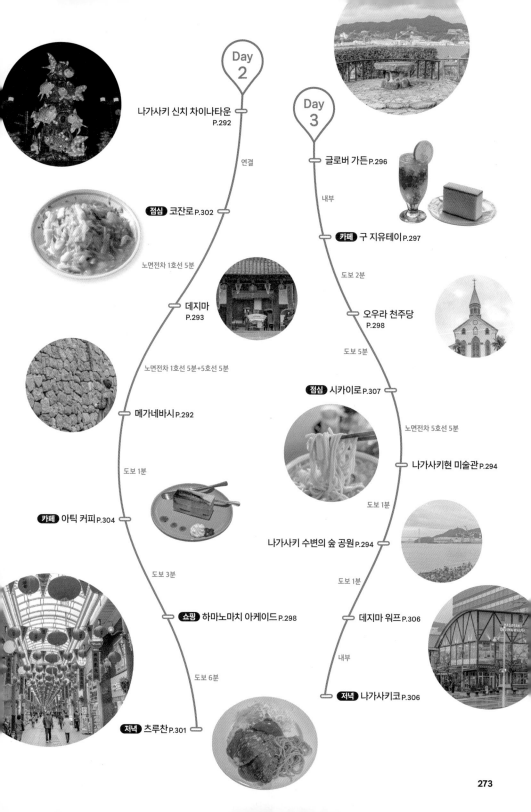

Day 2

나가사키 신치 차이나타운
P.292

연결

점심 코잔로 P.302

노면전차 1호선 5분

데지마
P.293

노면전차 1호선 5분+5호선 5분

메가네바시 P.292

도보 1분

카페 아틱 커피 P.304

도보 3분

쇼핑 하마노마치 아케이드 P.298

도보 6분

저녁 츠루찬 P.301

Day 3

글로버 가든 P.296

내부

카페 구 지유테이 P.297

도보 2분

오우라 천주당
P.298

도보 5분

점심 시카이로 P.307

노면전차 5호선 5분

나가사키현 미술관 P.294

도보 1분

나가사키 수변의 숲 공원 P.294

도보 1분

데지마 워프 P.306

내부

저녁 나가사키코 P.306

나가사키 전도

S W E N

0 ——— 300m

이나사야마 슬로프카(산초역) 🚠
나가사키 로프웨이(이나사다케역) 🚡
이나사야마 전망대 🚶

차이나타운 주변(남쪽)

🚶 나가사키 현청

나가사키역 JR

🚶 글로버 가든
🚶 군함도 디지털 박물관
🚶 나가사키 수변의 숲 공원
🚶 나가사키현 미술관
🚶 오우라 천주당
🏛 이시바시
🚶 오란다자카
나가사키 공자묘·중국역대박물관
🚶 데지마
🚃 나가사키에키마에
🚶 일본 26성인 기념관

나가사키 신치 차이나타운 🚶
🚃 니시하마노마치
🚃 칸코도리
나가사키 역사문화 박물관
🚶 메가네바시
🚃 시야쿠쇼
🚶 스와 신사
차이나타운 주변(북쪽)
🏛 소후쿠지
🚶 코후쿠지

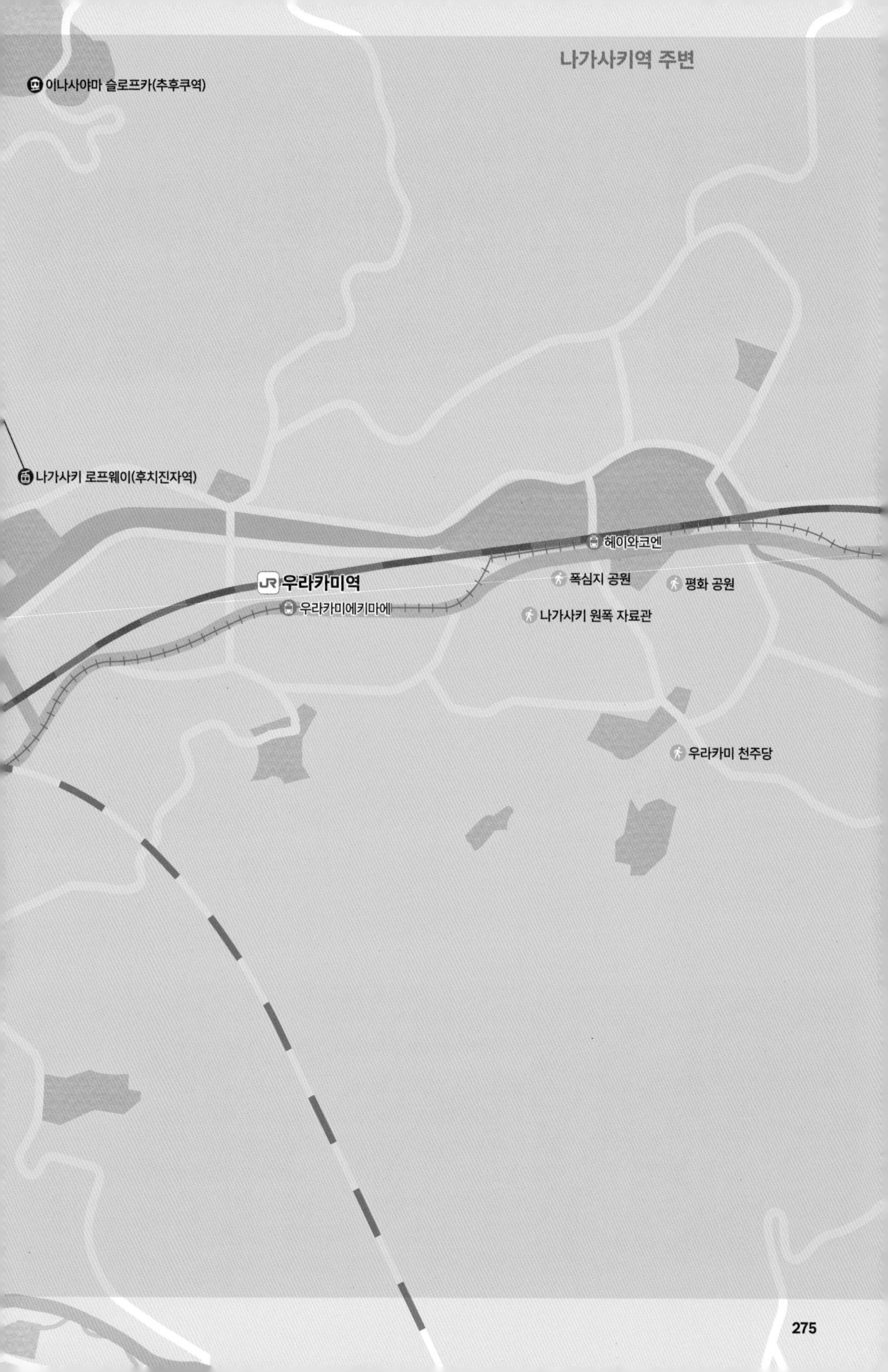

🚞 이나사야마 슬로프카(추후쿠역)

🚠 나가사키 로프웨이(후치진자역)

🚉 헤이와코엔

JR **우라카미역**

🚉 우라카미에키마에

✈ 폭심지 공원

🚶 평화 공원

🚶 나가사키 원폭 자료관

🚶 우라카미 천주당

개항과 이어지는 역사적인 장소들

나가사키역 주변 長崎駅

#나가사키 카스텔라 #원자 폭탄 #개항지
#성지 순례 #세계 3대 야경

일본 최서단의 신칸센역이라는 타이틀을 가진 나가사키역과 그 주변은
언제나 활기찬 분위기다. 나가사키의 상징인 노면전차가 역 앞을 가로지르고
역과 이어진 쇼핑몰에서 나가사키 명물인 카스텔라, 짬뽕 등
다양한 먹거리를 맛볼 수 있다. 도로의 특성상 역 주변에 신호등이 없어
육교를 통해 이동해야 한다. 육교를 사이에 두고 역과
노면전차 정류장, 버스터미널이 모여 있어 우라카미, 데지마 같은
나가사키 시내나 주변 도시로 이동하기 편리하다.

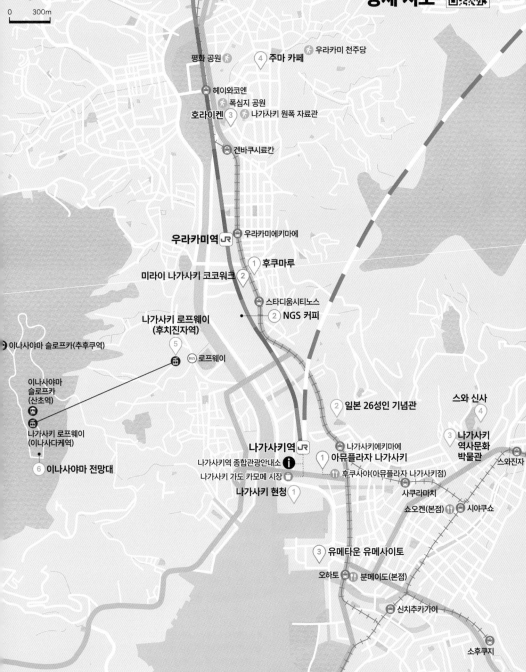

N
W · E
S

0   300m

평화 공원

④ 주마 카페

우라카미 천주당

헤이와코엔

폭심지 공원

호라이켄 ③

나가사키 원폭 자료관

겐바쿠시료칸

우라카미역 JR

우라카미에키마에

① 후쿠마루

미라이 나가사키 코코워크 ②

스타디움시티노스

나가사키 로프웨이
(후치진자역)

② NGS 커피

이나사야마 슬로프카(추후쿠역)

⑤

BUS 로프웨이

② 일본 26성인 기념관

스와 신사

④

이나사야마
슬로프카
(산초역)

나가사키 로프웨이
(이나사다케역)

나가사키역 JR

나가사키역 종합관광안내소 ⓘ

③ 나가사키
역사문화
박물관

스와진자

⑥ 이나사야마 전망대

나가사키 에키마에

① 아뮤플라자 나가사키

후쿠사야(아뮤플라자 나가사키점)

나가사키 가도 카모메 시장

나가사키 현청 ①

사쿠라마치

쇼오켄(본점)

시야쿠쇼

③ 유메타운 유메사이토

오하토

분메이도(본점)

신치추카가이

소후쿠지

나가사키 현청 長崎県庁 ♀나가사키현청

2018년 나가사키역 근처로 이전한 나가사키 현청은 관공서임에도 관광객을 위해 개방된 장소가 많다. 특히 8층의 무료 전망대에서는 항구 도시인 나가사키 시내를 한눈에 내려다볼 수 있다. 전망대에는 실내 휴식 공간과 자판기가 준비되어 있어 춥거나 더울 때 이용하기 편리하며, 해 질 녘에는 노을빛이 드리운 나가사키항의 멋진 풍경을 감상할 수 있어 가볼 만하다. 이외에 나가사키현에서 나오는 지역 술의 종류를 배우고 직접 구입할 수 있는 공간도 마련되어 있다.

🚶 나가사키역에서 도보 5분
📍 長崎市尾上町3-1 🕐 전망대 07:00~21:00(주말 09:00~) ❌ 12/29~31
📞 +81-95-824-1111
🏠 www.pref.nagasaki.jp

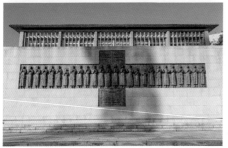

일본 26성인 기념관 日本二十六聖人記念館
♀ 일본 26성인 기념관

도요토미 히데요시는 스페인·포르투갈에 의한 노예무역의 전파, 기독교 다이묘들의 불교 핍박 등을 빌미로 기독교 금지령을 내렸다. 그리하여 1597년 포교 활동을 하던 선교사들을 체포해 나가사키에서 처형했다. 이곳은 공식적인 첫 처형이 집행된 장소이자 바티칸이 승인한 공식 순례지다. 전시관에서는 순교자들과 관련된 다양한 문서와 유품, 십자가 등을 전시한다. 순교자의 업적을 기리기 위해 기념관 옆 니시자카 공원西坂公園에는 일본 26성인이 조각된 십자형 기념비를 세웠다. 기념비 옆 성 필리포 교회聖フィリッポ教会는 건축가 가우디의 영향을 받은 건물로 2개의 첨탑 중 하나는 성모 마리아, 하나는 성령에게 봉헌되었으며 오후 6시까지 개방한다. 내부에는 26성인 중 성 바오로 미키, 성 야고보 키사이, 성 요한 고토의 유골이 안치되어 있다.

🚶 노면전차 1·3호선 나가사키에키마에 정류장에서 도보 6분
📍 長崎市西坂町7-8 🕐 09:00~17:00 ❌ 12/31~1/2
💴 일반 500엔, 중·고등학생 400엔, 초등학생 200엔
📞 +81-95-822-6000 🏠 www.26martyrs.com

나가사키 역사문화 박물관

長崎歷史文化博物館 🔍 나가사키 역사문화박물관

일본이 쇄국정책을 유지한 시기에도 유일하게 외국과 교류를 이어나간 나가사키의 황금기를 돌아볼 수 있다. 나가사키의 역사 기록과 미술품, 공예품 등을 전시하며 당시의 다양한 생활상을 복원하고 재현해 무료로 일본 봉건 시대의 분위기를 체험할 수 있다.

🚶 노면전차 3호선 사쿠라마치 정류장에서 도보 5분
📍 長崎市立山1-1-1 🕐 08:30~19:00(12~3월 ~18:00),
30분 전 입장 마감 ❌ 첫째·셋째 월요일
💴 일반 630엔, 초·중·고등학생 310엔
📞 +81-95-818-8366 🏠 www.nmhc.jp

스와 신사 諏訪神社

🔍 스와 신사

오랜 역사를 이어온 신사로 서양의 문화가 공존하는 나가사키에서 시민들에게 특히 사랑받는 장소다. 기독교가 보급되면서 다른 종교를 배척하는 세력에 의해 나가사키의 많은 신사가 파괴된 이후 1625년 재건되었다. 1857년 화재로 인해 대부분이 소실되었다가 1869년부터 10여 년에 걸쳐 복원했다. 입구의 거대한 돌문을 지나면 신사로 오르는 계단이 나오는데, 계단이 많고 경사가 높다. 계단을 오르면 오를수록 뒤로 보이는 나가사키 시내의 전경이 아름다워지는데, 풍경을 즐기며 오르다 보면 생각보다 힘들지 않다. 1634년부터 현재까지 매년 열리는 스와 신사의 대축제, 나가사키 쿤치長崎くんち(10월 7~9일) 시기에 방문하면 공연을 비롯해 다양한 볼거리를 즐길 수 있다. 축제 입장권(지정석 7,000엔, 스탠드S석 6,500엔, 스탠드A석 6,000엔, 예약 필수)은 8월 1일부터 세븐일레븐 등에서 판매한다.

🚶 노면전차 3·4·5호선 스와진자 정류장에서 도보 7분 📍 長崎市上西山町18-15
📞 +81-95-824-0445 🏠 www.osuwasan.jp

나가사키 로프웨이 長崎ロープウェイ淵神社駅

📍 나가사키 로프웨이 후치진자역

나가사키의 야경 명소로 손꼽히는 이나사야마 전망대에 오르기 위해 이용하는 관광형 교통수단이다. 로프웨이를 타면 산 정상에 5분 만에 도착한다. 곤돌라는 360도 파노라마 뷰를 볼 수 있게 설계되어 있다. 도시를 향해 난 전면 창으로는 나가사키의 거리 풍경을 감상할 수 있으며 산을 향해 난 전면 창은 천장의 일부까지 유리로 되어 있어 양방향으로 이동하는 동안 하늘의 별과 이나사야마를 온몸으로 느낄 수 있다.

🚶 버스 3·4번 로프웨이마에ロープウェイ前 정류장에서 도보 2분
📍 長崎市淵町8-1 🕐 09:00~22:00 ❌ 악천후 시
¥ 왕복/편도 일반 1,250엔/730엔, 중·고등학생 940엔/520엔, 유아·초등학생 620엔/410엔 📞 +81-95-861-6321
🏠 www.inasayama.com/ropeway

무료 셔틀버스 이용 방법

나가사키 로프웨이 탑승장까지 편하게 이동하려면 무료 셔틀버스를 이용하면 된다. 나가사키 도심과 호텔 등 총 6곳에서 탑승이 가능하며 하루 4회, 완전 예약제로 운영된다. 당일 12시 이후 예약 사이트를 통해 예약할 수 있으며 예약은 같은 회차 왕복으로만 지정되니(호텔 벨뷰 데지마에서 19:00에 출발하는 버스 이용 시 나가사키 로프웨이에서 20:30 출발 버스만 이용 가능) 참고하자.

🕐 호텔 벨뷰 데지마 출발 19:00·19:30·20:00·20:30, 나가사키 로프웨이 출발 20:30·21:00·21:30·22:10
🏠 reserve.nagasaki-ropeway.jp

이나사야마 전망대 稲佐山展望台

📍 이나사야마 전망대

나가사키의 야경은 〈야경 서밋 2012 in 나가사키〉 회담에서 모나코, 상하이와 함께 '세계 신新 3대 야경'에 선정되었고, 〈야경 서밋 2022 in 삿포로〉에서 삿포로, 키타큐슈와 함께 '일본 신 3대 야경'에 선정될 만큼 아름답다. 해발 333m에 위치한 이나사야마 전망대에 오르면 환상적인 나가사키의 야경이 펼쳐진다. 이나사야마 정상에 위치한 천문대에서는 도시의 전경을 360도 파노라마 뷰로 즐길 수 있다. 날씨가 좋은 날에는 나가사키현의 온천 마을인 운젠과 돌고래 출몰 지역인 아마쿠사까지 시원하게 보인다. 낮에 방문한다면 작은 동물원과 사슴 농장, 넓은 잔디밭이 있는 이나사야마 공원을 함께 방문해도 좋다.

📍 長崎市淵町407-6　🕐 09:00~22:00
📞 +81-95-861-6321　🏠 www.inasayama.com

이나사야마 공원으로 이어지는 슬로프카

이나사야마 공원 주차장과 이나사야마 전망대를 연결하는 이동 수단이다. 슬로프카에 탑승하면 로프웨이와는 또 다른 경치를 즐길 수 있다. 소요 시간은 편도 8분이며 도보로 전망대까지 이동하면 15분가량이 소요된다. 이나사야마 공원에 갈 때 이용할 수 있는 대중교통은 버스뿐이며 대략 30분에 1대씩 운행한다.

슬로프카 정보

📍 長崎市淵町407-6　🕐 09:00~22:00　❌ 기상 악화 시
¥ 왕복/편도 일반 500엔/300엔, 중·고등학생 370엔/220엔, 초등학생 이하 250엔/150엔
📞 +81-95-861-7742　🏠 www.inasayama.com/slopecar

역사를 기억하기 위한 장소

1945년 태평양 전쟁에서 승기를 잡은 미국은 일본의 항복을 이끌어내기 위해
1차로 8월 6일 히로시마, 2차로 8월 9일 나가사키의 우라카미 지역 상공에서 원자 폭탄을 투하했다.
그로 인해 8월 15일 일본은 무조건 항복을 선언하고 우리나라는 광복을 이루었다.
당시 원자 폭탄 피해의 흔적이 고스란히 남은 우라카미의 명소와 자료관 등을 소개한다.

원폭 투하의 참혹한 역사
나가사키 원폭 자료관 長崎原爆資料館 ○ 나가사키 원폭 자료관

나가사키 원폭 피해의 참상과 나가사키에 투하된 원폭 '팻 맨Fat Man'의 실물 크기 조형물, 핵무기 개발의 역사 등을 사건 이전부터 이후에 걸쳐 생생하게 느낄 수 있다. 여러 전시물을 마주하다 보면 전쟁이라는 비참한 역사와 참된 평화에 대해 깊이 고민하는 시간을 가지게 된다. 한국어 오디오 가이드와 안내가 잘 마련되어 있어 당시 상황과 나가사키의 회복 과정을 깊이 이해할 수 있다. 나가사키 원폭 자료관 건너편에는 한국인 원폭 희생자 위령비가 세워져 있다.

🚶 노면전차 1·3호선 겐바쿠시료칸 정류장에서 도보 4분
📍 長崎市平野町7-8 🕐 08:30~17:30(5~8월 ~18:30), 30분 전 입장 마감
✖ 12/29~12/31 ¥ 일반 200엔, 초·중·고등학생 100엔
📞 +81-95-844-1231 🏠 nabmuseum.jp

1945년 8월 9일의 그날
폭심지 공원 爆心地公園 🔍 폭심지 공원

실제로 원자 폭탄이 투하된 장소에 만들어진 공원이다. 원폭 낙하 중심지에는 검은 화강암으로 만든 돌기둥이 세워져 있다. 공원 안에는 원폭 투하 당시의 지층을 비롯해 파괴된 기와와 벽돌, 우라카미 천주당의 벽 일부가 공개되어 있다. 전쟁의 역사가 새겨진 곳이지만 봄에는 벚꽃이 흐드러지게 피어 시민들의 휴식 공간으로도 이용된다.

🚶 노면전차 1·3호선 겐바쿠시료칸 정류장에서 도보 4분 📍 長崎市松山町5

세계 평화를 위한 염원
평화 공원 平和公園 🔍 평화공원

평화를 기원하기 위해 작은 언덕에 마련한 공원으로 거대한 평화기념상이 눈길을 사로잡는다. 평화기념상은 청동으로 만든 거대한 사람 형상의 조형물로 오른손은 원폭, 왼손은 평화, 얼굴은 희생자들의 영혼의 안식을 기원한다는 의미가 담겨 있다. 기념상 맞은편에 있는 평화의 샘은 피폭 후 극심한 갈증에 시달리다 사망한 원폭 희생자들의 명복을 빌기 위해 만들어졌다. 그 밖에도 사망자들의 영혼을 기리기 위해 만든 나가사키의 종, 원폭 투하 당시 파괴된 나가사키 형무소의 남은 담장 일부 등을 만나볼 수 있다.

🚶 노면전차 1·3호선 헤이와코엔 정류장에서 도보 1분 📍 長崎市松山町9
📞 +81-95-844-9923 🏠 nagasakipeace.jp

일본 최대 규모의 천주교 성당
우라카미 천주당 浦上天主堂
🔍 우라카미 천주당

1945년 나가사키 원폭 투하로 파괴되었다가 1959년에 재건되었다. 옛 성당의 무너진 종탑 하나는 재건된 성당 아래에 그대로 보존하여 전시했으며, 일부가 탔지만 형상이 온전한 목조 마리아상은 소성당에 안치했다. 일본에서 가장 큰 규모의 천주교 성당으로 많은 천주교도가 성지 순례를 위해 방문한다.

🚶 노면전차 1·3호선 헤이와코엔 정류장에서 도보 8분 📍 長崎市本尾町1-79 🕘 09:00~17:00
📞 +81-95-844-1777 🏠 uracathe.sakura.ne.jp

나가사키역의 랜드마크 ······ ①

아뮤플라자 나가사키 アミュプラザ長崎

📍 아뮤 플라자 나가사키

나가사키역과 연결된 완벽한 접근성과 쾌적한 환경을 갖춘 쇼핑몰이다. 1~3층은 패션 및 잡화 매장, 4~5층은 식당가와 엔터테인먼트 시설 등이 즐비하다. 특히 JR 열차 개찰구 맞은편에는 2022년 3월에 문을 연 나가사키 가도 카모메 시장長崎街道かもめ市場이 있다. 기념품점과 음식점 등 나가사키를 대표하는 개성 가득한 점포가 모여 있어 쇼핑의 집합체라 불린다.

🚶 나가사키역과 연결 📍 長崎市尾上町1-67
🕐 **아뮤플라자** 상점 10:00~20:00, 식당가 11:00~22:00,
카모메 시장 상점 08:30~20:00, 식당가 11:00~22:30, 매장마다
다름 📞 +81-95-808-2001 🏠 www.amu-n.co.jp

대관람차를 품은 상업 시설 ······ ②

미라이 나가사키 코코워크

みらい長崎ココウォーク 📍 나가사키 코코워크

2008년 오픈한 복합 상업 시설로 1층은 버스 센터, 2층부터 3층까지는 패션 매장, 4층은 식당가로 구성되며 5층부터는 영화관과 유원지, 옥상 정원 등이 있다. 특히 5층에서는 나가사키현 최초의 관람차를 운영한다. 지상 70m 높이에서 약 10분간 나가사키항과 이나사야마, 나가사키 시내 풍경을 즐길 수 있다. 같은 층의 츠타야 서점은 북 카페로 운영되어 시민들의 휴식 장소로 인기가 높다.

🚶 노면전차 1·3호선 스타디움시티노스 정류장에서 도보 2분
📍 長崎市茂里町1-55 🕐 상점 10:00~20:00, 식당가 11:00~
22:00, 매장마다 다름, 관람차 10:30~20:30 ✖ 1/1
📞 +81-95-848-5509 💬 cocowalk.jp

쇼핑도 하고 바다도 보고 ······ ③

유메타운 유메사이토 ゆめタウン夢彩都

📍 유메타운 유메사이토

현지인이 평소 자주 이용하는 대형 마트 같은 시설로 화장품 매장과 드러그스토어, 명품 편집숍, 식당가 등으로 구성된다. 특히 실용적인 제품을 저렴하게 구입할 수 있는 로프트LOFT도 입점해 있다. 바다 앞 데지마 워프로 이어지는 길을 따라 산책하기도 좋다.

🚶 노면전차 1호선 오하토 정류장에서 도보 2분
📍 長崎市元船町10-1 🕐 상점 10:00~21:00,
식당가 11:00~21:00 📞 +81-95-823-3131
🏠 www.izumi.jp/tenpo/yume-saito

히로시마풍 오코노미야키의 매력 ...... ①
후쿠마루 福丸

흔히 아는 오사카식 오코노미야키가 아니라 밀전병 위에 양배추와 숙주, 면 등을 겹겹이 쌓아 구운 뒤 달걀을 올리는 히로시마풍 오코노미야키 전문점이다. 만드는 시간이 오래 걸려 대기가 길지만 기다린 보람이 느껴질 정도로 맛있고 푸짐하다. 파를 듬뿍 올린 후쿠마루 니쿠타마소바福丸肉玉そば(1,080엔)라는 오코노미야키가 대표 메뉴이며 취향에 따라 오징어, 명란, 달걀 등을 추가해서 먹을 수 있다는 장점이 있다. 현지인들이 퇴근길에 주로 방문하는 음식점으로 오후 6시에서 7시 사이에는 기다려야 할 수도 있다.

🚶 노면전차 1·3호선 나가사키에키마에 정류장에서 도보 2분 📍 長崎市目覚町3-3
🕐 11:00~15:00, 17:00~22:00 ❌ 월요일
📞 +81-95-846-2908

기분 좋은 커피 한 잔의 여유 ...... ②
NGS 커피 NGS COFFEE ⌕ NGS COFFEE

후쿠오카에서 공항 콘셉트로 인기를 끈 훅 커피FUK COFFEE가 나가사키에 분점을 내면서 이름도 지역에 맞춰 바꾸었다. 핸드드립 커피는 다양한 원두 중 취향에 맞는 콩을 골라 맛볼 수 있다. 에스프레소 머신으로 내린 카페라테(550엔)는 50엔을 추가하면 비행기와 카페 로고가 담긴 라테 아트를 새길 수 있는데, 이것을 인증 사진으로 남기는 것이 하나의 코스로 자리 잡았다. 딸기, 말차, 호박 등 계절에 따라 달라지는 한정 음료와 푸딩, 케이크, 쿠키 등 디저트도 다양하다.

🚶 노면전차 1·3호선 스타디움시티노스 정류장에서 도보 2분 📍 長崎市幸町7-1
🕐 08:00~20:00 📞 +81-095-849-1000
📷 ngs.coffee

나가사키 3대 카스텔라

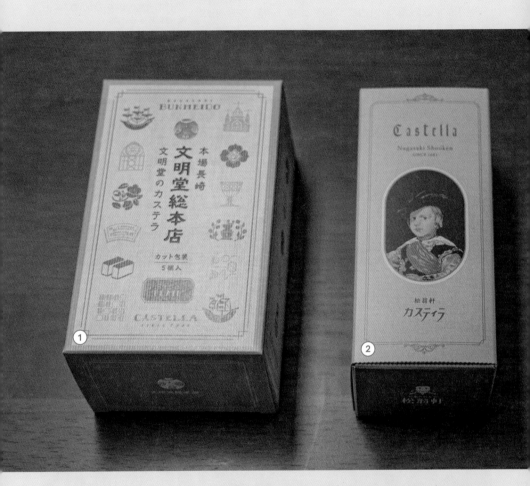

① **since 1900**
분메이도 文明堂
📍 분메이도

1900년 나카가와 야스고로中川安五郎가 창업하여 현재까지 많은 사랑을 받는 브랜드로 다른 두 곳에 비해 역사는 짧지만 일본 전역에 매장을 두어 나가사키 카스텔라 중 가장 대중적이고 유명하다. 푹신푹신한 식감으로 흔히 생각하는 카스텔라의 모습과 가장 가까우며 우리가 잘 아는 기본에 충실한 맛이다. 5조각짜리 카스텔라(972엔)가 스테디셀러로 플레인, 초코, 말차 맛 모두 인기가 높다.

🚶 노면전차 1호선 오하토 정류장에서 도보 1분
📍 長崎市江戸町1-1　🕘 09:00~18:00
📞 +81-95-824-0002　🏠 bunmeido.ne.jp

은은한 단맛과 부드러움으로 남녀노소 누구나 좋아하는 제과점의
베스트셀러인 카스텔라. 그중에서도 나가사키 카스텔라는 일본에서 가장 긴 역사와
노하우를 자랑하는 지역 명물이다. 폭신한 식감과 기분 좋은 단맛 그리고
카스텔라 바닥에 자라메ざらめ라 불리는 굵은 설탕이 깔려 있는 것이 특징이다.
지역 곳곳에 위치한 수많은 나가사키 카스텔라 브랜드 중 3대 카스텔라를 소개한다.

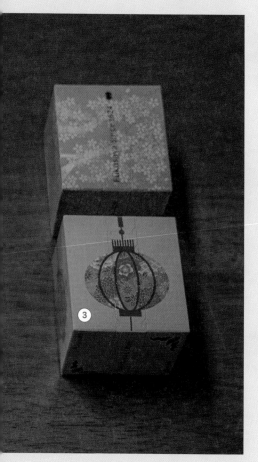

③ since 1624
후쿠사야 福砂屋 📍후쿠사야 아뮤플라자 나가사키점

400년이라는 가장 긴 역사를 지녀 일본 카스텔라의 원조라
불리는 가게다. 카스텔라의 쫀득한 식감과 함께 입 안에 살며
시 퍼지는 나무 향이 특징이다. 일본의 맛집 가이드 사이트인
타베로그에서 카스텔라 부문 1위 맛집에 선정되기도 했다. 카
스텔라 2조각이 든 후쿠사야 큐브フクサヤキューブ(324엔)는 일
본의 공항 곳곳에서 판매되며 크기가 작은 만큼 가격도 저렴
해 선물용으로 인기가 높다. 최근에는 글루텐 프리 카스텔라
도 출시해 화제가 되었다.

🚶 노면전차 1·3호선 나가사키에키마에 정류장에서 도보 2분
📍 長崎市尾上町1-1 🕙 10:00~20:00
📞 +81-95-829-2938 🏠 www.fukusaya.co.jp

② since 1681
쇼오켄 松翁軒
📍 쇼오켄 본점

1681년 나가사키에서 문을 열어 340년 넘는 역사를 이어오고
있다. 후쿠사야에 이어 타베로그 카스텔라 부문 2위에 선정되었
다. 우리나라 대전의 성심당처럼 규슈 이외의 지역에는 분점을
내지 않는다는 점 덕분에 나가사키에 오면 꼭 들러야 하는 곳으
로 손꼽힌다. 다른 브랜드에 비해 카스텔라가 달지 않고 재료 본
연의 맛을 느낄 수 있는 것이 특징이며, 인기 상품인 5조각짜리
카스텔라(648엔)는 플레인보다 초코 맛이 더 잘 팔린다. 2층은 카
페로 운영되어 차 한 잔과 카스텔라를 바로 맛볼 수 있다.

🚶 노면전차 3·4·5호선 시야쿠쇼 정류장에서 도보 1분 📍 長崎市魚の町3-19 🕙 09:00~18:00
📞 +81-95-822-0410 🏠 shooken.com

90년 역사의 중화요리 전문점 ⋯⋯ ③
호라이켄 寶來軒 ♀호라이켄

차이나타운을 제외하고 나가사키 짬뽕을 언급할
때 항상 손꼽히는 음식점으로 우라카미에 위치한
다. 시작은 제과점이었으나 창업주의 아들 천이펑
陳依芬은 요리에만 관심이 있었다고 한다. 이후 전
쟁으로 인해 과자 재료를 구하기 힘들어지자 중화
요리로 분야를 변경했고 선풍적인 인기를 끌어 별
관까지 지으면서 지금에 이르렀다. 건물 전체를 음
식점 및 연회장으로 사용할 만큼 언제나 손님으로
가득하다. 대표 메뉴인 사라우동皿うどん(1,200엔)
은 볶음짬뽕으로 생면과 튀긴 면 중 취향에 따라
면을 고를 수 있다. 평화 공원, 나가사키 원폭 자료
관과 가까우니 근처 맛집을 찾는다면 방문해보자.

🚶 노면전차 1·3호선 겐바쿠시료칸 정류장에서 도보 3분
📍 長崎市平野町5-23 🕚 11:30~15:00, 17:00~20:30
❌ 화요일, 부정기 📞 +81-95-846-2277
🏠 horaiken-bekkan.jp

건강한 식사와 디저트 ⋯⋯ ④
주마 카페 ジュマカフェ ♀juma cafe

호주에서 살다 돌아온 부부가 운영히는 호주식
카페로 커피와 디저트, 런치 메뉴를 저렴한
가격에 맛볼 수 있다. 신선한 채소와 과일을
사용하며, 가게 이름을 딴 주마버거(700엔)
를 비롯해 아사히볼(800엔), 딸기 프로틴 스
무디(556엔) 등 건강과 맛의 균형을 생각한
메뉴를 선보인다.

🚶 노면전차 1·3호선 헤이와코엔 정류장에서 도보 6분
📍 長崎市平和町10-6 🕘 09:00~18:00 ❌ 월요일
📞 +81-95-865-7211 🏠 jumacafe2018

일본 3대 차이나타운

차이나타운 주변 新地中華街

#나가사키 짬뽕 #글로버 가든 #안경 다리
#등불 축제 #맛집

나가사키의 차이나타운은 요코하마, 고베와 함께 일본 3대
차이나타운으로 꼽히며, 그중 가장 오래된 역사를 자랑한다. 쇄국정책으로
무역이 제한된 상황에도 네덜란드와 중국에 한해 나가사키를 통한
교류가 허용되었는데, 그로 인해 재일 중국인의 수가 1만 명을 넘었다.
나가사키에는 자연히 중국 문화가 퍼지기 시작했고 현재의 차이나타운이
이루어졌다. 홍등이 길게 늘어선 길을 걸으면 마치 중국에 온 것 같은
기분이 드는데, 매년 음력설 전후에는 나가사키 등불 축제도 열린다.

차이나타운 주변(남쪽)
상세 지도

오하토

하마노마치아케이드
하마노마치 아케이드

데지마 워프 ⑨
나가사키코
아틱 커피 세컨드

데지마

④ 데지마

니시하마노마치

④ 라 클라스

신치추카가이

⑤ 나가사키현 미술관

쿄카엔
세이코
① **나가사키 신치 차이나타운**

코잔로

⑥ 나가사키 수변의 숲 공원

메디컬센터

⑦ 오란다자카

오우라카이간도리

⑩ 시카이로

군함도 디지털 박물관 ⑨

오우라텐슈도

⑧ 나가사키 공자묘·중국역대박물관

⑪ 크레이프 드 사팡

하트 스톤
구 글로버 주택

⑩ 글로버 가든

⑪ 오우라 천주당

이시바시

구 지유테이

구 링거 주택

구 미쓰비시 제2 독 하우스

N
W · E
S

0   100m

차이나타운 주변(북쪽)
상세 지도

③ 코후쿠지

🚉 시야쿠쇼

🚶 하트 스톤

⑥ 아틱 커피

메가네바시 ②

⑦ 뉴욕당

🚉 메가네바시

⑧ 킷사 뉴포트

② 유즈키

③ 츠루찬

① 웃소

돈키호테 ④

① 하마노마치 아케이드

🚉 시안바시

하마크로스 411 ③

② 하마야 백화점

🚉 하마노마치아케이드

🚉 칸코도리

⑤ 후쿠사야(본점)

🚉 니시하마노마치

나가사키 신치 차이나타운 長崎新地中華街 ♀나가사키 신치 중화가

나가사키의 차이나타운은 동서남북으로 뻗은 약 250m 길이의 사거리로 이루어져 있다. 교차로의 입구에는 각각 사신의 문四神の門이 서 있으며 동쪽은 청룡, 서쪽은 백호, 남쪽은 주작, 북쪽은 현무가 수호해 수호신의 문이라고도 불린다. 사신의 문을 지나면 중국 문화의 영향을 받은 다양한 음식과 간식을 파는 가게와 잡화점 등이 40여 곳 자리하며, 각각 다른 개성을 지닌 나가사키 짬뽕 전문점을 만날 수 있다. 거리를 걷는 내내 등불이 가득한 이국적인 풍경이 반겨준다.

🚶 노면전차 1·5호선 신치추카가이
정류장에서 도보 2분 　♀ 長崎市新地町
10-13 　🕐 10:00~21:00, 매장마다 다름
📞 +81-95-822-6540
🏠 www.nagasaki-chinatown.com

메가네바시 眼鏡橋
♀ 메가네바시(안경교)

1634년 지어진 일본 최초의 석조 아치교다. 나카시마강에 위치한 다리 중 하나로 강물에 비친 다리의 모습이 마치 안경(일본어로 '메가네') 같다고 해서 붙은 이름이다. 과거 태풍으로 일부 붕괴된 다리와 근처 벽면을 공사할 때 하트 모양의 돌인 하트 스톤 20개를 곳곳에 채워 넣었다. 하트 스톤을 만지면 행복해진다는 이야기가 유명한데, 가장 잘 알려진 하트 스톤은 나카시마바시中島橋 난간 아래에 있어 메가네바시와 함께 둘러보기 좋다. 음력설 전후로는 등불 축제가 열리고, 5~6월에는 수국 축제가 열린다.

🚶 노면전차 4·5호선 메가네바시 정류장에서 도보 2분 　♀ 長崎市魚之町
📞 +81-95-829-1162

코후쿠지 興福寺 ♀ 코후쿠지

나가사키에서 가장 역사가 긴 중국 사찰이다. 절의 문 전체가 붉게 칠해져 있어 붉은 절이라는 별명으로 불린다. 당나라 양식 그대로 지어진 대웅전은 중국에서 들여온 자재로 중국의 장인이 직접 지었다. 사찰 내 대부분의 가옥과 건축물이 중국 양식을 띤다. 코후쿠지에서 소후쿠지崇福寺까지 이어지는 거리는 여러 절이 모인 마을이라는 뜻의 테라마치도리寺町通로 신사 2곳과 절 14곳이 골목골목에 위치해 산책하며 돌아보기도 좋다.

🚶 노면전차 3·4·5호선 시야쿠쇼 정류장에서 도보 6분 ♀ 長崎市寺町4-32
🕐 07:00~17:00 💴 일반 300엔, 중·고등학생 200엔, 초등학생 100엔 📞 +81-95-822-1076 🏠 kofukuji.com

데지마 出島 ♀ 데지마

나가사키는 1636년부터 1859년까지 200년이 넘는 기간 동안 일본에서 유일하게 서유럽으로 통하는 무역 창구로 개방되어 일본의 근대화에 큰 영향을 끼쳤다. 데지마는 본래 19세기 초 기독교의 전파를 방지하고 포르투갈인을 한데 고립시키기 위해 만든 마을이다. 긴 역사를 간직한 데지마는 에도 시대부터 메이지 유신 이후에 걸쳐 존재해온 주요 건물들을 원형 그대로 복원했다. 특히 데지마 마을 전체를 미니어처로 묘사한 미니 데지마를 비롯해 메이지 시대의 서양식 건물인 구 데지마 신학교, 구 나가사키 내외 클럽 등은 사진을 찍기 좋은 장소이기도 하다.

🚶 노면전차 1호선 데지마 정류장에서 도보 2분
♀ 長崎市出島町6-1 🕐 08:00~21:00, 20분 전 입장 마감
💴 일반 520엔, 고등학생 200엔, 초등·중학생 100엔
📞 +81-95-821-7200 🏠 nagasakidejima.jp

나가사키현 미술관 長崎県美術館 ♀나가사키현 미술관

전시실과 소장고 등이 있는 미술관동, 기념품점과 갤러리 등이 있는 갤러리동, 두 건물이 운하를 사이에 두고 조화롭게 서 있다. 메이지 시대 외교관이었던 스마 야키치로須磨弥吉郎의 기증품을 포함해 스페인 및 나가사키 관련 미술품 약 6,000점을 소장하며 다양한 기획전도 즐길 수 있다. 상설전은 무료, 기획전은 유료로 진행된다. 두 건물을 잇는 공중 회랑에서는 카페를 운영해 운하를 바라보며 느긋하게 쉬어 가기도 좋다. 나가사키 수변의 숲 공원과 마주하고 있어 산책과 예술 작품 감상을 즐기며 여유로운 시간을 보낼 수 있다.

🚶 노면전차 5호선 메디컬센터 정류장에서 도보 7분 ♀ 長崎市出島町2-1
🕙 10:00~20:00, 20분 전 입장 마감
❌ 둘째·넷째 월요일, 12/29~1/1
📞 +81-95-833-2110
🏠 www.nagasaki-museum.jp

나가사키 수변의 숲 공원 長崎水辺の森公園 ♀나가사키 수변공원

나가사키항을 매립해 조성한 공원으로 크게 잔디 광장, 운하, 도시와 접한 수변 산책로로 나뉜다. 탁 트인 전망과 넓은 규모로 나가사키 앞바다를 느긋하게 즐길 수 있으며, 국제 크루즈 선박이 오가는 모습도 보인다. 불꽃놀이가 펼쳐지는 7월의 미나토 마츠리みなとまつり, 범선 내부를 구경하고 일루미네이션도 감상하는 11월의 한센 마츠리帆船まつり 등 연중 다양한 축제가 열린다. 걷는 것만으로도 편안함과 포근함이 느껴지는 공원이어서 데이트 코스이자 산책 코스로도 사랑받는다.

🚶 노면전차 5호선 메디컬센터 정류장에서 도보 2분 ♀ 長崎市常盤町1-60
📞 +81-95-801-2822
🏠 nagasaki-p.com/mizube

오란다자카 オランダ坂
📍 오란다자카(네덜란드 언덕)

19세기 중후반 네덜란드(오란다)인이 모여 살던 정착지
다. 납작한 돌이 깔린 언덕 주변으로 서양식 가옥이 늘어
서 있는데 당시의 모습을 그대로 간직한다. 예전에는 거
류지의 모든 길을 오란다자카라 불렀으나 현재는 캇스이
여자대학活水女子大学 아래 언덕길부터 입구의 오란다자카
기둥석까지 이어진 길을 가리킨다.

🚶 노면전차 5호선 오우라카이간도리 정류장에서 도보 5분
📍 長崎市東山手町 📞 +81-95-822-8888

나가사키 공자묘·중국역대박물관
長崎孔子廟·中国歴代博物館
📍 나가사키공자묘·중국역대박물관

공자의 유품을 모시고 기리기 위한 사당으로 1893년 청
나라 정부와 화교에 의해 지어졌다. 공자를 모신 전각 안
쪽에 위치한 중국역대박물관은 중국 각지의 박물관에서
가져온 주요 소장품을 2~3년 주기로 교체해 전시한다.

🚶 노면전차 5호선 이시바시 정류장에서 도보 2분 📍 長崎市大浦
町10-36 🕐 09:30~18:00, 30분 전 입장 마감 ¥ 일반 660엔,
고등학생 440엔, 초등·중학생 330엔 📞 +81-95-824-4022
🏠 nagasaki-koushibyou.com

군함도 디지털 박물관 軍艦島デジタルミュージアム 📍 군함도 디지털 박물관

세계에서 가장 인구 밀도가 높았던 섬 하시마端島는 생김새가 마치 군함과 비슷
하다고 해서 군함도라 불렸다. 군함도 디지털 박물관에서는 군함도의 제한 구역
과 옛 모습을 거대한 스크린과 VR을 통해 생생하게 체험할 수 있다. 군함도 상륙
투어도 매일 진행되는데 도보 5분 거리의 토키와 터미널常磐ターミナル에서 하루
2회(10:30, 13:40) 출항한다. 날씨에 따라 투어를 진행하지 않을 때도 있으며, 섬
에 들어갈 때는 별도의 입도료(310엔)를 준비해야 한다.

군함도를 꼭 봐야 할까?

일제강점기 당시 많은 조선인이 군함도로
강제 징용을 당해 희생되었기에, 강제 징용
에 관한 사실 명시를 조건으로 2015년 유네
스코 세계문화유산에 메이지 산업혁명 유
산으로 등재되었다. 하지만 일본이 여전히
약속을 이행하지 않아 많은 논란이 있다. 또
한 전시된 내용이나 상륙 투어의 경우 극히
일부만 관람이 가능하고 일본인의 시각에서
바라본 내용이 대부분이다. 한국인 입장에
서는 마음이 아플 수밖에 없는 장소이니 이
점을 숙지하고 방문을 고려하자.

🚶 노면전차 5호선 오우라텐슈도 정류장에서
도보 2분 📍 長崎市松が枝町5-6
🕐 09:00~17:00, 30분 전 입장 마감
❌ 부정기 ¥ 일반 1,800엔, 중·고등학생
1,300엔, 초등학생 800엔, 유아 500엔
📞 +81-95-895-5000
🏠 www.gunkanjima-museum.jp

글로버 가든 グラバー園  글로버 가든

1863년 이나사야마를 배경으로 나가사키항이 내려다보이는 구릉지에 상인 토머스 글로버의 저택을 지은 것을 시작으로 주변에 일본 기와를 얹은 서양식 건물들이 들어서면서 외국인 정착지로 자리 잡았다. 150년 이상의 역사를 가진 건축물 9채를 살펴볼 수 있으며 그중 구 글로버 주택, 구 링거 주택, 구 올트 주택을 제외한 6채는 나가사키 시내 곳곳에 있던 건물을 이전해 복원했다. 이곳에는 하트 스톤도 곳곳에 숨어 있는데, 돌을 찾아 만지고 소원을 빌면 사랑이 이루어진다고 한다.

★ 2025년 1월 현재 구 올트 주택은 공사로 휴관

🚶 노면전차 5호선 오우라텐슈도 정류장에서 도보 9분

📍 長崎市南山手町8-1

🕐 08:00~18:00, 20분 전 입장 마감

💴 일반 620엔, 고등학생 310엔, 초등·중학생 180엔

📞 +81-95-822-8223

🏠 glover-garden.jp

글로버 가든의 시작
구 글로버 주택 旧グラバー住宅 🔍옛 글로버 주택

스코틀랜드 출신 상인 토머스 글로버와 가족이 살았던 건물로 일본에 현존하는 가장 오래된 목조 서양식 건축물이다. 채광과 환기를 염두에 둔 반원 형태의 외관과 대형 베란다, 온실이 특징이며 바다 쪽 정원 테이블에 가장 유명한 하트 스톤이 숨어 있다.

🚶 제1 게이트 매표소 옆

목골 석조 구조의 독특한 건물
구 링거 주택 旧リンガー住宅 🔍구 링거 주택

영국 출신의 찻잎 검사관 프레더릭 링거가 살았던 건물로 삼면이 베란다로 둘러싸인 방갈로 형태다. 베란다에 사용된 돌은 블라디보스토크에서 가져온 화강암이며, 뼈대는 나무이고 벽은 돌로 만들어서 나무와 돌이 조화를 이룬 보기 드문 구조다.

🚶 미우라 타마키 동상 옆

글로버 가든을 한눈에 내려다보자
구 미쓰비시 제2 독 하우스 旧三菱第2ドックハウス
🔍구 미쓰비시 제2독 하우스

미쓰비시 조선소의 제2 독dock(선박의 건조나 수리를 위한 설비)을 건설할 때 지은 외국인 선원 기숙사로 2층 목조 건물이다. 글로버 가든의 가장 높은 곳에 위치해 멋진 전망을 감상할 수 있다. 1층에는 복고풍 의상을 입고 사진을 찍을 수 있는 레트로 사진관レトロ写真館이 있다.

🚶 제2 게이트 매표소 앞

카스텔라와 함께 즐기는 휴식
구 지유테이 旧自由亭 🔍지유테이 찻집

1878년 스와 신사 부근에 문을 연 서양 요리점으로 지금은 찻집으로 운영된다. 2층에서는 나가사키 바다가 훤히 내려다보인다. 나가사키 카스텔라와 버터플라이 젤리 소다가 함께 나오는 세트(1,200엔)가 인기 메뉴다.

🚶 구 워커 주택 아래

일본에서 가장 오래된 성당 ······ ⑪

오우라 천주당 大浦天主堂

♀ 오우라 천주당

일본의 국보 가운데 유일한 서양식 건물이자 가장 오래된 성당으로, 나가사키에서 순교한 26성인에게 봉헌된 곳이어서 '일본 26성인 성당'으로도 불린다. 본래는 서양과의 교역으로 유입된 외국인을 위해 지어졌다. 전반적으로 고딕 양식으로 지어졌으나 골조는 나무이며, 지붕에는 일본 기와를 사용해 동서양의 양식이 적절히 조화를 이룬다. 성당의 청동 종루에서는 하루 두 번, 낮 12시와 저녁 6시에 종을 울린다.

☆ 노면전차 5호선 오우라텐슈도 정류장에서 도보 5분 **♀** 長崎市南山手町5-3
◷ 08:30~18:00, 30분 전 입장 마감
¥ 일반 1,000엔, 중·고등학생 400엔, 초등학생 300엔 **☎** +81-95-823-2628
⌂ nagasaki-oura-church.jp

나가사키에서 가장 유명한
쇼핑 거리 ······ ①

하마노마치 아케이드

浜町アーケード **♀** 하마마치

약 400m 길이의 상점가로 이곳을 포함한 하마마치 지역 일대에 700개 이상의 상점이 모여 있다. 지붕이 있는 아케이드 형태여서 비 오는 날에도 편하게 쇼핑을 즐길 수 있다. 타베로그에서 평점이 높은 음식점과 카페는 물론 카스텔라 전문점 등 여러 맛집이 거리 구석구석에 숨어 있고, 백화점과 돈키호테 등 기념품 쇼핑을 즐길 수 있는 공간도 많다. 메가네바시, 차이나타운과도 가까워서 오가면서 들르기도 편하다. 나가사키 등불 축제 기간에는 아케이드가 다양한 조형물과 등불로 화려하게 변신한다.

☆ 노면전차 1·4호선 칸코도리 정류장에서 도보 2분 **♀** 長崎市浜町10-21
☎ +81-50-3525-6127 **⌂** www.hamanmachi.com

하마야 백화점 浜屋百貨店 🔎 Hamaya

하마마치의 상징과도 같은 건물 ⋯⋯ ②

1939년 문을 열어 90년에 가까운 역사를 자랑하는 나가사키 유일의 백화점이자 명실상부 하마마치를 대표하는 장소다. 하마노마치 아케이드를 거닐다 보면 백화점 정문이 나타난다. 규모도 작고 세련된 분위기는 아니지만, 일본의 노포 백화점 중 하나여서 나가사키시민에게는 추억의 장소로도 통하며 중장년층에게 인기가 높다.

🚶 노면전차 1·4호선 칸코도리 정류장에서 도보 3분
📍 長崎市浜町7-11 🕐 10:00~19:00 ❌ 부정기
📞 +81-95-824-3221 🏠 nagasaki-hamaya.jp

하마크로스 411 ハマクロス411
🔎 Hama Cross 411

새로운 랜드마크를 꿈꾸다 ⋯⋯ ③

하마노마치 아케이드와 베르나드 관광 거리ベルナード観光通り가 교차하는 목 좋은 곳에 자리 잡은 복합 상업시설이다. 1층에서 3층까지는 쇼핑몰, 4층 이상은 호텔로 운영된다. 1층에 위치한 주요 매장으로는 핀란드 브랜드 마리메꼬, 커피와 잡화를 파는 칼디KALDI 등이 있다.

🚶 노면전차 1·4호선 칸코도리 정류장에서 도보 1분
📍 長崎市浜町4-11 🕐 10:00~20:00
📞 +81-95-822-3123 🏠 www.hamacross411.jp

돈키호테 ドン·キホーテ 🔎 하마노마치 돈키호테

일본 쇼핑 리스트의 집합소 ⋯⋯ ④

일본을 여행하는 사람이라면 누구나 쇼핑을 위해 들르는 필수 코스로 식료품을 비롯해 화장품, 의약품 등모든 것을 구할 수 있다. 인기 품목을 대부분 구비하고 있으니 시간이 없어 꼭 필요한 것만 사야 할 때 가볍게 들르기 좋다. 특히 새벽까지 운영해 하루 일정을 끝마친 뒤 늦은 시간에 쇼핑을 즐길 수 있어 편하다.

🚶 노면전차 1·4호선 칸코도리 정류장에서 도보 2분
📍 長崎市浜町3-5 🕐 09:00~02:00
📞 +81-570-049-411 🏠 www.donki.com

욧소 吉宗 🔊 욧소

1866년 문을 연 이래 160년 가까이 사랑받아온 나가사키의 대표 음식점 중 하나다. 대표 메뉴로는 달걀을 풀어 재료를 넣고 찻잔에 담아 찌는 차완무시茶碗蒸し(880엔)가 있다. 몸에 좋은 장어, 은행, 관자, 버섯 등 건강한 재료가 아낌없이 들어간다. 한 숟갈 떠서 입에 넣으면 부드러운 식감과 함께 담백하면서도 풍부한 감칠맛이 느껴진다. 식초로 양념한 밥 위에 다른 재료를 올려 찐 무시즈시蒸寿し(660엔)와 세트로 즐기는 것이 기본이다. 항상 사람이 많아 대기가 필수인데, 회전율이 빨라 그리 오래 기다리지 않아도 된다.

🚶 노면전차 1·4호선 칸코도리 정류장에서 도보 3분
📍 長崎市浜町8-9 🕐 1층 11:00~17:00(주말 ~20:30),
2층 11:00~15:30, 17:00~20:30, 1시간 전 주문 마감
❌ 월·화요일, 8/15, 12/31~1/1 📞 +81-95-821-0001
🏠 yossou.co.jp

유즈키 夕月

1970~80년대에 나가사키에서 자란 사람이라면 절대 모를 수 없는 유명한 카레 전문점이다. 1958년에 오픈해 반세기 넘게 사랑받아온 주황색 카레는 다소 강한 인상이지만, 토마토 과육과 향신료를 사용해 의외로 자극적이지 않고 담백한 맛을 낸다. 기본 유즈키 카레夕月カレー(600엔)에 취향에 따라 다양한 토핑을 추가해 즐길 수 있다.

🚶 노면전차 1·4호선 칸코도리 정류장에서 도보 3분 📍 長崎市万屋町5-4
🕐 11:00~21:00, 30분 전 주문 마감 ❌ 부정기 📞 +81-95-827-2808
🏠 www.yuuzuki.com

다양한 메뉴로 즐기는 경양식 요리 ⋯⋯⋯ ③

츠루찬 ツル茶ん 🔎츠루찬

밥과 돈가스, 스파게티 등을 한 접시에 담아내는 나가사키의 명물 토루코라이스(1,780엔)를 전문으로 판매한다. 1925년 개업해 현재까지도 인기를 얻고 있는 나가사키의 대표 음식점이다. 경양식 스타일의 다양한 메뉴를 추억의 맛 그대로 즐길 수 있다. 어린이들이 선호하는 메뉴지만, 나가사키 시민에게는 어릴 때부터 먹었던 소울 푸드여서 의외로 나이 지긋한 분들이 더 많이 방문한다. 토루코라이스를 맛본 뒤 잘나가는 대표 디저트인 밀크셰이크ミルクセーキ(780엔, 하프 420엔)로 입가심하는 것이 기본이다.

🚶 노면전차 1·4호선 시안바시 정류장에서 도보 1분　📍 長崎市油屋町2-47
🕐 10:00~21:00　📞 +81-95-824-2679

프랑스인 셰프가 운영하는 디저트 맛집 ⋯⋯⋯ ④

라 클라스 La classe 🔎La classe

2018년에 오픈한 갈레트ガレット와 크레이프クレープ 전문점이다. 평소에 프랑스어 교실을 운영하는 프랑스인 셰프가 점심때만 잠깐 문을 열어 음식을 만든다. 다채로운 제철 과일과 채소를 이용해 만든 디저트를 맛볼 수 있다. 평일 한정으로 수프와 음료를 함께 제공하는 갈레트 세트(1,100~1,300엔)도 판매한다. 다양한 토핑이 올라간 크레이프(500엔~)와 갈레트 모두 프랑스 현지와 비교해도 손색없을 정도로 훌륭하다.

🚶 노면전차 1호선 데지마 정류장에서 도보 3분　📍 長崎市出島町10-2
🕐 12:00~14:30　❌ 일~화요일
📞 +81-95-801-1208　📷 bn_la_classe

차이나타운의 나가사키 짬뽕 열전

하얀 국물과 푸짐한 해산물로 한 끼 든든하게 챙길 수 있는 나가사키 짬뽕은 카스텔라와 함께
나가사키를 대표하는 양대 명물로 유명하다. 한국에서 주로 먹는 짬뽕과 비교하면, 일단 국물 색깔부터 확연히
다르다. 비교적 담백한 맛과 스파게티처럼 뚝뚝 끊어지는 면발은 투박하지만 오랫동안 사랑받는 이유이기도 하다.
나가사키 짬뽕이라는 명칭 자체가 이름이 될 만큼 오랜 역사를 자랑하는 음식점이 시내 곳곳에 있지만,
인기가 많은 음식점은 차이나타운에 주로 모여 있다. 대부분 나가사키 짬뽕과 볶음 스타일인 사라우동이
메인이다. 그중 차이나타운의 맛집 3곳을 소개한다.

코잔로
江山楼

차이나타운에서 원조로 손꼽히는 음식점으로 나가사키
짬뽕의 원조인 시카이로와 함께 양대 산맥으로 불린다.
타베로그에서 평점 기준으로 차이나타운 중식당 부문
1위를 차지했으며 가게는 차이나타운 동문 앞에 위치한
다. 닭 육수를 사용한 깔끔한 국물의 짬뽕과 볶음면 스타일의 사라우동이 대표 메뉴인
데, 사라우동은 생면과 튀긴 면 중 선택할 수 있다. 차이나타운에서 가장 대기가 긴 음
식점이므로 오픈 20분 전에는 방문해서 대기 명단에 이름을 적는 것을 추천한다.

🚶 노면전차 1·5호선 신치추카가이 정류장에서 도보 4분　📍 長崎市新地町13-13
🕐 11:30~15:00(주말 11:00~), 17:00~20:30, 30분 전 주문 마감
❌ 월·화요일(변동적), 연말연시　📞 +81-95-824-5000
🏠 www.kouzanrou.com　📍 코우잔로우 차이나타운 중화식당

¥1,320

쿄카엔
京華園

1944년 개업해 현재까지 많은 사랑을 받는 음식점으로 차이나타운 북문 앞에 자리한다. 위치가 노면전차 정류장과 가장 가까워서 가장 먼저 눈에 들어온다. 나가사키 짬뽕은 양도 푸짐한 데다 짜지 않고 담백하며 깔끔하다. 사라우동 또한 가격이 동일해 차이나타운 내에서도 상대적으로 저렴한 가격이 장점이다. 기본에 충실한 맛이기 때문에 합리적인 가격에 나가사키 짬뽕을 경험해보고 싶은 사람에게 추천한다.

🚶 노면전차 1·5호선 신치추카가이 정류장에서 도보 2분
📍 長崎市新地町9-7 🕐 11:00~15:00, 17:00~20:30, 30분 전 주문 마감 📞 +81-95-821-1507
🏠 www.kyokaen.co.jp 🔎 쿄카엔

¥1,100

세이코
西湖

차이나타운 거리 중심에 위치한 중식당으로 흡사 곰탕처럼 뽀얗고 깔끔한 맛의 육수가 돋보이는 나가사키 짬뽕을 선보인다. 굴과 메추리알 등 다른 식당에서는 보기 힘든 특별한 재료가 들어가며 해산물을 크게 썰어 넣어 씹는 맛도 좋다. 가격에 비해 만족도가 높은 편이고 차이나타운 안쪽에 있어 다른 음식점에 비해 대기가 적은 편이니 줄 서서 기다리기 싫은 사람에게 추천한다.

🚶 노면전차 1·5호선 신치추카가이 정류장에서 도보 3분 📍 長崎市新地町9-10
🕐 11:00~14:30, 17:30~20:30, 30분 전 주문 마감
📞 +81-95-827-5047
🔎 Seiko

¥1,100

타베로그 카스텔라 부문 1위 ⋯⋯ ⑤

후쿠사야 福砂屋 ♀후쿠사야 본점

일본 전국에 체인점을 보유한 나가사키 카스텔라 전문점으로, 본점은 400년이 넘는 역사가 그대로 새겨져 있어 더욱 특별하다. 원래 후쿠사야의 '福'을 상표로 썼지만, 중국에서는 박쥐蝙蝠의 蝠 자가 복福과 같은 발음이어서 복을 상징하는 동물로 여겨지기에 지금의 박쥐 모양으로 바꾸었다. 폭신하고 촉촉한 식감의 카스텔라가 두 조각씩 들어 있는 후쿠사야 큐브(324엔)는 귀여운 사이즈라 선물용으로 구입하기 좋다. 나가사키 시내를 비롯해 백화점, 공항 면세점 등 일본 전국에 수많은 매장이 있으니 동선에 맞는 곳으로 방문하기를 추천한다.

🚶 노면전차 1·4호선 시안바시 정류장에서 도보 2분
♀ 長崎市船大工町3-1　🕘 09:30~17:00　❌ 수요일
📞 +81-95-821-2938　🏠 www.fukusaya.co.jp

커피 잔 속 나가사키의 명사들 ⋯⋯ ⑥

아틱 커피 ATTIC COFFEE
♀ ATTIC COFFEE MEGANEBASHI

개성 있는 라테 아트와 로스팅으로 나가사키에서 이름을 알린 커피숍으로 2022년에 오픈했다. 메가네바시 바로 앞에 위치해 강을 바라보며 여유롭게 휴식을 취할 수 있으며 공간도 넓다. 사카모토 료마, 토머스 블레이크 글로버, 이와사키 야타로 등 나가사키와 관련된 명사들의 얼굴이 그려진 카푸치노カプチーノ(500엔)가 특히 유명하다. 커피 외에 식사와 디저트 메뉴도 있으며 케이크와 커피로 구성된 케이크 세트ケーキセット(880엔)도 판매한다.

🚶 노면전차 4·5호선 메가네바시 정류장에서 도보 3분
♀ 長崎市諏訪町6-27
🕘 09:00~20:30
❌ 부정기
📞 +81-95-801-0250
🏠 attic-coffee.com

뉴욕당 ニューヨーク堂

📍 New York dō

85년의 역사를 자랑하는 양과자 전문점으로 나가사키 카스텔라와 아이스크림을 조합한 색다른 디저트를 맛볼 수 있다. 스테디셀러인 아이스 모나카アイスモナカ(350엔~)는 맛도 다양하다. 샌드위치처럼 두 카스텔라 사이에 소프트아이스크림을 넣어 먹는 나가사키 카스텔라 아이스長崎カステラアイス(350엔)는 즉석에서 만들어 매장에서만 맛볼 수 있는 귀한 디저트다. 다만 화요일과 금요일에는 소프트아이스크림을 판매하지 않으니 참고하자.

🚶 노면전차 4·5호선 메가네바시 정류장에서 도보 4분 　📍 長崎市古川町3-17
🕐 11:00~17:00 　📞 +81-95-822-4875 　🏠 www.nyu-yo-ku-do.jp

킷사 뉴포트 喫茶ニューポート

쇼와 시대 분위기가 나는 카페로 50년의 세월이 느껴지는 내부에 아늑함이 감돈다. 카페 주인이 야구 팀 한신 타이거즈의 팬이어서 수십 년간 모은 관련 상품으로 인테리어를 꾸몄다. 진공 여과 방식을 이용한 사이펀 커피サイフォンコーヒー와 토스트 그리고 샐러드와 베이컨, 달걀프라이를 한 번에 맛볼 수 있는 모닝 세트モーニングセット(800엔)는 양이 푸짐해 하루를 든든하게 시작할 수 있다. 가을과 겨울에는 카페 바닥에 은행잎을 깔아 포토존으로도 인기가 높다.

🚶 노면전차 4·5호선 메가네바시 정류장에서 도보 3분 　📍 長崎市万屋町3-11
🕐 09:30~22:00 　📞 +81-95-824-6354

데지마 워프 出島ワーフ ♀ 데지마 워프

바다를 바라보며 식사를 즐길 수 있는 다양한 음식점과 카페가 모인 나가사키 항 부근의 복합 시설이다. 낮에는 카페에서 여유로운 시간을, 밤에는 나가사키의 야경과 함께 일식·양식·중식 중 원하는 음식을 취향대로 골라 낭만적인 시간을 보내기 좋다. 데지마 워프에서 나가사키 수변의 숲 공원까지 이어지는 산책로 또한 잘 조성되어 있으니 여유로운 한때를 즐기고 싶다면 방문해보자. 감성 가득한 풍경을 감상하며 나가사키의 매력을 느낄 수 있는 공간이다.

🚶 노면전차 1호선 데지마 정류장에서 도보 4분 ♀ 長崎市出島1-1
🕘 09:00~21:00, 매장마다 다름
📞 +81-95-828-3939
🏠 dejimawharf.com

갓 잡은 신선한 해산물

나가사키코 長崎港 ♀ 나가사키코 데지마 워프점

나가사키 연안에서 갓 잡아 올린 신선한 해산물을 이용해 맛 좋은 요리를 만드는 음식점으로 다양한 재료가 푸짐하게 올라간 카이센동海鮮丼(2,475엔)을 맛볼 수 있다. 참치가 가득한 마구로동まぐろ丼(1,485엔)은 가성비가 좋고, 홋카이도산 성게를 듬뿍 얹은 특상 우니동特上ウニ丼(3,168엔)도 추천 메뉴 중 하나다.

🚶 1층 🕐 11:00~22:00 📞 +81-95-811-1677
🏠 nagasakikou.com

바다를 보며 즐기는 여유로움

아틱 커피 세컨드 ATTIC COFFEE 2nd
♀ ATTIC COFFEE 2nd

바다를 배경으로 에스프레소와 드립 계열 커피를 즐길 수 있다. 원두는 데지마에 위치한 로스터리에서 직접 볶아서 사용하며 5가지 이상의 원두를 취향에 맞게 골라 마실 수 있다. 최고 인기 메뉴는 료마 카푸치노龍馬カプチーノ(500엔)이고 달달한 디저트와 간단한 식사도 판매한다.

🚶 1층 🕗 08:00~21:00 📞 +81-95-801-0666
🏠 attic-coffee.com/attic-coffee-second

원조 나가사키 짬뽕의 맛 ······ ⑩

시카이로 四海樓 🔍 시카이로

19세기 일본에 정착한 화교 천핑순陳平順이 나가사키 짬뽕과 사라우동을 최초로 만들었다. 당시 그가 직접 개업한 시카이로는 4대째 명맥을 이어가고 있으며 건물 전체가 음식점으로 운영될 만큼 지금도 큰 사랑을 받고 있다. 대표 메뉴인 나가사키 짬뽕(1,320엔)은 달큼한 채소와 달걀지단이 올라간 것이 특징이며, 탁 트인 바다 풍경과 함께 식사를 할 수 있어 눈과 입이 즐겁다. 나가사키에서 딱 한 곳의 짬뽕만 맛봐야 한다면 주저 없이 원조인 이곳을 추천한다.

🚶 노면전차 5호선 오우라텐슈도 정류장에서 도보 2분 📍 長崎市松が枝町4-5
🕐 11:30~15:00, 17:00~20:00, 30분 전 주문 마감 ❌ 둘째·넷째 수요일
📞 +81-95-822-1296 🏠 shikairou.com

얇은 크레이프 속에 꽉 찬 달콤함 ······ ⑪

크레이프 드 사팡 crêpe de SAPIN

두유를 이용해 쫄깃하게 반죽한 크레이프에 20가지 이상의 토핑 중 원하는 것을 골라 곁들일 수 있는 테이크아웃 전문점이다. 글로버 가든 출구 쪽에 위치해 글로버 가든을 구경한 후 내려오는 길에 간식으로 먹기 좋다. 메뉴 중 설탕 코팅을 입혀 더욱 달콤한 크렘브륄레クレームブリュレ(650엔)가 특히 인기 있다.

🚶 노면전차 5호선 오우라텐슈도 정류장에서 도보 8분
📍 長崎市南山手町4-15
🕐 10:00~18:00, 30분 전 주문 마감
📞 +81-80-6939-8182 📷 crepe.de.sapin

서구의 문화가 녹아든
사세보 佐世保

나가사키현 북부, 나가사키시에서 약 50km 떨어진 키타마츠우라반도 중심에
위치한 사세보는 나가사키현에서 나가사키에 이어 두 번째로 인구가 많은 항구 도시다.
규슈 최대의 테마파크인 하우스텐보스와 사이카이 국립공원 등이 자리한다.
1948년 전후 서일본 최초의 무역항으로 지정되고 미 해군 기지가 설치되면서
미국 문화의 영향을 받아 사세보 버거, 레몬 스테이크 같은 음식이 유명해졌다.
또한 천주교의 영향을 받은 지역이기에 곳곳에서 성당을 찾아볼 수 있다.

이동 방법

나가사키역   사세보역

○————————————————————————○

JR   ⏱ 2시간   ¥ 1,680엔

사이카이 국립공원 쿠주쿠시마

리아스식 해안과 섬이 공존하는 곳

西海国立公園 九十九島 ◎ 쿠주쿠시마 서해국립공원

쿠주쿠시마란 사세보만에서 서쪽 끝 히라도지마平戸島까지 이어지는 25km의 해역으로 쿠주쿠는 숫자 '99', 시마는 '섬'이라는 뜻이다. 실제로는 208개의 섬이 있는데, 셀수 없이 많은 섬이 빽빽이 모여 있어 멋지다는 뜻으로 에도 시대부터 쓰인 명칭이다. 수많은 섬 중 4곳에만 사람이 살고 나머지는 무인도다. 쿠주쿠시마부터 히라도지마, 고토열도에 이르는 해안은 사이카이 국립공원으로 지정되어 해안선의 80% 이상이 자연의 모습을 그대로 보존하고 있다. 보통 펄 시 리조트에서 유람선을 타고 쿠주쿠시마 주변을 둘러보거나 해발 191m의 이시다케 전망대에서 쿠주쿠시마의 경치를 파노라마로 즐긴다.

관광안내소

◎ 佐世保市鹿子前町1053-2　☎ +81-95-628-7919

🏠 kujukushima-visitorcenter.jp

쿠주쿠시마 유람선 九十九島遊覧船

📍 구주쿠시마 유람선

사이카이 국립공원으로 지정된 쿠주쿠시마를 가장 편하게 둘러보기 위한 수단으로 쿠주쿠시마 유람선을 운항한다. 쿠주쿠시마 펄 시 리조트 선착장에서 출발해 약 50분간 쿠주쿠시마를 둘러본다. 펄 퀸과 미라이 두 종류의 유람선이 있는데, 운항 시간만 다를 뿐 코스와 가격은 동일하다. 예약은 15명 이상 단체일 경우에만 받고 보통은 당일 현장 구매로 승선권을 구입할 수 있다. 쿠주쿠시마 유람선 표를 구입하면 3일 이내에 수족관 우미키라라와 동식물원 모리키라라森きらら 입장 시 할인 혜택을 받을 수 있다. 일본의 골든위크 기간과 8~10월 주말 등에는 오후 늦은 시간에 유람하는 선셋 크루즈도 운영한다.

🚶 사세보역 앞 6번 승차장에서 펄 시 리조트·쿠주쿠시마 수족관·펄시-리조트·九十九島水族館행 버스 탑승
📍 佐世保市鹿子前町1008 ⏰ 펄 퀸 10:00~15:00 (매시 정각 6회), 미라이 11:30·13:30·14:30 ※정확한 운항 시각은 홈페이지 확인 ¥ 일반 2,200엔, 4세~중학생 1,100엔
📞 +81-95-628-1999 🏠 www.99cruising.jp

꾸주쿠시마의 해양 생물을 만나다

쿠주쿠시마 수족관 우미키라라 九十九島水族館 海きらら ♀우미키라라 수족관

쿠주쿠시마 해역에 사는 해양 생물을 만날 수 있는 수족관이다. 353km의 긴 해안선을 따라 서식하는 크고 작은 물고기부터 바다거북, 돌고래 등을 보유한다. 특히 멸종 위기종이자 살아 있는 화석이라 불리는 투구게도 있다. 아이부터 어른까지 누구나 동심의 세계로 돌아가 쿠주쿠시마의 바다 속 풍경을 볼 수 있다. 규모는 크지 않지만 B1층부터 지상 2층까지 다양한 해양 생물을 전시한다. 야외돌핀 풀에서는 매일 3회(10:20, 13:20, 15:20) 돌고래 쇼가 펼쳐진다. 또한 진주채취 체험, 물고기 먹이 주기 체험 등 남녀노소 모두가 즐길 수 있는 프로그램도 운영한다.

🚶 사세보역 앞 6번 승차장에서 펄 시 리조트·쿠주쿠시마 수족관パールシーリゾート・九十九島水族館행 버스 탑승
📍 佐世保市鹿子前町1008
🕐 09:00~18:00(11~2월 ~17:00), 30분 전 입장 마감 ¥ 일반 1,470엔, 4세~중학생 730엔 ※유람선 승선권 제시 시 370엔 할인
📞 +81-95-628-1999
🏠 www.umikirara.jp

축대 위에서 새하얗게 빛나다

천주교 미우라 성당

カトリック三浦町教会 ♀천주교 미우라 성당

사세보역에서 나오면 눈길을 사로잡는 성당으로 사세보의 랜드마크 중 하나다. 1897년 시청 부근에 지어졌으나 사세보 내에 천주교도가 급격히 증가하면서 1931년 현재의 위치로 이전했다. 축대 위에 지어진 고딕 양식의 외관은 철근 콘크리트 구조이며 겹겹의 지붕에는 기와를 깔았다. 제2차 세계대전 당시에는 건물을 검게 칠해 공습을 피했고 이후 흰색으로 덧칠해 현재에도 당시와 같은 온전한 모습의 성당을 만나볼 수 있다.

🚶 사세보역에서 도보 3분
📍 佐世保市三浦町4-25
📞 +81-95-622-5701
🏠 miurakyokai.com

이곳에서 사세보 인증!

사세보 조형물 [SASEBO]文字 モニュメント
📍 Sasebo Sign

2020년 팬데믹 시기에 향후 관광객의 방문과 코로나19 종식을 고대하며 만든 조형물로 사세보항 앞에 자리한다. 'SASEBO'라는 글씨와 닻 모양이 담긴 조형물 앞에서 낮에는 푸른 하늘을, 해 질 녘에는 붉은 노을을 배경으로 인증 사진을 남길 수 있다. 조형물은 휴식을 위한 광장에 설치되어 있으며, 주변에 역과 음식점, 카페 등이 있고 사세보 5번가와도 연결되어 시민들의 데이트 장소로도 이용된다.

🚶 사세보역에서 도보 2분 📍 佐世保市新港町3-1

비 사세보의 가장 큰 쇼핑몰

사세보 5번가 させぼ五番街 📍 사세보 5번가

사세보항 앞에 위치한 대형 쇼핑몰로 시원시원한 외관이 매력적이다. 테라스 구역에 위치한 매장에서는 언제나 드넓게 펼쳐진 사세보 앞바다를 볼 수 있고 항구를 따라 산책을 즐기기도 좋다. GU, 무인양품 등 패션 브랜드와 대형 드러그스토어, 음식점 및 카페가 입점해 있어 쇼핑부터 식사 그리고 휴식까지 한 번에 해결할 수 있다.

🚶 사세보역에서 도보 5분 📍 佐世保市新港町2-1
🕐 상점 10:00~21:00, 식당가 11:00~22:00,
마트 09:00~22:00, 매장마다 다름
📞 +81-95-637-3555 🏠 sasebo-5bangai.com

비 오는 날에는 고민 없이 이곳으로

사세보 욘카초 상점가 させぼ四ヶ町商店街
📍 사루쿠시티 403

시모쿄초下京町, 카미쿄초上京町, 모토지마초本島町, 시마노세초島瀬町라는 4개의 거리로 이루어진 약 500m 길이의 상점가다. 언덕이 많은 사세보 지형의 특성상 평지의 시가지 주변으로 상점가가 형성되어 오래 전부터 번화했고 접근성이 좋아 지금도 주말이 되면 거리가 북적인다. 쾌적하게 쇼핑을 즐길 수 있는 아케이드 상점가로 맛집과 카페, 기념품점 등이 다양하게 들어서 있다.

🚶 사세보역에서 도보 8분 📍 佐世保市本島町4-15
📞 +81-95-624-4411 🏠 yonkacho.com

스테이크 사카바 노부 ステーキ酒場 Nobu ♀Nobu Steakhouse

옛 미국의 서부 콘셉트로 인기를 얻은 음식점으로, 아늑한 분위기 속에서 부위별 스테이크와 주류를 합리적인 가격에 즐길 수 있다. 얇게 썬 스테이크를 달군 철판에 얹고 간장 베이스의 레몬 소스와 레몬 슬라이스를 올린 사세보 명물 레몬 스테이크(1,380엔)가 대표 메뉴. 샐러드와 밥, 커피가 포함된 런치 메뉴(1,300엔~)도 판매한다. 전 세계의 와인을 구비하고 있으며 안주로 즐기기 좋은 서양식 메뉴도 다양해 선택의 폭이 넓다. 비교적 늦은 시간까지 운영하기 때문에 언제든 방문하기 좋다.

🏃 사세보역에서 도보 10분 ♀ 佐世保市上京町6-23
🕐 11:30~15:00, 17:00~22:00, 30분 전 주문 마감
📞 +81-95-676-7531 🏠 steaksakaba-nobu.co.jp

야키토리 카도야 焼鳥かど屋

사세보 욘카초 상점가 입구에 위치한 야키토리 전문점으로 술과 궁합이 좋은 다양한 메뉴를 저렴한 가격에 맛볼 수 있다. 모든 테이블이 바 형태여서 오픈된 주방을 바라보며 주문 즉시 구워낸 꼬치를 맛있게 즐길 수 있다. 2시간 동안 무제한으로 술과 음식을 푸짐하게 즐기는 사세보 코스(3,500엔~)가 있으며 야키토리(180엔~), 카도야 샐러드(580엔) 등 단품으로 먹기에도 가격 부담이 없어 저녁 식사 후 가벼운 안주와 술 한잔을 곁들이고 싶을 때 찾기 좋다.

🏃 사세보역에서 도보 8분
♀ 佐世保市下京町4-2 🕐 18:00~24:00
(금·토요일 ~01:00) ✖ 12/31~1/1
📞 +81-95-622-1370

공식 사세보 버거 인증 추천 맛집

제2차 세계대전에서 일본이 패전한 후 나가사키와 인접한 사세보에
미 해군 기지가 건설되었다. 이후 사세보 주변으로 미국인을 위한 상점과 술집이
발달하기 시작했고 미국인 전용 바를 중심으로 고향의 맛을 느낄 수 있는
햄버거를 판매했다. 이후 사세보 버거는 일본인의 입맛에 맞게 레시피가 조금씩
변형되면서 향토 음식으로 자리 잡았다. 사세보 버거는 특별한 스타일이나
고정된 레시피가 존재하지 않는다. 다만 '사세보 버거 인증 제도'를 통해
재료의 원산지, 전통, 독창성 등의 기준을 통과해야 공식 인증 마크를 받을 수 있다.
사세보 버거를 경험하고 싶은 사람을 위해 주요 관광지와 묶어서
방문하기 좋은 곳을 선별해 소개한다.

사세보 버거 캐릭터 '사세보 버거 보이'

사세보 버거 인증 제도의 기준을 통과한
가게 앞에는 어디든 사세보 버거 보이
패널이 있다. 호빵맨으로 유명한 만화가
야나세 타카시柳瀨嵩가 만든 캐릭터로,
사세보 버거에 대한 애정과 맛을 표현
했다. 사세보역에 위
치한 사세보 관광
정보 센터에서
는 캐릭터와 관
련된 상품도 구입
할 수 있다.

Price 1,078엔

빅맨 BIG MAN 🔍 사세보버거 빅맨

1970년 오픈해 현재 나가사키현에 5개의 점포를 둔 가장 유명한 사세보 버거 브랜드
중 하나다. 사세보 버거라는 명칭이 생기기 전부터 햄버거를 만들기 시작했을 정도로
오랜 기간 사랑받아왔다. 빅맨이라는 이름에 걸맞게 푸짐한 재료와 양으로 든든하게
배를 채울 수 있다. 벚나무 장작으로 훈제해 만드는 베이컨이 이곳만의 비법 재료다.
베이컨과 채소, 달걀을 올린 스페셜 버거 세트(1,628엔)가 가장 인기다. 사세보 버거
중에서 가장 인지도가 높고 시내에 위치해 있으니 한 곳만 가야 한다면 이곳을 추천
한다.

🚶 사세보역에서 도보 12분 📍 佐世保市上京町7-10 🕐 09:00~20:00, 30분 전 주문 마감
❌ 부정기 📞 +81-95-624-6382 🏠 www.sasebo-bigman.jp

럭키즈 LUCKY'S
📍 Sasebo Burger LUCKY'S Kashimae

1994년 쿠주쿠시마 펄 시 리조트 앞에 오픈해 현재까지 많은 사랑을 받는 음식점으로 가게에서 보이는 바다 풍경이 아름답다. 실내 좌석은 많지 않지만 공용 야외석이 넓게 마련되어 있어 자리가 여유로운 편이다. 날씨가 좋을 때는 가게 앞 벤치에 앉아 바다를 보며 사세보 버거를 먹어도 좋다. 사세보 버거 인증 가게의 평균 가격보다 훨씬 저렴한데도 토핑이나 양은 부족하지 않다. 쿠주쿠시마 유람선을 즐긴 뒤에 여유롭게 맛보기 좋다.

🏃 쿠주쿠시마 유람선 선착장에서 도보 1분
📍 佐世保市鹿子前町979 🕐 11:00~17:00,
30분 전 주문 마감 ❌ 화요일
📞 +81-95-628-4470
🏠 luckys-sasebo-burger.com

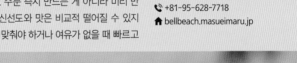

Price 630엔

벨 비치 Bell Beach

쿠주쿠시마를 방문할 일이 있다면 유람선 선착장 부근에 위치한 노점 거리를 주목해야 한다. 노점 형태지만 줄을 서서 먹을 정도로 인기 있는 음식점이며 테이크아웃으로만 운영한다. 주문 즉시 만드는 게 아니라 미리 만들어둔 햄버거를 제공하기 때문에 신선도와 맛은 비교적 떨어질 수 있지만, 쿠주쿠시마 유람선 탑승 시간에 맞춰야 하거나 여유가 없을 때 빠르고 간편하게 즐길 수 있다. 주문할 때는 레귤러(830엔)와 라지(1,480엔) 중 크기만 선택하면 된다. 주문 즉시 만든 버거를 매장에서 바로 먹고 싶다면 도보 5분 거리에 본점이 있으니 들러보자.

🏃 쿠주쿠시마 유람선 선착장에서 도보 1분
📍 佐世保市鹿子前町942-3
🕐 11:00~17:00 ❌ 수요일
📞 +81-95-628-7718
🏠 bellbeach.masueimaru.jp

Price 830엔

나가사키의 바다를 입 안 가득 채워보자

사사이즈미 ささいずみ ♀사사이즈미

100년 이상의 역사를 자랑하는 음식점으로 나가사키와 일본 서해 바다에서 잡은 신선한 해산물로 만든 요리를 판매한다. 대표 메뉴는 오징어회イカの活造り(2,390엔~)와 나가사키 허브 고등어회長崎ハーブ鯖の活造り(3,840엔)로 당일 새벽에 잡은 신선한 해산물을 아침마다 매장 안 수조로 운반해 살아 있는 상태로 손질한다. 초밥 세트(900엔~), 회 정식(1,420엔) 등으로 고급 식재료인 해산물을 합리적인 가격대에 맛볼 수 있다. 저녁 시간에는 무조건 대기가 필요하므로 예약하고 방문하는 것을 추천한다. 재료가 소진되는 경우에 차선책으로 즐길 수 있는 다른 종류의 회도 다양하다.

🚶 사세보역에서 도보 8분 ♀ 佐世保市下京町4-4 🕐 11:30~23:00, 30분 전 주문 마감
❌ 12/31~1/1 📞 +81-95-623-3933 🏠 sasaizumi.com

100엔으로 즐기는 달콤한 간식

잇큐 一休 ♀Ikkyu

100% 수제로 만든 일본식 풀빵을 맛볼 수 있는 곳으로 오랜 시간 동안 사세보 시민들의 간식으로 큰 사랑을 받아왔다. 밀가루와 달걀, 팥 등 최소한의 재료와 회전 틀을 이용해 풀빵을 구워낸다. 종류는 백앙금인 시로シロ와 팥 앙금인 쿠로クロ가 있으며 가격은 단돈 100엔이다. 사세보 욘카초 상점가에 위치해 쇼핑을 하다 지칠 때 당분을 충전하기 좋다.

🚶 사세보역에서 도보 10분 ♀ 佐世保市下京町7-15
🕐 10:00~21:00 ❌ 12/31~1/1 📞 +81-95-623-3319

선실에서 즐기는 따뜻한 휴식
쿠니마츠 <くにまつ> 〇Kunimatsu

사세보 시내의 수많은 커피 체인점 사이에서 독보적인 인기를 자랑하는 커피숍이다. 배를 모티브로 한 아늑한 내부는 온화한 느낌의 나무로 꾸몄다. 스테디셀러인 블렌드 커피(600엔)를 비롯해 다양한 원두를 사용한 핸드드립 커피가 인기다. 추운 날씨에 체온을 높이기 위해 알코올을 베이스로 만든 커피 또한 대표 메뉴인데, 추운 지방을 항해 중이라는 콘셉트로 도전해보기 좋다. 특히 1950년 대 아일랜드 공항 인근에서 승객들의 추위를 풀기 위해 만들어진 아이리시 커피(850엔)를 추천한다. 커피에 위스키와 생크림, 각설탕이 들어가 처음에는 부드러운 크림과 커피가 섞이며 은은한 알코올 향이 나고 마지막에는 달콤함으로 마무리된다.

🚶 사세보역에서 도보 12분　♀ 佐世保市上京町4-16　🕐 10:00~21:00(금·토요일 ~22:00)　❌ 화요일　📞 +81-95-625-2888　🏠 coffee.hiro

텃밭은 가꾸는 게 아니라 먹는 것
C&B 소프트 크림 C&B Soft Cream
〇 Sasebo C&B Soft Cream

사세보 욘카초 상점가 입구에 위치한 디저트 가게로 맞은편의 C&B 버거에서 운영하는 곳이다. 텃밭에 새싹이 자란 화분 모양의 우에키바치うえきばち 아이스크림(500엔)이 인기 메뉴. 모양이 독특해 인증 사진을 찍기 좋고 바닐라와 녹차, 믹스 중 맛을 고를 수 있다. 매장이 닫혀 있거나 사람이 없을 때는 C&B 버거로 가서 직원을 호출하면 원하는 디저트를 준비해준다.

🚶 사세보역에서 도보 8분　♀ 佐世保市下京町4-2
🕐 11:00~19:00(금·토요일 ~21:00)　❌ 부정기
📞 +81-95-676-8530　📷 cbsoft2018

●

꽃으로 가득한 세계
하우스텐보스 ハウステンボス

1992년 문을 연 하우스텐보스는 바다와 맞닿은 152만 제곱미터의 부지에
유럽의 거리를 생생하게 재현해 명실상부 규슈를 대표하는
테마파크로 사랑받고 있다. 하우스텐보스Huis Ten Bosch는
네덜란드어로 '숲속의 집'을 뜻하며, 꽃과 빛을 주제로
계절마다 다양한 테마의 이벤트가 열린다. 그 밖에 놀이기구,
음식점, 상점, 호텔 등 상업 시설도 잘 갖추어져 있다.

📍 佐世保市ハウステンボス町1-1　🕐 09:00~21:00, 계절·요일에 따라 다름
📞 일본 국내 전용 0570-064-110　🏠 www.huistenbosch.co.jp
🔍 하우스텐보스

어떻게 갈까?

하우스텐보스로 가는 대중교통은 크게 버스와 JR 열차가 있다. 하우스텐보스 버스
센터는 입구 바로 앞에 위치하며, 하우스텐보스역에서 입구까지는 도보로 7분이
소요된다. 나가사키 공항에서는 공항버스(55분, 1,500엔)나 페리(50분, 2,200엔)
를 타고 진입할 수도 있다. 평소에는 현지에서 바로 구입이 가능하지만 연휴나 연말
등 특수한 날에는 좌석이 매진되는 경우도 있다.

후쿠오카에서 하우스텐보스로 저렴하게 이동하기

JR규슈 레일패스가 없다면 하카타역에
서 티켓 창구로 가서 역무원에게 니마이
킷푸2枚きっぷ(하우스텐보스 왕복 지정
석, 5,140엔)을 구입하면 각각 편도로 끊
을 때보다 더욱 저렴하게 이용할 수 있다.

출발지		도착지
하카타역	특급 하우스텐보스 1시간 45분, 4,500엔	하우스텐보스역
하카타·텐진 버스터미널	버스 2시간 5분, 2,310엔	하우스텐보스
나가사키역	쾌속 1시간 30분, 1,500엔	하우스텐보스역
나가사키역 앞	버스 1시간 15분, 1,450엔	하우스텐보스
사세보역	보통 20분, 280엔	하우스텐보스역
사세보역 앞	버스 30분, 740엔	하우스텐보스

어떤 티켓을 살까?

방문 날짜를 결정했다면 입장권을 예매하자. 현장 매표도 가능하지만 한국에서 미리 날짜를 지정해 표를 구매할 수 있다. 입장권이 곧 자유이용권이며 공식 홈페이지 혹은 대행사를 통해 구매 가능하다. 일정에 따라 하루, 오후, 이틀 연속 입장 중 고르면 된다.

	1DAY 패스포트	애프터3 패스포트	1.5DAY 패스포트	2DAY 패스포트
설명	개장 시간부터 하루 종일 이용	오후 3시부터 입장 가능	첫날 오후 3시부터 연속 2일간 입장 가능	개장 시간부터 연속 2일간 입장 가능
일반	7,400엔~	5,600엔~	10,700엔~	12,900엔~
중·고등학생	6,400엔~	4,800엔~	9,500엔~	11,100엔~
초등학생	4,800엔~	3,600엔~	7,200엔~	8,400엔~
미취학 아동	3,700엔~	2,800엔~	5,800엔~	6,500엔~
65세 이상	5,400엔~	4,200엔~	8,200엔~	9,500엔~

어떻게 다닐까?

하우스텐보스는 일본의 테마파크 중에서도 부지가 상당히 넓은 편이므로 구역별 볼거리를 미리 파악하는 것이 중요하다. 하루 종일 둘러볼 예정이라면 동선을 고려해 내부 교통수단을 활용하는 것이 좋다. 비가 오는 날에는 실내인 빛의 판타지아 시티 존과 돔토른 전망대를 위주로 구경하는 것을 추천한다. 대부분의 어트랙션은 대기가 없고 이벤트 공연이나 쇼가 열리는 시간에는 사람이 붐비니 꼭 보고 싶은 공연은 미리 가서 잘 보이는 자리를 선점하자. 하우스텐보스 홈페이지에서 어트랙션·시설·음식점·상점이 나와 있는 지도를 다운로드하거나 하우스텐보스 공식 앱을 설치해 실시간으로 위치를 파악하며 다니자. 입구에서 팸플릿을 챙기는 것도 좋다.

내부 교통수단 활용하기

하우스텐보스 내부는 굉장히 넓어 종일 걷다가는 지칠 수도 있다. 체력 안배를 하며 둘러보는 것을 추천하며, 하우스텐보스 내 교통수단도 효율적으로 이용해보자.

① **커낼 크루저** 웰컴 게이트에서 타워 시티(전망대)까지 한 번에 이동할 수 있다. 운하를 따라 하우스텐보스의 풍경을 만끽할 수 있는데, 특히 야경이 펼쳐지는 저녁에 이용하는 것을 추천한다. 배는 약 15분 간격으로 운행된다.

② **파크 버스** 각 구역에 모두 정차하는 노선버스로 짧은 거리도 편하게 이동할 수 있다. 운행 간격은 약 20분이다.

③ **자전거** 웰컴 게이트, 하버 타운에서 1인승과 가족용(4인) 자전거를 대여할 수 있다. 걷는 것보다 빠르고 어디든지 멈출 수 있어 편리하지만, 다른 교통수단과 달리 대여료가 있다. 1인승은 1시간 500엔, 3시간 1,500엔, 가족용은 1시간 2,000엔, 3시간 3,500엔, 전기자전거는 500엔이 추가된다.

베스트 포토존과 야경 스폿

하우스텐보스를 찾는 가장 큰 이유는 하우스텐보스의 아름다움 그 자체에 있다. 중세 네덜란드의 거리 풍경을 고스란히 재현한 공간과 튤립, 장미, 수국, 해바라기 등 계절에 따라 바뀌는 다양한 꽃이 거리를 수놓는다. 밤이 되면 끝없이 펼쳐지는 일루미네이션이 감동을 선사한다. 무궁무진한 포토존과 야경 스폿만 감상해도 하루가 금방 간다.

실내 돔토른 ドムトールン

하우스텐보스 어디서나 눈에 띄는 건물로 하우스텐보스를 상징하는 전망대다. 지상 80m의 꼭대기에 오르면 파크 안은 물론이고 오무라만 大村湾까지 시원하게 조망할 수 있다. 밤에 오르면 일루미네이션이 눈부시게 반짝이는 네덜란드의 거리 풍경이 펼쳐진다. 밤에는 붉은 빛을 내뿜는 강렬한 야경 스폿으로 변모해 타워 시티 앞에서 운하와 함께 멋진 사진을 남길 수 있다.

야외 플라워 로드 フラワーロード

어디서 찍어도 동화 같은 사진을 남길 수 있는 하우스텐보스의 자랑으로 네덜란드 잔세스칸스의 풍차 마을을 그대로 옮겨놓은 듯한 모습이다. 멋진 풍차를 배경으로 봄에는 튤립, 여름에는 해바라기 등 계절을 대표하는 꽃으로 길을 꾸며놓는다. 모든 길이 아름다움으로 가득한 장소이기에 포토존으로 손꼽히는 것은 당연한 결과다.

플라워 로드

실내 빛의 판타지아 시티 光のファンタジアシティ

사람의 움직임에 반응해 이미지가 변화하는 디지털 아트 공간으로 디지털 기술을 집약하여 만들었다. 화려한 비주얼로 최고의 SNS 사진 스폿이 되었다. 플라워 판타지아, 우주 판타지아, 바다 판타지아 등 테마에 맞는 환상적인 빛의 공연을 관람할 수 있으며 실내이기 때문에 날씨와 상관없이 언제든 방문하기 좋다.

빛의 판타지아 시티

야외 판타스틱 스노우 나이트 쇼 ファンタジック・スノーナイトショー

겨울에만 열리는 이벤트 쇼로 암스테르담 시티에 위치한 스터드 하우스에서 매일 오후 7시 전후로 점등식이 펼쳐진다. 어둠 속에서 해외 아티스트가 직접 연주하는 음악에 맞춰 모든 건물이 일시에 빛을 발하며 세상을 밝힌다. 하늘에서는 눈이 내리고 불꽃놀이가 피날레를 장식하는 이 멋진 공연은 하우스텐보스에서 가장 만족도가 높은 쇼 중 하나다.

야외·실내 팰리스 하우스텐보스 パレス ハウステンボス

네덜란드의 빌럼 알렉산더Willem Alexander 국왕이 거주하는 궁전을 그대로 재현한 공간으로 하우스텐보스의 성이라 불린다. 내부에는 미술관이 있으며 네덜란드 화가인 렘브란트의 다양한 작품을 감상할 수 있다. 성 뒤편에 펼쳐진 바로크식 정원 주변은 밤마다 일루미네이션이 불을 밝혀 내부와 외부 어디든 포토존으로 가득하다.

팰리스 하우스텐보스

돔토른

빛의 판타지아 시티

판타스틱 스노우 나이트 쇼

도전해보면 좋은 어트랙션

하우스텐보스는 어트랙션이 많지 않다는 점에서 다른 테마파크와
는 조금 다르다. 놀이기구를 좋아하는 활동적인 사람에게는 자칫
밋밋하게 느껴질 수도 있지만, 이곳에서만 체험할 수 있는 특별한
어트랙션이 존재한다.

야외 스카이 카르셀 スカイカルーセル

일본 최초의 3층 회전목마로 15m의 높이를 자랑한다. 이탈리아에
서 직접 가져온 말과 마차 조형물은 그 자체로 예술품 같으며, 3층
에서 내려다보는 하우스텐보스의 풍경 또한 놓칠 수 없는 볼거리
다. 낮과 밤의 풍경이 모두 다른데, 밤에 불이 켜진 모습이 특히 아
름답다.

실내 호라이즌 어드벤처 ホライゾンアドベンチャー

17세기 네덜란드를 무대로 펼쳐지는 공연이다. 800톤의 물이 눈
앞에서 뿜어져 나오며 대홍수
를 재현하는 모습이 압권이다.
번개와 호우, 홍수의 상황을 오
감으로 느낄 수 있으며 압도적
인 현장감으로 눈길을 사로잡
는다.

야외 하늘 레일 코스터~질풍~ 天空レールコースター〜疾風〜

높이 11m의 출발 지점에서 약
250m 길이의 굽어진 레일을
따라 내려오는 놀이기구로 혼
자 레일에 매달린 채 출발한다.
사람의 움직임에 따라 상하좌
우로 격렬하게 흔들리며 숲속

을 빠져나가 상쾌하고 스릴 넘치는 체험을 할 수 있다. 아이들부터
어른까지 누구나 즐길 수 있으며 인기가 많아 줄을 서야 한다.

추천 레스토랑

하우스텐보스 내에는 수많은 음식점과 간식 판매점이 있다. 가격도 테마파크임을 고려했을 때 비교적 저렴하고 평점이 높은 사세보 맛집도 다양해서 식사에 대한 평이 전반적으로 높다.

화덕 피자 **피노키오** ピノキオ

하우스텐보스에서 가장 인기가 많은 이탈리안 레스토랑으로 사가현의 유명 도자기 마을인 아리타에서 공수한 가마로 직접 굽는 화덕 피자가 인기다. 특제 감자가 들어간 피노키오 특제 포테이토 베이컨 피자ピノキオ特製ポテトとベーコンのピザ(1,800엔)와 큼지막한 해산물을 듬뿍 사용한 해산물 페페론치노魚介のペペロンチーノ(2,600엔)를 추천한다.

🚶 타워 시티 내 🕐 일~금요일 11:00~15:30, 17:00~20:30, 토요일 11:00~22:00, 30분 전 주문 마감 ✖ 부정기

레몬 스테이크 **로드 레우** ロード・レーウ

사세보 대표 음식 중 하나인 레몬 스테이크를 맛볼 수 있는 음식점이다. 뜨거운 철판에 얇게 썬 고기를 올리고 특제 레몬 소스와 함께 제공하는 레몬 스테이크 세트佐世保名物国産リブロースレモンステーキセット(2,400엔)를 추천한다. 세트에 수프와 밥(또는 빵)이 포함되어 있어 먹고 나면 배가 든든하다.

🚶 타워 시티 내 🕐 11:30~21:00(주말 ~22:00), 30분 전 주문 마감

토루코라이스 **톳톳토** とっとっと

나가사키 명물인 토루코라이스 전문점으로 오므라이스와 함박 스테이크, 나폴리탄, 크로켓이 한 접시에 나와 다양한 메뉴를 한 번에 즐길 수 있다. 대표 메뉴는 믹스 토루코라이스ミックストルコライス(1,700엔)로 아이와 함께 방문 시 추천한다.

🚶 타워 시티 내 🕐 11:00~20:30(주말 ~22:00), 30분 전 주문 마감

공식 호텔 추천

하우스텐보스는 야경이 메인인 테마파크이기 때문에 당일치기로 구경하기에는 시간이 부족하다. 테마파크 주변에는 여러 호텔이 있지만, 하우스텐보스에서 직영으로 운영하는 파크 안 공식 호텔은 총 5곳이다. 그중 위치와 가격 등을 고려했을 때 추천하는 세 곳을 소개한다.

💰 10,000~15,000엔, 💰💰 15,000~30,000엔, 💰💰💰 30,000~50,000엔.

럭셔리한 시간을 누리고 싶다면
호텔 유럽 ホテルヨーロッパ

하우스텐보스 내 최상위 호텔로 돔토른 뒤에 위치한다. 고전적인 인테리어로 유럽 고급 호텔의 감성을 그대로 느낄 수 있다. 파크 안 호텔 수하물 배송 서비스, 체크인·아웃 전용 크루즈, 개장 1시간 전 입장, 아침 스파클링 와인 서비스 등 다양한 혜택이 있으며 체크인하는 날의 입장권을 구매하면 체크아웃 날의 입장권을 무료로 제공해준다.

추천 커플 혹은 부부 **요금** 💰💰💰

휴가를 여유롭게 즐기고 싶다면
호텔 덴하그 ホテルデンハーグ

하우스텐보스 하버 타운에 위치한 호텔로 입구 앞으로 오무라만이 펼쳐진다. 오무라만을 만끽하는 하버 뷰, 아름다운 거리가 보이는 파크 뷰, 조용한 숲을 감상하는 포레스트 뷰 등 객실마다 다른 3개의 전망을 만날 수 있다. 불꽃놀이가 열릴 때면 호텔 바로 앞 바다 위에서 불꽃을 쏘아 올리므로 객실에서 편안하게 불꽃놀이를 감상할 수 있다. 가장 좋은 불꽃놀이 명당으로 사랑받는다.

추천 커플 혹은 가족 **요금** 💰💰

부담 없이 편하게 머물고 싶다면
호텔 로테르담 ホテルロッテルダム

일명 아트의 거리라 불리는 네덜란드 로테르담의 분위기를 본떠 지은 호텔로 트렌디한 외관과 다채로운 산책로 등 전반적으로 모던한 느낌이 가득하다. 여러 동으로 구성된 객실은 모두 스타일이 다르며, 히노키 나무를 사용한 일본식과 스탠더드가 인기 있다. 하우스텐보스 공식 호텔 중 가장 저렴한 가격대로 이용할 수 있다.

추천 어린이 동반 가족이나 대학생 **요금** 💰

PART 4

실전에
강한
여행 준비

한눈에 보는 여행 준비

STEP 1
여권 만들기

- 전국 시도구청 여권 발급과에서 신청 가능
- 본인 직접 신청(미성년자의 경우 부모 신청 가능)
- 신청서 1부, 신분증, 여권용 사진 1매 준비
- 발급 소요 기간 2주 내외, 발급 비용 50,000원 (10년 복수 기준)
- 여권 재발급의 경우 정부24 홈페이지 혹은 KB스타뱅킹 앱에서 온라인 신청 가능

🏠 발급 관련 사이트
외교통상부 여권 안내 www.passport.go.kr
정부24 www.gov.kr

STEP 2
항공권 발권하기

- 여행 시기, 체류 기간, 구매 시점에 따라 가격 변동
- 각 항공사 홈페이지, 온오프라인 여행사, 항공권 가격 비교 사이트를 통해 구매 가능
- 대부분의 항공사는 상반기와 하반기 각 1회씩 특가 이벤트를 진행하며 공식 SNS를 통해 수시로 할인 항공권 관련 정보를 제공

🏠 항공권 가격 비교 사이트
스카이스캐너 www.skyscanner.co.kr
인터파크 투어 sky.interpark.com
네이버 항공권 flight.naver.com
지마켓 gtour.gmarket.co.kr

STEP 3
숙소 예약하기

- 각 호텔 홈페이지, 온오프라인 여행사, 숙소 예약 사이트, 숙소 가격 비교 사이트를 통해 예약 가능
- 현지인의 집을 대여하는 에어비앤비, 항공권+호텔이 결합된 에어텔 상품 등 다양한 선택지가 있음
- 위치, 교통, 접근성, 등급, 객실 크기, 조식 등 자신에게 맞는 조건 고려
- 환불 불가인 상품도 있으므로 모든 일정을 고려해 신중히 선택할 것
- 예약 시 평점, 후기 등을 꼼꼼히 참고해 준비할 것

🏠 숙소 예약 사이트
호텔스컴바인 www.hotelscombined.co.kr
아고다 www.agoda.com/ko-kr
호텔스닷컴 kr.hotels.com
네이버 호텔 hotels.naver.com
에어비앤비 www.airbnb.co.kr
부킹닷컴 www.booking.com
야놀자 www.yanolja.com
여기어때 www.yeogi.com

STEP 4
교통편과 입장권 등 구입하기

- 여행 일정에 맞는 교통 패스나 입장권을 미리 체크할 것
- 여행 관련 사이트, 예약 대행 사이트를 통해 구입 가능
- 패스와 입장권은 대부분 날짜 지정을 해야 하므로 일정을 고려해 선택할 것, 당일 사용 가능한 상품도 있음
- 바우처로 제공되는 패스와 입장권을 바로 사용할 수도 있지만 지정 장소에서 실물 티켓으로 교환해야 하는 경우도 있으므로 구입 시 꼼꼼히 체크할 것
- 성수기, 연휴 기간에는 인기 상품이 매진되는 경우가 있으므로 미리 준비할 것
- 현지에서 교통이 불편하거나 개인적으로 이동이 어려운 경우 투어 이용이 유리하며 사전 예약 필수
- 투어 예약 시 코스, 시간, 비용, 포함/불포함 사항, 가이드, 후기 등을 꼼꼼히 비교

🏠 여행 관련 사이트
마이리얼트립 www.myrealtrip.com
클룩 www.klook.com
케이케이데이 www.kkday.com
와그 www.waug.com

결제 수단과 환전 준비하기

- ATM 인출 수수료 무료, 해외 결제 수수료를 면제 혹은 감면받을 수 있는 '트래블로그', '트래블월렛' 등 해외여행에 특화된 외화 충전식 카드가 있음
- 네이버페이, 카카오페이, 토스페이 등을 활용한 결제도 가능하고 스이카, 파스모 등 일본의 선불형 교통카드로 결제할 수 있는 장소가 많아 현금 사용 비율이 많이 줄어듬
- 카드로 결제할 수 있는 장소가 늘었지만 소도시에서는 사용할 수 없는 경우가 더 많으므로 카드보다는 현금 비율을 높이는 것을 추천
- 현금 환전은 각 은행 시내 영업점, 공항 환전소에서 가능
- 모바일 앱을 통해 미리 환전을 신청하면 공항 수령 가능
- 주거래 은행 이용 시 환율 우대 혜택 제공

해외 데이터 선택하기

- 요금은 로밍→포켓 와이파이→유심/이심 순으로 저렴
- 요금제나 혜택에 따라 로밍이 오히려 저렴한 경우도 있음
- 포켓 와이파이는 일행과 함께 최대 5명까지 데이터 공유가 가능하지만 배터리 문제와 기기를 가지고 다녀야 하는 불편함이 있음
- 유심은 가장 저렴하나 한국에서 사용 중인 심 카드를 잘 보관해야 함
- 최근 데이터망 2개를 쓰는 이심eSIM 사용자가 늘고 있으며 등록이 까다로우나 매우 편리

♠ 예약 사이트
와이파이도시락 www.wifidosirak.com
말톡 store.maaltalk.com
유심사 www.usimsa.com

여행자 보험 가입하기

- 여행 중 도난, 사고, 분실, 질병 등을 보상해주는 일회성 보험
- 온라인 및 각 보험 앱, 공항에서 현장 가입 가능
- 일정액 이상 환전하면 은행에서 가입해주는 여행자 보험도 있음
- 이미 출국한 상황에서는 여행자 보험 가입 불가능
- 출입국 날짜 및 집에서 출발 및 도착하는 시간까지 가입하는 것을 추천
- 각 보험사마다 가격이 다르며 보상 조건과 한도액, 사고 시 구비 서류 등을 체크할 것

짐 꾸리기

- 구매한 항공권의 무료 수하물 규정 확인 필수
- 기내 반입용 수하물은 18인치 이하만 가능. 단, 항공사별로 반입 무게는 다름
- 100ml 이상 액체류 기내 반입 불가. 100ml 이하는 30×20cm 사이즈의 투명 지퍼백에 수납해 최대 1L까지 기내 반입 가능
- 라이터, 배터리, 전자담배 제품은 화재 위험에 따라 위탁 수하물 수납 금지
- 식품, 특히 육가공품은 대부분의 국가 반입 금지 품목이므로 주의

규슈의 공항에서 시내 이동 안내

★ 항공비는 왕복 평균 기준

후쿠오카 공항

규슈 제1의 공항이자 이용 여객 수 기준 일본 4위의 공항. 시내 중심인 하카타구에 위치해 후쿠오카 도심에서 지하철로 10분도 채 걸리지 않을 정도로 가깝다. 매년 이용객이 증가해 활주로 증설 및 국제선 증개축 공사가 2025년 완공을 목표로 진행되고 있다. 후쿠오카 공항은 인천, 부산 등 한국으로 오가는 비행기 편 수가 가장 많고 항공비도 규슈의 다른 공항에 비해 저렴한 편이지만, 일정이 짧은 여행이라면 추가 이동 비용과 시간을 고려해야 한다. 단, 후쿠오카 외의 소도시들은 브랜드 쇼핑할 곳이 많지 않고 공항 내 면세점 규모도 작은 편이어서 후쿠오카 공항을 이용한다면 여행 전후로 다양한 쇼핑을 즐길 수 있다.

🏠 www.fukuoka-airport.jp

인천 공항 ·········· 후쿠오카 공항 ·········· 하카타
　　　1시간 20분, 평균 200,000원　　　　지하철 5분, 260엔
　　　　　　　　　　　　　　　　　　　공항버스 20분, 310엔

구마모토 공항

후쿠오카, 가고시마에 이은 규슈 제3의 공항. 구마모토시와 아소산 사이에 위치해 정식 명칭은 아소 구마모토 공항이다. 2023년 3월 국제선과 국내선이 통합된 신 여객터미널이 준공되었다. 철도가 지나지 않아 공항버스를 통해 시내 혹은 근교로 이동한다.

🏠 www.kumamoto-airport.co.jp

인천 공항 ·········· 구마모토 공항 ·········· 구마모토역
　　　1시간 30분, 300,000원　　　　공항버스 1시간, 1,000엔
　　　　　　　　　　　　　　　　　└······· 사쿠라마치
　　　　　　　　　　　　　　　　　공항버스 50분, 1,000엔

오이타 공항

오이타현 쿠니사키시의 바다를 메워서 만든 공항. 철도가 지나지 않아 오이타 시내로 이동할 때 공항버스를 이용해야 한다. 공항에서 벳푸, 유후인 등 근교 도시로 바로 이동할 때도 이동 시간이 1시간 이내로 짧은 편이라 오히려 편리하다.

🏠 www.oita-airport.jp

인천 공항 ·········· 오이타 공항 ·········· 오이타역
　　　1시간 55분, 250,000원　　　　공항버스 1시간, 1,600엔
　　　　　　　　　　　　　　　　　├······· 벳푸역
　　　　　　　　　　　　　　　　　공항버스 55분, 1,600엔
　　　　　　　　　　　　　　　　　└······· 유후인역
　　　　　　　　　　　　　　　　　공항버스 55분, 2,000엔

가고시마 공항

후쿠오카에 이은 규슈 제2의 공항으로 가고시마현 키리시마 내륙에 위치한다. 도심에서 멀고 철도가 다니지 않지만 10~15분 간격으로 공항버스를 운행해 이동이 편리하다. 국내선 터미널은 넓고 면세, 음식점, 쇼핑 구역 등이 있지만 국제선은 2개의 탑승구와 작은 대합실, 작은 면세점 하나가 전부인 단출한 모습이다.

🏠 www.koj-ab.co.jp

인천 공항 ·········· 가고시마 공항 ·········· 가고시마추오역
　　　1시간 35분, 250,000원　　　　공항버스 40분, 1,400엔
　　　　　　　　　　　　　　　　　└······· 텐몬칸
　　　　　　　　　　　　　　　　　공항버스 45분, 1,400엔

<table>
<tr><td>

미야자키 공항

</td><td>

미야자키시에 위치한 공항. 시내에 있어 미야자키 도심에서 JR로 15분, 공항버스로 25분이면 도착한다. 제2차 세계대전 당시 일본군 카미카제의 출격 기지로 쓰였고 미군의 엄청난 폭탄 세례로 당시의 불발탄이 최근 발견되기도 했다.

🏠 www.miyazaki-airport.co.jp

</td></tr>
</table>

인천 공항 ··· 미야자키 공항 ··· 미야자키역
1시간 40분, 300,000원   JR 15분, 360엔
공항버스 25분, 490엔

<table>
<tr><td>

나가사키 공항

</td><td>

나가사키현 오무라시의 미시마箕島를 매립해 만든 세계 최초의 해상공항이다. 철도가 연결되어 있지 않아 버스 혹은 배로 도심 및 근교 지역으로 갈 수 있다. 단, 도보 25분 거리에 니시큐슈 신칸센 신오무라新大村역이 있어 이동 수단 선택의 폭이 넓다.

🏠 nagasaki-airport.jp

</td></tr>
</table>

인천 공항 ··· 나가사키 공항 ··· 나가사키역
1시간 30분, 250,000원   공항버스 45분, 1,200엔

차이나타운
공항버스 35분, 1,200엔

하카타에서 각 도시까지의 이동

🛏 도시별 숙박 지역 추천

구마모토현

구마모토 | 시내 중심인 시모토리 혹은 구마모토역 주변은 번화가이면서도 다른 지역으로의 이동도 편리하고 크고 작은 호텔이 모여 있어 가장 묵기 좋은 위치다. 단 성수기나 연휴 기간에는 가격이 많이 오르므로 주요 이동 수단인 노면전차 정류장을 중심으로 도보 5분 거리 이내의 숙소를 찾아보는 것도 좋은 방법이다. 보통 시모토리 부근에 나 홀로 여행자를 위한 게스트하우스와 호스텔이 자리하고 있다.

아소 | 국립공원으로 지정된 지역으로 화산 지형과 광활한 초원을 갖춰 대자연을 마음껏 감상할 수 있다. 다만 그만큼 숙박 시설이 많지 않아 선택지가 적다. 국립공원 내에 호텔과 료칸이 몇 곳 있지만 가격대가 높은 편이다.

구로카와 온천 | 30여 개의 료칸이 모인 온천 마을로 보통 여행자가 료칸에서 휴식을 취하기 위해 찾는다. 료칸은 대부분 현대식이 아닌 전통 료칸 형태이며 버스 정류장이나 역까지 차량으로 마중을 나오는 송영 서비스를 제공해 숙소 위치에 크게 구애받지 않는다. 마을은 작아 도보로 둘러볼 수 있으며 산과 계곡의 운치를 감상하며 쉬기에 좋다.

오이타현

오이타 | 오이타는 시내에 둘러볼 만한 관광지가 많지 않고 오이타보다는 벳푸를 중심으로 여행하는 경우가 대부분이다. 꼭 오이타에서 숙박해야 한다면 벳푸와 주변 지역으로의 이동이 편리한 오이타역 근방에서 적당한 숙소를 잡는 것이 좋다. 오이타보다는 벳푸로 이동해 숙박해야 호텔, 리조트, 료칸 등 취향과 일정을 고려한 선택지가 다양해진다.

벳푸 | 온천현이라 불리는 오이타에서 가장 중심이 되는 관광지다. 온천 관광이 중요하다면 지옥 온천이 위치한 칸나와, 다른 지역으로의 이동 편의성을 고려한다면 벳푸역, 번화가나 편의 시설이 모여 있는 곳이 좋다면 벳푸 타워가 위치한 키타하마 지역을 고르자. 지역마다 다양한 유형의 숙소가 밀집되어 있으며, 기본적으로 호텔에 온천 시설이나 대욕장을 갖춘 곳이 많아 만족도가 높다.

가고시마현

가고시마 | 가고시마역 주변은 교통만 편리할 뿐 주변에 볼거리가 많지 않다. 따라서 번화가인 텐몬칸도리 주변으로 숙소를 잡는 것이 좋다. 축제 기간, 연휴, 성수기에는 가격이 많이 오르므로 노면전차 정류장을 중심으로 도보로 이동할 수 있는 거리의 숙소를 구하는 것도 괜찮은 방법이다. 사쿠라지마 내에는 숙박 시설이 거의 없으므로 관광으로만 방문하는 것을 추천한다.

이부스키 | 관광보다는 온천으로 유명한 지역이라 온천 시설이 딸린 숙박 시설이 많고 숙박비는 비싼 편이다. 인기 온천 숙소들은 지역 내에 흩어져 있으며 대중교통이 많지 않아 접근성이 떨어지지만 보통 숙소에서 무료 송영 서비스를 제공한다.

야쿠시마 | 입도 자체에 시간이 많이 걸리므로 보통 2박 이상의 일정으로 방문한다. 트레킹이 주목적인 섬이라 민박이나 게스트하우스 형태의 숙소가 반 이상을 차지하며

호텔과 리조트 같은 숙박 시설도 드물게 찾아볼 수 있다. 지대가 낮은 항구와 관광 센터 주변처럼 대중교통 이용이 편리한 곳에 묵는 것을 추천한다.

어 있으며 버스 센터 쪽으로 갈수록 가격이 저렴해진다. 전반적으로 숙소 가격이 높은 편이므로 이동하는 시간과 전반적인 경비 등이 부담이 될 수 있다.

미야자키현

미야자키 | 공항과 시내가 열차로 10분 거리에 위치해 공항 주변이나 미야자키역 주변에 숙박 시설이 많다. 특히 번화가인 타치바나도리 주변은 밤늦게까지 영업하는 음식점이 많고 교통편이 편리해 가장 지내기 좋다. 대중탕을 갖춘 숙박 시설이 많으며 규슈의 다른 도시에 비해 숙박비가 저렴한 편이다.

난고·니치난 | 해안을 따라 바다 전망이 보이는 숙박 시설이 산재해 있다. 특히 휴양과 골프를 목적으로 방문하는 사람에게는 선택지가 더욱 다양하다. 이러한 숙박 시설은 역 주변이나 중심지와 멀기 때문에 송영 서비스를 제공해 주는 숙소도 있으나 대부분 직접 이동해야 하므로 대중교통 이용자는 다소 불편할 수 있다.

타카치호 | 오래 운영해 시설이 노후한 숙소가 대부분이다. 숙박은 타카치호 버스 센터 또는 협곡 주변에 형성되

나가사키현

나가사키 | 나가사키역과 남쪽의 차이나타운 주변을 중심으로 숙소를 정하는 것이 좋다. 나가사키에 처음 방문한다면 이국적 풍경과 맛집이 많은 차이나타운 주변이 가장 적합하다. 아니면 노면전차 정거장을 중심으로 도보 5분 이내에 있는 숙소를 잡아도 좋다.

사세보 | 사세보역 주변이 볼거리가 많고 번화가라 숙소를 잡으면 편리하다. 주변 관광지를 도보로 이동할 수 있으며 쿠주쿠시마, 하우스텐보스 등을 비롯해 나가사키, 후쿠오카 같은 주변 도시로 이동하기도 편리하다.

하우스텐보스 | 하우스텐보스를 당일로 끝내지 않고 좀더 길게 즐기거나 전후 이동 시간을 줄이고 싶다면 하우스텐보스 테마파크 안이나 주변 숙소를 이용하면 된다. 테마파크에서 운영하는 5개의 공식 호텔을 비롯해 하우스텐보스 주변에 리조트, 게스트하우스 등 다양한 선택지가 있다.

🛏️ 일본의 숙소별 특징

비즈니스호텔

¥ 1박(2인실) 평일 기준
6,000~15,000엔

일본에서 가장 흔하고 보편적인 숙박 시설로 간단하게 업무를 보고 잠만 자는 샐러리맨을 위해 만들어졌다. 깔끔한 공간과 비교적 저렴한 숙박비로 여행자의 1순위 숙소로 인기가 많다. 객실에는 최소한의 가구와 물품만 놓여 있으며 캐리어 하나를 펴면 남는 공간이 없을 정도로 좁은 경우도 많다. 하지만 지금은 온천 및 대욕장 같은 시설, 조식, 전망 등 여러 편의 사항을 개선한 곳도 늘어나 선택의 폭이 넓어졌다. 대부분 체인으로 운영되므로 어느 지점을 가도 동일한 수준의 서비스를 받을 수 있다.

숙소명	지역	홈페이지
도미 인dormy inn	구마모토, 오이타, 가고시마, 미야자키, 나가사키	dormy-hotels.com/ko
토요코 인東橫 INN	구마모토, 오이타, 가고시마, 미야자키, 나가사키	www.toyoko-inn.co.kr
루트 인ROUTE INN	구마모토, 오이타, 가고시마, 미야자키, 나가사키	www.route-inn.co.jp
마이스테이스MYSTAYS	구마모토, 오이타, 가고시마, 미야자키	www.mystays.com/ko-kr
JR 규슈 호텔JR KYUSHU HOTEL	오이타, 가고시마, 미야자키, 나가사키	www.jrhotel-m.jp

캡슐 호텔·도미토리

¥ 1박(1인실) 평일 기준
2,000~7,000엔

캡슐 호텔은 한 방에 여러 사람이 머물지만 침대에 칸막이를 만들어 나름의 개인 공간을 확보한 형태로 일본에서 처음 시작된 숙박 시설이다. 침대별로 칸막이, 콘센트가 있으며 화장실, 샤워실, 거실 등은 공용 공간으로 운영된다. 일부는 침대 옆에 전등, 거울, 테이블도 마련되어 있다. 일부 숙소에서는 투숙객 할인을 해주는 카페 등의 부대시설을 함께 운영한다.

숙소명	지역	홈페이지
호텔 더 게이트Hotel The Gate	구마모토	hotelthegate.com
뉴 글로리아 오이타 호텔New Gloria Oita Hotel	오이타	gloria-g.com
호텔 팜스 텐몬칸Hotel Palms Tenmonkan	가고시마	hotel-palms.com
아오시마 피셔맨즈 비치사이드 호스텔 앤 스파Aoshima Fisherman's Beachside Hostel&Spa	아오시마	aoshima-hostel.com
퍼스트 캐빈FIRST CABIN	나가사키	ko.first-cabin.jp

료칸

¥ 1박(2인실) 평일 기준
20,000~80,000엔

일본의 전통적인 형태의 숙박 시설로 한국의 한옥 체험과 비슷하다. 방은 싶을 넣어 꿰맨 전통 바닥재인 다다미를 깔고 일본식 가구들로 채웠으며 넓은 정원을 끼고 있어 고즈넉한 분위기가 느껴진다. 개별 온천과 코스로 제공되는 저녁 식사인 카이세키 요리, 아침 식사가 포함되어 있어 숙박비가 호텔에 비해 비싼 편이다. 위치, 시설, 분위기에 따라 가격이 천차만별이므로 신중한 선택이 필요하다.

숙소명	지역	홈페이지
호시노리조트 카이星野リゾート 界	아소, 벳푸, 운젠, 가고시마	hoshinoresorts.com/ko/brands/kai
료칸 와카바旅館わかば	구로카와 온천	www.ryokanwakaba.com
벳테이 하루키別邸 はる樹	벳푸	e-haruki.jp
슈스이엔秀水園	이부스키	www.syusuien.co.jp

료칸 예약에 대한 모든 것

료칸이란?

한자를 그대로 풀이하자면 여관旅館이라는 뜻이지만 한국에서 말하는 '여관'과는 개념이 전혀 다르다. 일본의 료칸은 여행자가 요금을 지불하고 식사와 숙박을 하는 전통적인 숙박 시설을 뜻하며 객실의 구조나 시설은 일본식인 것이 원칙이다. 보통 휴양을 목적으로 방문하기 때문에 료칸에는 온천 시설(대욕장·노천탕·전세탕 등)이 있으며 주변 환경도 자연 친화적이다. 특히 자연 속 휴식과 치유를 중시하므로 주변에 상업 시설이나 유흥 시설이 없을수록 더 좋은 료칸으로 인정된다.

료칸 예약 방법

료칸 예약은 보통 료칸 공식 홈페이지 또는 료칸의 숙박비를 전문으로 비교하는 사이트를 통해 예약한다. 가장 편리한 방법은 료칸 사이트에서 직접 하는 것이지만, 같은 날짜라도 상황에 따라 료칸 전문 사이트에 비해 저렴하거나 비쌀 때가 있으니 둘 다 확인하는 것이 좋다. 예약 시 식사(조식·석식)의 포함 여부, 인원수, 송영 서비스 등 필요한 조건들을 꼼꼼히 살펴본 후 결정해야 한다. 료칸은 반드시 예약을 해야 숙박할 수 있으니 미리 예약해두자.

🏠 료칸 가격 비교 사이트

자란넷 www.jalan.net/kr
호텔온센닷컴 hotelonsen.com
료칸플래너 www.ryokanplanner.com
라쿠텐트래블 travel.rakuten.com/kor/ko-kr
료칸클럽닷컴 www.ryokanclub.com

료칸 가격에 대해서

료칸은 일본 숙소 중 가장 비싼 편으로 보통 호텔 숙박비의 2~3배는 된다. 객실 수가 많은 호텔형 료칸처럼 저렴한 곳은 1박에 1인 평균 1~2만 엔, 고급 료칸은 1박에 1인 최소 3~6만 엔 등으로 등급, 객실 타입, 날짜에 따라 크게 차이가 난다. 료칸의 숙박비에는 기본적으로 조식과 석식이 포함되며 석식에는 그 지역의 특산물과 제철 식재료를 사용한 카이세키 요리를 제공한다.

료칸은 왜 외딴곳에 있을까?

료칸마다 다르겠지만 기본적으로 온천이 꼭 있어야 한다. 온천은 보통 산과 바다 같은 자연이 풍부한 곳에서 나오는데, 좋은 온천수가 흐르는 지역 주변으로 온천 마을이 형성되어 좋은 료칸이 즐비하게 들어서 있다. 따라서 시내 중심이 아니라 대부분 찾아가기 힘든 위치에 있지만, 보통 가장 가까운 기차역 혹은 버스터미널 등에서 료칸까지 이동을 도와주는 송영 서비스를 제공하므로 큰 불편은 없다.

도착 예정 시간 꼭 알리기

공식 홈페이지 또는 대행 사이트를 통해 예약이 확정되면 기재한 메일로 연락이 온다. 대부분 료칸으로의 이동 수단과 도착 예정 시간에 관한 내용이다. 대중교통(버스·기차 등)을 이용할 때 출발지에서 탑승하는 시간을 알려주면 그에 맞게 버스 정류장 혹은 역으로 료칸까지 이동하는 송영 서비스를 준비해준다. 저녁에 도착한다면 석식과 관련된 내용도 알려줘야 한다. 료칸의 특성상 시간대에 맞춰 음식을 준비하므로 저녁 식사가 포함된 경우에는 도착 예정 시간보다 30분 여유를 두고 알려주는 것이 좋다.

료칸/온천의 입욕세

일본에서는 료칸이나 온천 시설을 포함한 숙박업소를 이용할 때 입욕세入浴稅를 내는 것이 원칙이다. 입욕세는 온천을 이용하는 사람에게 부과되는 세금으로 료칸마다 요금이 다르지만, 1박에 평균 1인당 150~300엔가량이며 숙박 요금과 별개로 지불한다.

료칸은 선불? 후불?

요즘은 숙소를 예약할 때 선불도 가능하지만 료칸 공식 홈페이지 또는 일부 대행 사이트를 통해 예약하면 후불인 경우도 있다. 후불일 때는 체크아웃 시 숙박료와 입욕세, 별도로 이용한 추가 비용을 현장에서 지불하면 된다. 단, 선불일 경우여도 입욕세는 현장에서 지불해야 하며 별도 추가 비용이 발생했을 때는 체크아웃을 하면서 계산해야 한다.

JR규슈 레일패스 활용 여행 코스

COURSE ① 남큐슈 3일권
규슈 남부 핵심 지역 2박 3일 코스

가고시마와 미야자키의 핵심만 쏙쏙 뽑아 즐기는 짧은 일정이다. 해당 패스로 오이타, 구마모토 지역도 갈 수 있지만 항공편 시간이 맞지 않고 북큐슈 패스로도 커버가 가능한 지역이므로 제외했다. 짧은 일정으로도 미야자키와 가고시마를 대표하는 상징적인 풍경과 명소까지 모두 둘러볼 수 있어 규슈 남부의 매력을 알차게 즐기고 싶은 사람에게 적합하다.

✈ **항공편** 가고시마 오전 IN, 미야자키 오후 OUT

🏠 **숙소 지역** 가고시마 1박, 미야자키 1박

💰 **여행 경비** JR규슈 레일패스 남큐슈 3일권 10,000엔 + 가고시마 공항버스 1,400엔 + 가고시마 시내 교통비(큐트패스 2일권) 1,900엔 + 입장료 2,100엔 + 식비 7,000엔~ + 쇼핑 비용~ = **총 22,400엔~**

🔍 **참고 사항** 일정이 빠듯하고 이동이 많기 때문에 열차에서 최대한 휴식을 취하는 것이 좋다. 쇼핑은 미야자키역 또는 가고시마추오역 앞에 위치한 아뮤플라자에서 잡화, 기념품, 지역 특산품 등 다양한 아이템을 둘러볼 수 있다. 또한 가고시마의 텐몬칸도리, 미야자키의 타치바나도리 번화가에는 돈키호테, 드러그스토어를 비롯한 쇼핑 명소가 많으므로 동선을 최소화해 기념품 쇼핑을 하는 것을 추천한다.

DAY 1

가고시마, 이부스키

10:55 가고시마 공항 도착

공항버스 40분

12:00 **텐몬칸도리** P.192
숙소에 짐 맡기기, 점심 아지노 롯파쿠 P.195

노면전차 10분

13:40 가고시마추오역

특급(이부스키노 타마테바코) 50분

14:45 **이부스키역** P.220
무료 족욕탕 이용

도보 20분

15:10 **모래찜질 회관 사라쿠** P.221

도보 20분

16:30 이부스키역

JR 1시간 15분

18:00 가고시마추오역

도보 1분

18:10 저녁 야타이무라 P.200

DAY 2

가고시마, 미야자키

09:00 가고시마항

페리 15분

09:20 사쿠라지마 페리터미널

도보 10분

09:30 **사쿠라지마 용암 나기사 공원** P.214

아일랜드뷰 버스 20분

11:10 **유노히라 전망대** P.216

아일랜드뷰 버스 10분

11:30 사쿠라지마 페리터미널

페리 15분

12:00 가고시마항

시티뷰 버스 15분

12:30 **센간엔** P.207

시티뷰 버스 25분

14:30 **텐몬칸도리** P.192
   점심 이치니산 P.194, 숙소에서 짐 찾기

노면전차 10분

16:00 가고시마추오역

특급 2시간 15분

18:30 **미야자키역** 숙소 체크인

도보 15분

19:30 **저녁** 오구라 P.244

DAY 3

미야자키

08:30 미야자키진구역

도보 6분

08:40 **미야자키 신궁** P.240

JR 2분

09:40 미야자키역

JR 30분

10:20 아오시마역

도보 15분

10:35 **아오시마 신사,
도깨비 빨래판** P.253

도보 15분

> 공항으로 가는 시간을 고려해 아오시마 일정을 빠르게 진행하거나 점심 식사를 건너뛰어도 된다면 JR규슈 레일패스 남큐슈 3일권으로 이용 가능한 관광열차 우미사치 야마사치(미야자키역 10:28 출발, 하루 1회 운행)를 이용하는 것도 추천한다.

12:00 **점심** **카마아게 우동 이와미** P.254

도보 1분

13:00 아오시마역

JR 30분

13:40 **미야자키역** 숙소에서 짐 찾고 역으로 이동

JR 15분

14:30 미야자키 공항

하루 더 여유가 있다면!

원래는 3일권을 사용한다면 가고시마와 구마모토를 둘러보는 것이 시간과 비용 측면에서 가장 이득이다. JR규슈 레일패스는 신칸센 이용이 가능해 왕복 1회만 하더라도 교통비가 상당하기 때문이다. 하지만 지금은 인천에서 구마모토, 가고시마를 오가는 항공편이 오전에만 운항되고 있다. 위 일정에서 하루 정도 여유가 더 있다면 구마모토 IN, 미야자키 OUT을 선택해 첫째 날 구마모토 일정을 추가하고 둘째 날 가고시마로 이동하면서 패스를 사용하는 일정도 고려해볼 수 있다.

COURSE ② 북큐슈 3일권
신칸센을 활용한 2박 3일 코스

규슈를 대표하는 도시 후쿠오카는 매일 수많은 항공편을 운항해 접근성이 가장 좋다. 이 코스는 후쿠오카를 시작점으로 규슈 신칸센과 니시큐슈 신칸센을 이용해 구마모토와 나가사키를 둘러보는 일정이다. 신칸센이라는 빠른 이동 수단을 활용해 서쪽의 나가사키와 규슈의 중심인 구마모토를 대표하는 관광지와 특유의 풍경을 만끽해보자.

✈ **항공편** 후쿠오카 오전 IN, 오후 OUT

🏠 **숙소 지역** 구마모토 1박, 나가사키 1박

💰 **여행 경비** JR규슈 레일패스 북큐슈 3일권 12,000엔 + 후쿠오카 지하철 공항선(왕복) 520엔 + 구마모토 노면전차 1일권 500엔 + 나가사키 시내 교통비(노면전차 5회) 700엔 + 입장료 3,540엔 + 식비 7,000엔~ + 쇼핑 비용~ = **총 24,260엔~**

🔍 **참고 사항** JR규슈 레일패스로는 지하철인 후쿠오카 공항선을 이용할 수 없으니 하카타역에서 패스를 개시한다. JR규슈 레일패스로 신칸센의 지정석을 이용할 수 있으니 시간을 고려해 일정 내 승차권을 미리 끊어놓으면 시간도 절약할 수 있고 이용하기도 편하다. 신칸센은 평균 15분 간격으로 운행하므로 행여 놓치더라도 다음 열차를 다시 예약해서 이용할 수 있다. 단, 주말이나 연휴에는 만석인 경우도 있으니 최대한 열차 시각을 잘 지키도록 하자.

DAY 1

후쿠오카, 구마모토

`08:35` 후쿠오카 공항 도착

지하철 5분

`10:00` 하카타역

규슈 신칸센 35분

`11:40` **구마모토역** 숙소에 짐 맡기고 노면전차 정류장으로 이동

노면전차 20분

`12:30` **구마모토성** P.104

도보 2분

`13:30` **사쿠라노바바 조사이엔** P.106

도보 10분

`14:00` **시모토리 아케이드** P.114 　점심　 코란테이 P.122

노면전차 20분

`15:40` **스이젠지 공원** P.109

노면전차 20분

`17:00` **사쿠라마치 구마모토** P.115

노면전차 20분

`18:30` 　저녁　 **코쿠테이** P.121

코쿠테이의 라멘이 취향이 아니라면 구마모토 야타이무라를 방문해 바사시, 카라시렌콘 등 다른 향토 음식을 경험해보자.

DAY 2

구마모토, 나가사키

08:30 구마모토역

규슈 신칸센+특급+니시큐슈 신칸센 1시간 50분(신토스, 타케오온센 환승)

10:40 나가사키역
　　　　숙소에 짐 맡기고 정류장으로 이동

노면전차 15분

11:30 평화 공원, 폭심지 공원, 나가사키 원폭 자료관
　　　　P.282~283

도보 1분

13:00 (점심) 호라이켄 P.288

노면전차 30분

14:40 오우라 천주당 P.298

도보 2분

15:00 글로버 가든 P.296

노면전차 10분

17:10 데지마 P.293

도보 10분

18:30 데지마 워프 P.306
　　　　(저녁) 나가사키코 P.306

DAY 3

나가사키, 후쿠오카

09:40 메가네바시 P.292

도보 10분

10:30 (아침 겸 점심) 츠루찬 P.301

도보 10분

11:30 나가사키 신치 차이나타운 P.292

노면전차 5분

12:30 나가사키역 숙소에서 짐 찾고 역으로 이동

니시큐슈 신칸센+특급 1시간 40분(타케오온센 환승)

14:30 하카타역

지하철 5분

15:00 후쿠오카 공항

> 일본 전역을 잇는 신칸센과 이어지지 않는 유일한 노선이 니시
> 큐슈 신칸센이다. 타케오온센역에서 나가사키역까지만 신칸센
> 이 연결되어 구마모토에서 나가사키로 가려면 신토스역과 타
> 케오온센역에서 각각 1회씩 총 2회 환승이 필요하다. 나가사키
> 에서 후쿠오카로는 타케오온센역에서 1회 환승으로 갈 수 있
> 다. 일정상 이틀 내내 환승 이동을 해야 하므로 환승역을 지나
> 치지 않도록 정신을 바짝 차리자.

열차 이동의 또 다른 즐거움, 에키벤

열차를 타고 이동하면서 먹는 에키벤은 여행에 또 다른 즐거움
을 선사한다. 지역을 대표하는 재료를 사용한 알찬 구성 덕에
열차의 낭만을 즐기며 이동과 식사를 한 번에 해결할 수 있다.
보통 역내 개찰구 부근에 에키벤 판매점이 있다.

COURSE ③ 북큐슈 5일권
온천 & 테마파크 만끽 4박 5일 코스

항공편과 신칸센 이용이 편리한 후쿠오카에서 일정을 시작한다. 규슈 여행의 핵심 테마이기도 한 벳푸 온천과
규슈 최대의 테마파크인 하우스텐보스를 중심으로 북큐슈 전체를 시계 방향으로 둘러보는 일정이다.
오이타와 구마모토, 사세보를 둘러보며 관광과 휴식 그리고 미식까지 다채롭게 즐겨보자.

✈ **항공편** 후쿠오카 오전 IN, 오후 OUT

🛏 **숙소 지역** 벳푸 1박, 구마모토 1박, 사세보 1박, 하우
스텐보스 1박

💴 **여행 경비** JR규슈 레일패스 북큐슈 5일권 15,000엔
+ 후쿠오카 지하철 공항선(왕복) 520엔 + 벳푸 시내
교통비(버스 왕복) 800엔 + 사세보 시내 교통비(버스
왕복) 780엔 + 물품 보관함 700엔 + 입장료 11,050엔
+ 식비 15,500엔~ + 쇼핑 비용 = **총 44,350엔~**

🔍 **참고 사항** 후쿠오카 지하철 공항선, 벳푸와 사세보
의 시내버스는 JR규슈 레일패스로 이용할 수 없다. 주
요 장소인 온천과 테마파크를 제외하고는 일정을 상
황에 따라 유동적으로 조정하면 된다. 이색적인 특급
열차를 많이 탈 수 있으니 열차를 비교하며 탑승하는
재미도 느껴보자.

벳푸에서 온천 무한 만끽하기

벳푸역 출구에도 손을 담글 수 있는 무료 온천이 있을 정도로
시내 곳곳에 온천이 즐비하다. 료칸이 아닌 비즈니스호텔 등급
중에도 온천 대욕장을 갖춘 곳이 많으니 숙소를 고를 때 부대
시설을 미리 알아보고 예약하자.

DAY 1
후쿠오카, 벳푸

08:35 후쿠오카 공항

지하철 5분

10:00 하카타역

특급, 1시간 55분

12:20 벳푸역 숙소에 짐 맡기기, **점심** 토요츠네 P.165

버스 20분

14:10 벳푸 지옥 온천 순례 P.170
가마솥 지옥, 귀산 지옥, 바다 지옥

버스 25분

16:50 타케가와라 온천 P.162

도보 5분

18:00 **저녁** 야키니쿠 본 P.166

도보 10분

19:30 벳푸 타워 P.161

DAY 2
오이타, 구마모토

10:00 벳푸역

특급 10분

10:20 오이타역 역내 물품 보관함에 짐 맡기기

도보 20분

11:00 후나이성 터 P.152

도보 15분

12:30 오이타 현립 미술관(OPAM) P.153

도보 15분

13:50 점심 **다이나곤** P.157

도보 8분

15:00 **오이타역** 물품 보관함에서 짐 찾기

특급 3시간 10분

18:30 **구마모토역**

노면전차 15분

19:00 **카라시마초** 숙소 체크인

도보 5분

19:30 저녁 **카츠레츠테이** P.122

도보 15분

21:00 **구마모토 야타이무라** P.127

DAY 3

구마모토, 사세보

09:00 **스이젠지 공원** P.109

노면전차 20분

11:20 **구마모토성** P.104

도보 2분

12:30 **사쿠라노바바 조사이엔** P.106

도보 10분

14:00 점심 **구마모토 라멘 케이카** P.121, 숙소에서 짐 찾기

노면전차 15분

15:30 **구마모토역**

규슈 신칸센+특급 2시간 5분(신토스 환승)

18:20 **사세보역** 숙소 체크인

도보 8분

19:00 저녁 **사사이즈미** P.316

DAY 4

사세보, 하우스텐보스

09:20 **사세보역**

버스 20분

10:00 **쿠주쿠시마 유람선 탑승** P.310 50분 소요

버스 20분

12:10 **사세보역** 점심 **빅맨** P.314
숙소에서 짐 찾고 역으로 이동

JR 20분

14:00 **하우스텐보스역** 숙소 체크인

무료 셔틀버스(하우스텐보스행)

15:00 **하우스텐보스** P.318 저녁 **피노키오**

DAY 5

하우스텐보스, 후쿠오카

10:30 **하우스텐보스역**

특급 1시간 45분

12:40 **하카타역** 주변 구경 및 점심 식사

지하철 5분

15:10 **후쿠오카 공항**

하우스텐보스를 합리적인 가격으로 즐기는 법

하우스텐보스에는 오후 3시 이후 입장 시 저렴한 가격으로 구매할 수 있는 애프터3 패스포트 티켓이 있다. 보통의 테마파크가 놀이기구에 중점을 두었다면 하우스텐보스는 유럽의 거리를 재현한 풍경을 감상하는 곳이므로 오후 3시 이후에 입장해도 충분히 즐길 수 있다. 평균 밤 9시까지 운영하므로 최대 6시간을 테마파크에서 보내게 된다. 또한 하우스텐보스 공식 호텔 이용 시 하우스텐보스 온천 이용권을 제공하는데, 온천은 자정까지 운영하므로 폐장 이후 셔틀버스를 타고 온천까지 즐기면 딱 알맞다.

COURSE ④ 전큐슈 5일권
인생 사진을 남기는 4박 5일 코스

규슈에는 계절감이 가득한 풍경, 아기자기한 마을, 예쁜 음식 등이 많아
사진으로 남기기 좋은 장소들로 가득하다. 하카타에서 출발해 가고시마, 구마모토를 거쳐
나가사키를 방문해 일본의 전통적인 장소와 이국적인 풍경 속에서 멋진 인생 사진을 남겨보자.

✈ **항공편** 후쿠오카 오전 IN, 오후 OUT

🛏 **숙소 지역** 가고시마 1박, 구마모토 1박, 나가사키 2박

💰 **여행 경비** JR규슈 레일패스 전큐슈 5일권 22,500엔
+ 후쿠오카 지하철 공항선(왕복) 520엔 + 가고시마 시
내 교통비(1일권) 600엔 + 이부스키 시내 교통비(버
스 1일권) 1,100엔 + 구마모토 시내 교통비(노면전차
1일권) 500엔 + 나가사키 시내 교통비(노면전차 3회)
420엔 + 로프웨이(왕복) 1,250엔 + 입장료 5,720엔 +
식비 12,500엔~ + 쇼핑 비용~ = **총 45,110엔~**

🔍 **참고 사항** 도시별로 시내를 많이 돌아다니므로 교통
패스 1일권을 끊는 것이 이득이다. 이부스키 시내버스
는 하루 운행편이 많지 않아 운행 시각에 맞춰 탑승해
야 한다. 도보 이동도 많은 편이니 힘들 때는 무리해서
돌아다니기보다 중간중간 카페에서 휴식을 취할 수
있도록 유동적으로 일정을 짜자.

DAY 1

후쿠오카, 가고시마

`08:35` 후쿠오카 공항

지하철 5분

`10:00` 하카타역

신칸센 1시간 15분

`11:20` **가고시마추오역** 숙소에 짐 맡기고 역으로 이동

시티뷰 버스 25분

`12:10` **시로야마 공원 전망대** P.203

시티뷰 버스 25분

`13:40` **센간엔** 내부 음식점에서 점심 식사 P.207

시티뷰 버스 15분

`15:30` **이오월드 가고시마 수족관** P.205

시티뷰 버스 10분

`17:30` 저녁 **와카나** P.194

도보 1분

`19:00` 카페 **라임 라이트** P.197

DAY 2

이부스키, 구마모토

`09:30` 가고시마추오역

특급(이부스키노 타마테바코) 50분

`10:50` 이부스키역 P.220

버스 5분

`11:20` **모래찜질 회관 사라쿠** P.221

버스 1시간

`14:15` 점심 **토센쿄 소멘나가시** P.223

버스 1시간

`15:45` 이부스키역

JR 1시간 15분

`17:10` **가고시마추오역**
숙소에서 짐 찾고 역으로 이동

신칸센 45분

`18:40` **구마모토역**
숙소 체크인 후 역으로 이동

도보 10분

`19:30` 저녁 **코쿠테이** P.121

DAY 3

구마모토, 나가사키

08:30 스이젠지 공원 P.109

노면전차 20분

10:50 구마모토성 P.104

도보 2분

12:00 사쿠라노바바 조사이엔 P.106

도보 15분

13:00 구마모토시 현대미술관 P.108

도보 5분

13:30 쿠마몬 스퀘어 P.117

도보 5분

14:00 점심 코란테이 P.122

노면전차 20분

15:30 구마모토역 숙소에서 짐 찾고 역으로 이동

규슈 신칸센+특급+니시큐슈 신칸센 1시간 50분(신토스, 타케온센 환승)

17:55 나가사키역 숙소 체크인 후 역으로 이동,
아뮤플라자 나가사키 내부 음식점에서 저녁 식사

무료 셔틀버스(로프웨이행) 10분

19:55 나가사키 로프웨이 P.280

로프웨이 5분

20:10 이나사야마 전망대 P.281

야경 사진은 장노출로!

이나사야마 전망대는 일본 신 3대 야경에 선정될 만큼 밤 풍경이 아름답다. 하지만 야간에는 빛이 부족해 사진을 찍을 때 장노출로 촬영해야 하다 보니 피사체가 흔들려서 찍히는 경우가 많다. 야경 사진이 욕심난다면 휴대용 삼각대는 선택이 아닌 필수다.

DAY 4

나가사키

09:30 메가네바시 P.292

도보 1분

10:30 카페 아틱 커피 P.304

도보 5분

11:00 코후쿠지 P.293

노면전차 10분

12:20 나가사키 신치 차이나타운 P.292
점심 코잔로 P.302

노면전차 5분

14:40 글로버 가든 P.296

노면전차 20분

17:10 미라이 나가사키 코코워크 P.284

도보 1분

18:30 저녁 후쿠마루 P.285

DAY 5

나가사키, 후쿠오카

10:30 나가사키역

니시큐슈 신칸센+특급 1시간 40분(타케온센 환승)

12:20 하카타역 주변 구경 및 점심 식사

지하철 5분

15:00 후쿠오카 공항

인생 사진을 위한 옷차림과 사진 구도

각 지역의 대표 명소에 갈 경우에는 때와 장소에 맞는 옷차림을 준비하는 것이 좋다. 특히 가고시마의 센간엔과 시로야마 전망대, 구마모토의 스이젠지 공원처럼 자연이 풍부한 장소에서는 밝은 계열의 옷을 입으면 인물이 더욱 돋보이며, 자연을 배경으로 인물 사진을 찍는 것을 추천한다. 나가사키의 차이나타운이나 글로버 가든은 풍경이 이국적이고 색채가 강렬해 배경에 시선을 빼앗길 수도 있다. 되도록 흰색 계열의 밝은 옷을 입고 인물이 강조되도록 찍으면 좋은 사진을 얻을 수 있다. 계절, 날씨, 분위기에 따라 조금씩 달라질 수 있으니 참고하자.

COURSE ⑤ 전큐슈 7일권
규슈를 일주하는 6박 7일 코스

시간적 여유가 있다면 규슈 북부와 남부를 아우르는 JR규슈 레일패스 전큐슈 7일권으로
규슈 일주를 해보는 건 어떨까. 지역별로 온천, 자연, 유적, 박물관 등
여러 테마를 바탕으로 규슈의 매력을 다채롭게 즐길 수 있다.

✈ **항공편** 후쿠오카 오전 IN, 오후 OUT

🏠 **숙소 지역** 나가사키 1박, 구마모토 1박, 가고시마 1박,
미야자키 1박, 벳푸 1박, 오이타 1박

💴 **여행 경비** JR규슈 레일패스 전큐슈 7일권 25,000엔
+후쿠오카 지하철 공항선(왕복) 520엔+나가사키 시
내 교통비(노면전차 5회) 700엔+구마모토 시내 교
통비(노면전차 1일권) 500엔+가고시마 시내 교통비
(큐트패스 1일권) 1,300엔+벳푸 지옥 온천 정기 관
광버스 4,000엔+입장료 5,140엔+식비 30,000엔~
+쇼핑 비용~ = **총 67,160엔~**

🔍 **참고 사항** 각 도시의 시내 대중교통은 1일권을 이용
해 시간과 경비를 아끼는 것이 좋다. 벳푸의 지옥 온천
을 도는 정기 관광버스는 사전 예약이 필요하다. 관광
버스 비용에는 입장권까지 포함된다. 오이타에서 하
카타로 이동 시 코쿠라~하카타 노선의 신칸센을 이용
하면 더 빠르지만 JR규슈 레일패스로 이용할 수 없는
노선이므로 특급을 타고 이동한다.

DAY 1

후쿠오카, 나가사키

`08:20` 후쿠오카 공항

지하철 5분

`09:40` 하카타역

특급+니시큐슈 신칸센, 1시간 40분(타케오온센 환승)

`11:30` **나가사키역** 숙소에 짐 맡기고 역으로 이동

노면전차 15분

`12:40` **평화 공원, 폭심지 공원, 나가사키 원폭 자료관**
P.282~283

도보 1분

`14:00` **점심** 호라이켄 P.288

노면전차 15분

`15:10` 데지마 P.293

도보 10분

`17:00` **데지마 워프** **저녁** 나가사키코 P.306

도보 2분

`18:30` **나가사키 수변의 숲 공원** P.294

DAY 3

구마모토, 가고시마

`09:00` **구마모토시 동식물원** P.111, **쵸파 동상** P.112

노면전차 10분

`11:00` **스이젠지 공원** P.109 `점심` 부타소바 주고야 P.110

노면전차 20분

`13:10` **구마모토성** P.104

도보 2분

`14:30` **사쿠라노바바 조사이엔** P.106

노면전차 15분

`15:30` **구마모토역** 숙소에서 짐 찾고 역으로 이동

신칸센 45분

`17:30` **가고시마추오역** 숙소 체크인

도보 1분

`18:30` `저녁` 야타이무라 P.200

DAY 2

나가사키, 구마모토

`09:00` **글로버 가든** P.296

도보 10분+노면전차 10분

`11:20` `점심` 코카엔 P.303

노면전차 10분

`12:40` **나가사키역** 숙소에서 짐 찾고 역으로 이동

니시큐슈 신칸센+특급+규슈 신칸센 1시간 50분
(타케오온센, 신토스 환승)

`15:35` **구마모토역** 숙소 체크인 후 역으로 이동

노면전차 20분

`16:40` `카페` 오모켄 파크 P.124

도보 5분

`17:30` **구마모토시 현대미술관** P.108

도보 5분

`18:30` `저녁` 구마모토 야타이무라 P.127

DAY 4

가고시마, 미야자키

09:00 가고시마항

페리 15분

09:20 사쿠라지마 페리터미널

도보 10분

09:30 **사쿠라지마 용암 나기사 공원** P.214

아일랜드뷰 버스 20분

11:10 **유노히라 전망대** P.216

아일랜드뷰 버스 10분

11:30 사쿠라지마 페리터미널

페리 15분

12:00 가고시마항

시티뷰 버스 15분

12:30 **센간엔** P.207

시티뷰 버스 25분

14:30 **텐몬칸도리** P.192　**점심** 이치니산 P.194

노면전차 10분

15:40 **가고시마추오역** 숙소에서 짐 찾기

특급 2시간 15분

18:30 **미야자키역** 숙소 체크인

도보 10분

19:30 **점심** 규카츠 나카자키 P.245

DAY 5

미야자키, 벳푸

09:10 **미야자키 신궁** P.240

JR 2분

10:30 미야자키역

JR 30분

11:00 아오시마역

도보 5분

11:10 **점심** 어부 요리 히데마루 P.255

도보 1분

12:00 **미야코 보타닉 가든 아오시마** P.252

도보 10분

12:30 **아오시마 신사, 도깨비 빨래판** P.253

도보 15분

13:30 아오시마역

JR 30분

14:10 **미야자키역** 숙소에서 짐 찾고 역으로 이동

특급 3시간 15분

17:45 **벳푸역** 숙소 체크인

도보 10분

18:30 **저녁** 토요츠네 P.165

도보 3분

19:30 **벳푸 타워** P.161

DAY 6

벳푸, 오이타

`09:20` 벳푸역 동쪽 출구 4번 승차장

벳푸 지옥 온천 정기 관광버스 3시간

`12:30` 벳푸역

도보 5분

`12:40` **점심** 오타니 우나주 P.166

도보 5분

`13:30` **카페** 킷사 나츠메 P.167

도보 3분

`14:00` 타케가와라 온천 P.162

도보 10분

`15:20` **벳푸역** 숙소에서 짐 찾고 역으로 이동

특급 10분

`16:05` **오이타역** 숙소 체크인

도보 20분

`17:00` 후나이성 터 P.152

도보 5분

`18:00` **저녁** 코츠코츠안 P.156

도보 10분

`19:00` **간식** 다이묘 소프트크림 P.156

도보 5분

`19:15` 센토 포르타 추오마치 P.155

DAY 7

오이타, 후쿠오카

`09:30` **카페** 레이니데이즈 커피 P.157

도보 10분

`10:30` **오이타역** 숙소에서 짐 찾고 역으로 이동

특급 2시간 5분

`13:40` **하카타역** 주변 구경 및 점심 식사

지하철 5분

`15:00` 후쿠오카 공항

교통 패스 예약 및 이용 방법

JR규슈 레일패스

육로로 이동할 수 있는 방법 중 가장 빠르고 편리한 것이 바로 기차다. 일본 본토 전역을 연결하는 신칸센과 특급, 쾌속 및 보통 열차는 대도시부터 소도시까지 뻗어나간다. 홋카이도부터 규슈까지 이어지는 이 철도는 JR이 운영하며 JR홋카이도, JR동일본, JR서일본, JR토카이, JR시코쿠, JR규슈로 세분화된다. 일본의 대중교통은 민영화되어 있어 요금이 비

싼 편이어서 짧은 여행을 즐기러 온 외국인 여행자가 보다 저렴하게 기차를 이용할 수 있도록 JR규슈 레일패스를 판매한다.

예약 및 이용 방법

JR규슈 레일패스는 JR규슈 홈페이지에서 온라인으로 예약할 수 있으며, 예약 시 입력한 이메일로 교환권(바우처)을 받은 뒤 현지에 도착해 주요 역의 JR 창구에서 실물 티켓으로 교환해 사용한다. 사전에 예매하지 않았을 때는 JR 창구에서 현장 구입도 가능하다. 신칸센, 특급(관광) 열차 등의 좌석 예약이 필요할 때는 미리 지정석을 예약할 수 있으며, 지정석의 경우 현장 예매 시에는 무료이지만 온라인으로 예매하는 경우 1인당 1,000엔의 예약비가 붙는다. 인기가 많은 특급 열차(가고시마의 이부스키노 타마테바코, 미야자키의 우미사치 야마사치)를 제외하고는 현장 발권기를 이용해도 좌석이 여유로운 편이다.

🏠 **JR규슈** www.jrkyushu.co.jp/korean

발권기로 예약하기

각 주요 역의 창구에서 기차를 예약할 수 있지만, 줄이 길거나 지체되는 경우에는 역 안 발권기로도 예약이 가능하다. 단, 창구나 발권기 이용 시 지정석은 최대 6회까지 이용할 수 있으며 지정석 예약 횟수를 초과했을 경우 승차하는 열차마다 특급권을 구입해야 하므로 일정을 고려해 신중히 선택하자. 신칸센, 특급(관광), 쾌속 열차 등 지정석 예매가 가능한 경우 예약 방법은 모두 동일하다.

❶ 오른쪽 상단의 '한국어'를 터치해 언어를 변경한다.

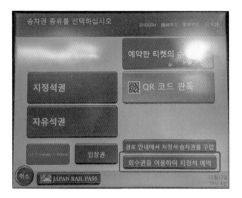

❷ 오른쪽 하단의 '회수권을 이용하여 지정석 예약' 버튼을
누른다.

❸ '승차권' 투입구에 JR규슈 레일패스 실물 티켓을 투입한
다(한 번에 최대 4매 투입 가능).

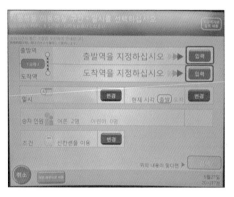

❹ 출발역, 도착역, 날짜, 시간, 인원, 열차 종류를 설정한
뒤 검색해서 원하는 시간대의 기차를 선택한다.

❺ '좌석표에서 선택' 버튼을 누른 다음 원하는 좌석을 지
정한다.

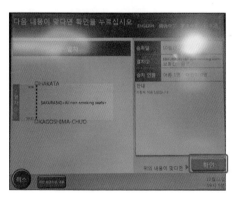

❻ 예약 내용 확인 후 '확인' 버튼을 터치한다.

❼ 티켓을 넣었던 투입구에서 패스 실물 티켓과 함께 지정
석 티켓을 수거한다.

산큐패스

고속버스는 기차와 함께 자주 이용하게 되는 교통수단으로 육로를 통해 도시 간은 물론 기차가 다니지 않는 작은 지역까지도 이동할 수 있다. 산큐패스는 특히 규슈 지역에 최적화된 고속버스 패스로 규슈의 7개 현과 야마구치현의 시모노세키와 나가토 지역의 고속버스, 시내버스, 일부 페리를 무제한 탑승할 수 있는 외국인 전용 패스다. 기차만큼 버스 또한 교통비가 비싸기 때문에 지역과 경로에 따라 산큐패스를 이용하면 정해진 일정 내에서 합리적으로 이동이 가능하다.

예약 및 이용 방법

산큐패스 공식 홈페이지 또는 공식 파트너사에서 예약 가능하며, 예약 시 입력한 이메일로 교환권(바우처)을 받는다. 현지 도착 후에는 공항 내 버스 창구나 주요 도시의 버스터미널에서 실물 티켓으로 교환해 사용한다. 사전에 구입하지 않았다면 현지 버스터미널 창구에서도 구입이 가능하지만 산큐패스 중 북큐슈 2일권은 사전 예약으로만 구입할 수 있다. 고속버스는 장거리 노선의 경우 예약이 필요하며 규슈 고속버스 위탁 예약 사이트인 앗토버스데 홈페이지, 고속버스 창구, 전화 등을 통해 사전 좌석 예약까지 가능하다. 예약하지 않아도 장거리 노선 이용이 어렵지는 않지만, 간혹 만석일 때가 있으니 좌석은 미리 확보해두자.

🏠 앗토버스데 www.atbus-de.com

온라인으로 좌석 예약하기

앗토버스데 일본어 홈페이지에서 출발지, 목적지를 설정해 검색한 뒤 목록 중 원하는 노선을 선택하면 '하이웨이버스닷컴' 홈페이지로 연결된다. 좌석 예약을 완료한 뒤에는 당일에 버스 기사에게 산큐패스와 예약 내역을 보여준 뒤 탑승하면 된다. 참고로 앗토버스데 홈페이지를 한국어로 설정해 예약하면 선결제만 가능해 산큐패스를 이용할 수 없으니 일본어 홈페이지를 번역해서 예약을 진행하도록 하자.

❶ 앗토버스데에서 연결된 하이웨이버스닷컴 홈페이지에서 앞서 확인했던 노선을 참고해 지역, 노선, 승차 버스 정류장, 하차 버스 정류장, 승차일, 인원수를 입력한 후 '검색検索する'을 클릭한다.

❷ 예약 가능한 버스 리스트 중 원하는 시간의 운행편을 클릭 후 요금제를 선택한다. '동의하고 다음으로同意して次に進む' 버튼을 클릭한다.

★ 좌석 예약이 필요하지 않은 경우 '예약 불필요'라는 문구가 뜬다.

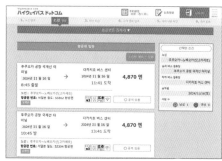

❸ 선택한 내용을 확인한 뒤 좌석 선택 방식에서 '좌석 직접 지정座席を自分で指定する'을 체크하고 '왕복往復' 또는 '편도片道' 예약을 선택한다.

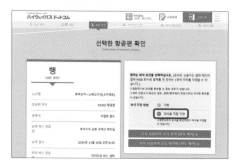

❹ 이용 가능한 좌석 중 원하는 자리를 선택한 후 '좌석 확정 및 예약·운임 확인으로座席確定し予約·運賃確認へ進む' 버튼을 클릭한다.

❺ 예약은 게스트로도 가능하므로 로그인 없이 우측에 개인 정보(성·이름·이메일·전화번호)를 영문으로 입력한 뒤 '게스트로 예약하기ゲストとして予約する' 버튼을 누르고 예약 내용 확인 후 '이 내용으로 예약この内容で予約する', '동의하고 다음으로同意して次に進む'까지 누르면 완료된다.

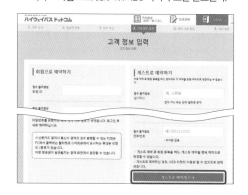

❻ 잠시 후 이메일로 예약 정보가 오면 '예약의 결제, 변경, 취소 관련 URL 링크'로 들어간다. 이후 정보를 입력해 나온 예약 정보 페이지 상단의 '결제決済はこちら'를 클릭하고 '매표소 또는 버스에서 지불窓口またはバス車内で支払う'을 선택하면 좌석 예약이 완료된다.

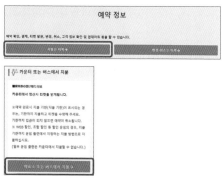

🚗 렌터카 예약 및 이용 방법

대중교통이 닿지 않는 장소까지 운전해서 이동할 수 있으며 보통 여행 일정에 맞게 대여해 이용한다. 주변 관광지가 대부분 흩어져 있고 대중교통 이용이 쉽지 않은 소도시에서 특히 편리하게 이용할 수 있다. 반대로 인구가 집중된 대도시는 지하철, 버스 등 대중교통이 충실하므로 활용성이 떨어진다. 대중교통의 편의성, 교통 체증, 관광지 위치 등을 고려해 렌터카 사용 여부를 선택하면 된다.

국제운전면허증 발급

- 전국 운전면허 시험장 및 경찰서에서 발급
- 온라인에서도 발급 가능(단, 발급에 최소 2주 소요)
- 본인 여권(사본 가능), 운전면허증, 여권용 사진 1매
- 대리인 신청 시 본인 여권(원본), 대리인 신분증(원본), 위임장 추가 필요
- 발급 수수료 8,500원
- 유효기간은 발급일로부터 1년

🏠 온라인 신청 www.safedriving.or.kr/auth01.do

예약 방법

렌터카 업체 홈페이지 또는 렌터카 가격 비교 사이트가 있는데, 여러 렌터카 회사를 한눈에 비교할 수 있고 비용이 더 저렴한 후자를 추천한다. 여행 목적, 인원에 따라 차량 종류를 선택하며 예약 사이트에 따라 일자 또는 시간제로 비용을 계산한다. 경차, 준중형차, SUV, 승합차 등 렌터카 종류 그리고 카시트, 통풍시트, 자동 변속기, 스노타이어 등 옵션에 따라 금액이 달라진다.

🏠 **렌터카 가격 비교 사이트**
클룩 www.klook.com/ko/car-rentals
타비라이 kr.tabirai.net
카모아 carmore.kr
트래블맵 www.travelmap.co.kr/japanrentcar

렌터카 예약 시 보험은 필수

일본에서 운전을 하려면 우리나라와 다른 부분이 많아 적응하는 데 시간이 필요하다. 게다가 운전하는 동안 사고, 도난 등의 상황이 발생한다면 해결하는 데 어려움이 있으니 보험 가입이 필수다. 보통 렌터카를 대여할 때 최소한의 기본 보험은 포함되지만, 차량 손상과 도난 그리고 그 밖에 심리적 안정을 줄 수 있는 추가 보험도 고려해보는 것이 좋다.

렌터카 보험 종류

- **CDW(Collision Damage Waiver)** 사고가 발생했을 때 렌터카의 손상이나 긴급 출동 지원에 대해 본인 부담금을 지불하지 않도록 하는 차량 사고 면책 보험. 단, 자동차 유리, 타이어, 차량 지붕 손상 등은 보장하지 않는다.
- **TP(Theft Protection)** 렌터카의 도난이나 도난 시도에 의한 손상을 보장하는 도난 보호 보험이다. 마찬가지로 자동차 유리, 타이어, 차량 지붕 손상 등은 보장하지 않는다.
- **TPL(Third Party Liability)** 본인의 과실에 의한 사고로 제3자의 차량 파손 혹은 인명 피해가 발생했을 때 본인이 전액을 부담할 위험을 방지해주는 대인·대물 배상 보험이다.

픽업과 반납 과정

① 예약 확인

렌터카 픽업과 반납은 보통 공항 내 렌터카 업체를 이용하는 것이 가장 흔한 방법이다. 일본 공항에 도착한 후 공항 건물 내에서 본인이 선택한 업체 부스를 찾아가 예약을 확인하면 차량 대여소로 이동한다.

② 차량 수령

차량 대여소에서 예약 확인서, 여권, 국제운전면허증, 국내운전면허증을 제출하고 직원과 준비된 차량이 있는 곳으로 이동한다.

③ 차량 상태 확인

준비된 차량에 문제가 없는지 꼼꼼히 확인해야 한다. 외부의 스크래치부터 바퀴와 휠 상태까지 외관상 문제가 있는 부분을 직원과 함께 체크하는 것이 좋다. 또한 당시 육안으로 미처 보지 못한 부분이 있을 수 있으니 휴대폰으로 사진과 동영상을 찍어두자.

④ 차량 반납

차량을 반납할 때는 지정된 반납 장소로 이동해 반납한다. 픽업 시 차량에는 연료가 가득 들어 있으므로 반납 시에도 연료 탱크를 가득 채워야 한다. 직원과 함께 차량을 점검하고 문제가 없다면 반납이 마무리되며 차량에 손상이 생기거나 사고가 발생했을 때는 업체에 이야기한 후 절차를 따라야 한다.

이용 시 주의 사항

사이드 브레이크, 전원 위치, 와이퍼 사용법 등이 차량마다 다르므로 출발 전에 미리 숙지해두자. 보통 렌터카에는 내비게이션이 설치되어 있고 한국어로 설정할 수 있으니 직원에게 사용 안내를 요청하자. 일본에서는 우리나라와 다르게 핸들이 오른쪽에 있고 도로의 왼쪽 차선을 이용한다. 초반에는 조금 헷갈릴 수 있으나 운전에 익숙한 사람이라면 금방 적응할 수 있다.

우리나라의 하이패스와 비슷한 개념인 ETC 카드는 고속도로 및 유료 도로 요금소마다 정지하여 요금을 지불하지 않고 그대로 통과한 뒤 렌터카 반납 시 일괄 지불하는 시스템이다. 단, 업체에 따라 옵션으로 구분되어 추가 대여비가 붙을 수 있으며 유료 도로가 아닌 국도만 이용할 경우 제외할 수 있다.

일본 교통 법규

일본의 신호등은 일반 신호등 아래에 화살표 신호등이 함께 붙어 있다. 빨간불에서는 무조건 정지해야 하지만 화살표 신호등이 켜져 있으면 그에 맞는 방향으로 이동할 수 있다. 화살표 신호등이 없는 경우 직진, 좌회전, 우회전 모두 파란불로 바뀌었을 때 출발한다. 주요 교통 표지판은 한국과 크게 다르지 않으니 출발 전에 미리 숙지하자.

주요 교통 표지판

일시정지   서행

정지선   중앙선

정차 가능   지정 방향 외 진행 금지

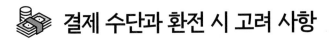# 결제 수단과 환전 시 고려 사항

광범위하게 사용 가능한 충전식 교통카드

일본의 교통카드로 흔히 IC카드라 불린다. 그중 스이카와 파스모는 전국에서 사용이 가능하며 규슈에서 발매한 스고카, 니모카도 있다. 초기에는 지하철, 버스 등 대중교통에 쓰였으나 지금은 편의점, 음식점, 자판기 등 여러 환경에서 두루 사용할 수 있다. 일본의 3대 편의점(세븐일레븐·로손·패밀리마트) 혹은 역내 매표소와 발매기에서 충전할 수 있으며 충전한 금액만큼 사용이 가능하다. 잔액은 영수증 하단 혹은 대중교통을 이용했을 때 단말기에서 확인할 수 있다. 애플 기종을 사용할 경우 '지갑' 앱을 이용해 휴대폰이나 애플워치에도 등록이 가능하다. 단, 애플페이 사용자만 앱을 통한 충전이 가능하고 애플페이 사용자가 아니라면 역 안 전용 충전기나 편의점을 이용하면 된다. 그리고 애플 기기에 등록한 IC카드의 실물은 그 즉시 사용이 중단되어 중복으로 쓰지 못한다.

QR코드로 스캔하는 페이 앱 결제

환전이나 현금 걱정 없이 이용할 수 있는 페이 앱은 대표적으로 카카오페이, 네이버페이, 토스페이가 있다. 카카오페이는 일본에서 모바일 결제 및 해외 출금이 가능하며 네이버페이와 토스페이는 현재 모바일 결제만 가능하다. 출금 계좌를 미리 연동해두면 해외에서 해당 금액이 바로 인출된다.

카카오페이
❶ 카카오페이 메인 화면 하단에서 '결제하기' 버튼을 누른다.
❷ 오른쪽 상단의 지구본 아이콘을 눌러 지역을 설정한다.
❸ 알리페이 바코드가 생성되면 직원에게 보여준 후 결제한다.

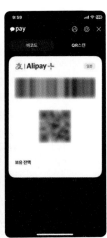

네이버페이

❶ 네이버 메인 화면 왼쪽 상단의 'Pay' 그림을 누른다.

❷ 하단 두 번째 결제 버튼을 클릭한 후 오른쪽 상단의 '현장 결제' 버튼을 클릭한다.

❸ 알리페이 바코드가 생성되면 직원에게 보여준 후 결제 한다.

토스페이

❶ 토스 메인 화면 하단에서 '토스페이' 버튼을 누르고, 오른쪽 상단의 '현장결제' 버튼을 클릭한다.

❷ 알리페이 바코드가 생성되면 직원에게 보여준 후 결제한다.

외화 충전식 카드 혜택 비교

스마트폰으로 외화를 충전하고 해외에 나가 결제할 수 있는 서비스가 늘어나는 추세다. 그중 트래블로그와 트래블월렛 카드는 환율이 떨어지거나 현지에서 필요할 때마다 충전해 사용할 수 있는 시스템이다. 해외 카드 결제 및 출금 수수료 면제 혜택이 있고 한 카드로 여러 외화를 충전할 수 있어 여러 나라를 방문하는 여행자에게 편리하다.

구분	트래블로그	트래블월렛
환율 적용	실시간	실시간
환전 수수료	무료	무료
원화 재환전 수수료	1%	1%
보유(충전) 한도	300만 원	200만 원
결제 한도	일 $5,000, 월 $10,000	없음
ATM 출금 한도	일 $6,000, 월 $10,000	일 $1,000, 월 $2,000
결제, 출금 수수료	면제	면제, ATM 월 $500 초과 시 수수료 2%
지원 통화	58종	45종

소도시는 현금 비율을 높이자

일본은 카드를 사용할 수 없는 지역이 의외로 많다. 특히 소도시나 외곽 지역으로 갈수록 늘어난다. 특히 개인 매장들은 현금만 결제할 수 있는 곳이 빈번하므로 여분의 현금을 준비해야 한다. 그리고 여행 중 어떤 일이 벌어질지 모르니 모든 상황을 고려해 전체 예산의 10% 가량을 비상금으로 남겨두는 것이 좋다.

어떤 애플리케이션이 유용할까?

구글 맵스 Google Maps | 우리나라의 네이버 지도, 카카오맵처럼 일본에서 길을 찾을 때 발이 되어주는 구글 맵스는 일본인들도 주로 사용하는 필수 앱이다. 특히 '라이브 뷰'라는 기능을 이용하면 길 주변과 건물을 360도 파노라마 뷰로 확인 할 수 있어 길치라도 어려움 없이 길을 찾을 수 있다. 단, 라이브 뷰는 위치 기반 서비스이므로 다른 지역의 라이브 뷰를 미리 볼 수는 없다. 현지에서 출발지와 도착지를 설정 후 길 찾기를 누르면 경로 안내 화면에 '라이브 뷰' 버튼이 활성화된다. 카메라 렌즈로 주위를 비추면 방향 안내 화살표가 화면에 뜨고, 잘못된 방향으로 이동 시 실시간으로 경로를 수정해줘 목적지까지 편하게 갈 수 있다. 또한 기차, 버스 같은 대중교통의 출발·도착 시각, 소요 시간 등도 실시간으로 확인할 수 있다.

카카오톡 Kakao Talk | 네이버페이처럼 카카오페이 또한 일본에서 사용할 수 있   다. 알리페이Alipay로 결제되며 따로 앱을 설치할 필요 없이 카카오페이로 바로 결제할 수 있다. 최근 알리페이와 카카오페이를 사용할 수 있는 가맹점이 늘어나는 추세이니 현금이 없을 때 사용해보자.

재팬 와이파이 오토 커넥트
Japan Wi-Fi auto-connect | 간혹 준비한 데이터가 느리거나 하루 용량을 모 두 사용했을 때 급하게 이용할 수 있는 앱으로 20만 개가 넘는 일본 전역의 무료 와이파이에 접속할 수 있게 도와준다. 로그인 없이 회원가입 한 번으로 계속 사용 가능하며 한글도 지원한다.

세이프티 팁스 Safety tips | 지진, 홍수, 화산 분화 등 일본의 재난 재해 정보를 알려주는 앱이다. 언제 일어날지 모르는 지진과 태풍을 비롯한 재난 관련 정보를 실시간으로 제공해준다. 한글도 지원하며 재난 시 바로 알림이 와서 확인할 수 있다. 대피 정보와 긴급 상황 시 연락처 및 사용 언어 등을 살펴볼 수 있어 유용하다.

재팬 트랜싯 플래너
 Japan Transit Planner | 출발지와 목적지를 입력하면 이동 루트와 시간, 요금을 한 번에 확인할 수 있는 앱이다. 일본을 여행할 때 대중교통을 환승해야 하는 경우가 많아 유용하다. 한국어를 포함한 13개국의 언어로 이용할 수 있으며 정확한 소요 시간과 승차 시각을 계산할 수 있다.

파파고 Papago | 여행 중에 사용할 만한 일상 대화를 매끄럽 게 번역해준다. 음성, 대화, 이미지, 카메라를 통해 언어를 자연스럽게 번역해주며 특히 한일, 일한 번역은 구글 번역보다 정확도가 높다. 실시간으로 번역해주므로 파파고를 통해 현지에서 간단한 대화도 가능하다. 이미지 번역 기능을 통해 음식점 메뉴판, 사용 설명서, 버스 노선 등 실제 여행에서 필요한 내용들을 쉽게 번역할 수 있어 편리하다.

네이버 NAVER | 최근 일본에서도 간편 결제 서비스가 보편화되면서 한국에서 사용하는 네이버페이를 일본 현지에서 사용할 수 있게 되었다. 앱 내에서 라인페이LINE Pay와 네이버페이를 연동하는 과정을 거쳐야 사용할 수 있는데, 개인정보 보호를 위해 사용자 인증이 필요하므로 한국에서 미리 준비해서 가는 것이 좋다. 연동이 끝나면 네이버페이 가맹점에서 즉시 결제가 가능하다.

해외 데이터는 어떤 것으로 사용할까?

데이터 로밍

장점
- 통신사의 고객 센터나 공항의 통신사 카운터에서 신청할 수 있으며 별도의 절차 없이 현지 도착 후 바로 이용 가능
- 문제 발생 시 고객 센터를 통해 해결
- 한국 전화번호로 수신·발신이 가능
- 사용법이 전반적으로 가장 간단하고 편리

단점
- 1일 요금제가 다른 수단에 비해 비싼 편. 단, 고급형 요금제를 사용 중이라면 할인 혜택 제공
- 핫스팟 사용이 가능하지만 여러 명 동시 접속 시 속도가 느려짐

 이런 사람 추천!
- 여행지에서도 업무 연락을 해야 하거나 중요한 전화를 받아야 하는 사람
- 이것저것 신청하기 귀찮은 사람

포켓 와이파이

장점
- 1일 요금이 3,000~4,000원대로 저렴
- 포켓 와이파이 기기로 최대 5개까지 연결이 가능해 여러 기기에서 동시에 인터넷 사용
- 문제 발생 시 대여처의 고객 센터를 통해 해결

단점
- 데이터만 사용 가능하고 전화는 앱의 전화 기능을 이용
- 출국 당일 신청은 거의 불가능. 늦어도 출국 3일 전까지 홈페이지에서 신청해 택배로 수령하거나 출국 당일 공항에서 수령하고 귀국 후 반납
- 항상 기기 충전 여부를 확인해야 하고 보조 배터리·충전 케이블 등을 함께 소지해야 함
- 기기 분실의 우려

 이런 사람 추천!
- 여러 전자 기기를 함께 사용하는 사람
- 여러 명의 일행과 함께 움직이며 여행하는 사람

유심

장점
- 일주일 이상 여행 시 비용 면에서 가장 저렴
- 일본 현지에서도 유심 칩을 판매하지만 한국에서 미리 준비하는 것이 저렴
- 현지망을 사용하는 유심은 인터넷 속도가 빠름

단점
- 기존의 한국 유심 칩 보관 필요
- 일본 도착 후 유심 칩 교체와 설정 변경 필요. 이때 와이파이가 연결된 장소로 이동해서 설치해야 하는 경우도 있음

 이런 사람 추천!
- 일주일 이상 일본 여행을 계획 중인 사람
- 설정 변경 등 스마트폰 사용에 능숙한 사람

이심

장점
- 유심 교체 없이 한 단말기에 이심 구매처에서 제공한 QR코드를 이용해 심을 추가로 설치하기 때문에 데이터 로밍처럼 사용 가능
- 한국 유심 칩의 분실 위험이 없음
- 데이터만 이심을 사용하는 개념이어서 한국 전화번호를 그대로 사용
- 1일 요금이 3,000~4,000원대로 저렴
- 여행이 끝나면 삭제 버튼으로 쉽게 제거 가능

단점
- 사용 가능한 휴대폰 기종이 제한적. 단, 5년 이내에 출시된 스마트폰이라면 대부분 사용 가능
- 한국 유심 칩과 이심을 함께 사용해 스마트폰 배터리가 평소보다 빨리 닳음
- 처음 설치 시 난이도가 다른 수단에 비해 높음

 이런 사람 추천!
- 설정 변경 등 스마트폰 사용에 능숙한 사람
- 열흘 이상 장기간 여행하는 사람
- 한국 유심 칩 분실이 염려되는 사람
- 데이터 로밍만큼 편리함을 추구하는 사람

✈ 한국에서 규슈로, 출입국 절차

한국 출국 과정

STEP 01
탑승 수속
탑승할 항공사 카운터를 찾아 탑승 수속을 진행한다. 보통 탑승 2~3시간 전부터 카운터를 개방한다. 온라인 체크인을 했어도 위탁 수하물이 있다면 수하물 전용 카운터에서 접수해야 한다. 자동 수하물 위탁 기기를 운영하는 항공사도 있으니 참고하자.

STEP 02
로밍, 환전
포켓 와이파이를 대여했다면 카운터에 들러 기기를 수령하고 은행 영업점에 들러 환전 업무를 처리하자.

STEP 03
보안 검색
보안 검색대를 통과할 때는 겉옷은 벗고 노트북은 가방에서 미리 꺼내둔다. 기내 반입 금지 물품이 있다면 절차가 번거로워질 수 있으니 미리 꼼꼼하게 확인하자.

STEP 04
출국 심사
여권을 스캔한 후 검지 지문과 얼굴 확인을 거치면 자동 출국 심사가 완료된다. 만 7세 이상~14세 미만의 미성년자는 사전 등록이 필요하며 7세 이하의 아이를 동반했다면 출국 심사대로 이동하자.

STEP 05
면세점 쇼핑 후 탑승 게이트 이동
출국 심사까지 마쳤다면 면세 구역에서 온라인으로 구입한 면세품을 인도받거나 면세점 쇼핑을 할 수 있다. 보통 항공기 출발 30분 전부터 탑승이 시작되므로 시간에 맞춰 게이트 앞으로 이동하자.

STEP 06
비행기 탑승
출국하기 전에 '비지트 재팬 웹'을 통해 온라인 입국 심사를 등록하면 QR코드가 발급되고 이 QR코드가 입국 심사 서류가 된다. 만약 준비하지 않았다면 기내에서 나눠주는 입국 신고서를 작성하면 된다.

일본 입국 과정

STEP 01
비지트 재팬 웹 준비
비행기에서 내린 후 입국 심사대로 이동하는 동안 미리 발급받은 비지트 재팬 웹의 QR코드를 준비한다. 심사대 앞에 직원들이 대기하고 있으니 등록한 QR코드를 보여준 후 입국 심사대로 향하면 된다.

STEP 02
입국 심사
여권을 심사관에게 제출한다. 비지트 재팬 웹의 QR코드는 심사관 앞의 QR코드 인식기를 통해 직접 인식한다. 서류를 확인하고 지문 인식과 얼굴 사진 촬영을 마치면 여권에 90일 체류 스티커를 붙여 돌려준다.

STEP 03
수하물 찾기
입국 심사대를 통과한 후 전광판을 통해 탑승 항공편의 짐이 몇 번 벨트 컨베이어에서 나오는지 확인한다. 짐을 찾을 때는 가방에 붙은 짐표와 내가 갖고 있는 짐표가 동일한지 한 번 더 확인한다.

STEP 04
세관 신고
짐을 찾고 나면 세관 신고 카운터로 이동한다. 비지트 재팬 웹 전용 신고 구역에서 QR코드를 인식하면 통과되며, 신고할 사항이 없다면 면세免稅 카운터로 이동하면 된다.

STEP 05
규슈 소도시 여행 시작
이제 즐겁게 일정을 보내면 된다. 본격적인 여행의 첫날이다!

입국 시 신고서 작성 방법

일본 여행 시 작성해야 하는 신고서는 총 3가지다.
일본으로 입국할 때는 '입국 신고서'와 '휴대품·별송품 신고서'를, 귀국할 때는 '대한민국 세관 신고서'가 있다.
단, 세관에 신고할 물품이 없다면 대한민국 세관 신고서는 작성하지 않아도 된다.

사전 등록

비지트 재팬 웹 Visit Japan Web

일본 입국을 위한 온라인 서류로 출국 전에 사전 등록이 가능하다. '입국 신고서'와 '휴대품·별송품 신고서'가 모두 포함되므로 비지트 재팬 웹에서 서류를 등록했다면 종이 신고서를 따로 작성하지 않아도 된다. 단, 공항 사정에 따라 온라인 입국 신고서를 이용할 수 없거나 종이 신고서의 입국 줄이 더 짧은 경우도 있으니 기내에서 미리 준비해두는 것도 좋다.

🏠 services.digital.go.jp/ko/visit-japan-web

현장 작성

입국 신고서(외국인 입국 기록)

기내에서 승무원이 나눠주는 서류에 일본어 또는 영어로 쓰며 무조건 1인당 1장씩 작성해야 한다.

❶ 영문 성 　　　　　　❷ 영문 이름
❸ 생년월일
❹ 현재 살고 있는 나라와 도시
❺ 방문 목적
❻ 탑승한 항공기 편명 또는 배의 선명
❼ 일본에서의 체류일
❽ 일본에서 체류할 호텔명과 전화번호
❾ 체크 사항 　　　　　　❿ 서명

현장 작성

휴대품·별송품 신고서

세관에 신고할 물품이 없더라도 반드시 작성해야 하는 서류다.

❶ 탑승한 항공기 편명, 출발지, 입국 날짜
❷ 일본에서 체류하는 호텔명과 전화번호
❸ 동반 가족이 있다면 대표 1인만 작성한 후 동반 가족 기재
❹ 해당 사항에 체크
❺ 서명

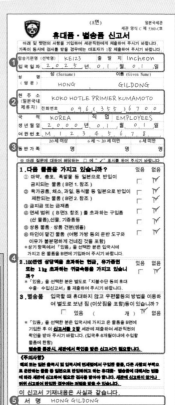

357

찾아보기

찾아보기